Learn Concurrent Programming with Go

impress top gear

他言語にも適用できる
原則とベストプラクティス

Go言語で学ぶ
並行プログラミング

James Cutajar = 著
柴田 芳樹 = 訳

インプレス

■サンプルコードの入手先
本書のサンプルコードは、以下の原著の GitHub サイトで公開しています。
https://github.com/cutajarj/ConcurrentProgrammingWithGo

■正誤表の Web ページ
正誤表を掲載した場合、以下の URL のページに表示されます。
https://book.impress.co.jp/books/1123101144

※ 本文中に登場する会社名、製品名、サービス名は、各社の登録商標または商標です。
※ 本書の内容は原著執筆時点のものです。本書で紹介した製品／サービスなどの名前や内容は変更される可能性があります。
※ 本書の内容に基づく実施・運用において発生したいかなる損害も、著者、訳者、ならびに株式会社インプレスは一切の責任を負いません。
※ 本文中では ®、™、© マークは明記しておりません。

Learn Concurrent Programming with Go
James Cutajar

© Impress Corporation 2024. Authorized translation of the English edition © 2024 Manning Publications. This translation is published and sold by permission of Manning Publications, the owner of all rights to publish and sell the same.

Japanese translation rights arranged with MANNING PUBLICATIONS through Japan UNI Agency, Inc., Tokyo.

推薦の言葉

並行処理は難しいことで有名ですが、重要なトピックです。本書はすべて解決してくれます！

— Allen B. Downey
『*The Little Book of Semaphores*』、『*Think Python*』、『*Probably Overthinking It*』の著者

これは私が探していた本です。必要な構成要素をわかりやすい例で説明しています。素晴らしい本です！

— Arne Claus、trivago

並行処理の美しさを発見してください。そこでは、ロジックが優雅さと踊ります。

— Jasmeet Singh、Hashicorp

強力な1冊です！あらゆる言語における並行処理を理解するための基礎を築いてくれます。

— Nathan B. Crocker、Galaxy Digital LP

■ 著者紹介

James Cutajar：

スケーラブルで高性能なコンピューティングと分散アルゴリズムに関心を持つソフトウェア開発者。20年以上にわたり、さまざまな業界の技術分野で活動してきた。彼のキャリアを挙げると、オープンソースのコントリビューター、ブロガー（https://www.cutajarjames.com）、技術エバンジェリスト、Udemy講師、書籍の著者である。ソフトウェアを書いていないときは、バイク、サーフィン、スキューバダイビング、軽飛行機を楽しむ。マルタで生まれ、ロンドンに10年近く住み、現在はポルトガルに住んで仕事をしている。

目次

推薦の言葉 iii

まえがき xi
 謝辞 xii

本書について xiii

第1部　並行プログラミングの基礎　　　　　　　　　　　　　　　　1

第1章　並行プログラミングへの第一歩　　　　　　　　　　　　　3
 1.1 並行処理について 4
 1.2 並行的な世界とのやり取り 5
 1.3 スループットの向上 6
 1.4 応答性の向上 7
 1.5 Goで並行プログラミング 9
  1.5.1 ゴルーチンの概要 9
  1.5.2 CSPと基本操作による並行性のモデリング 9
  1.5.3 独自の並行処理ツールの構築 10
 1.6 性能のスケーリング 10
  1.6.1 アムダールの法則 11
  1.6.2 グスタフソンの法則 12

第2章　スレッドを扱う　　　　　　　　　　　　　　　　　　　　15
 2.1 オペレーティングシステムにおけるマルチプロセッシング 15
 2.2 プロセスとスレッドによる並行処理の抽象化 19
  2.2.1 プロセスによる並行処理 20
  2.2.2 プロセスの生成 21
  2.2.3 一般的なタスクにマルチプロセッシングを使う 23
  2.2.4 スレッドでの並行処理 24
  2.2.5 マルチスレッドアプリケーションの実際 27
  2.2.6 複数のプロセスとスレッドを一緒に使う 29

2.3	ゴルーチンの何が特別なのか	29
	2.3.1 ゴルーチンの生成	29
	2.3.2 ユーザー空間でのゴルーチンの実装	32
	2.3.3 ゴルーチンのスケジューリング	37
2.4	並行性と並列性	39
2.5	練習問題	40

第 3 章　メモリ共有を使ったスレッド間通信　43

3.1	メモリ共有	43
3.2	メモリ共有の実践	47
	3.2.1 ゴルーチン間での変数の共有	47
	3.2.2 エスケープ分析	48
	3.2.3 複数のゴルーチンからの共有変数の更新	50
3.3	競合状態	56
	3.3.1 Stingy と Spendy：競合状態を作り出す	57
	3.3.2 実行のイールドは競合状態には役立たない	61
	3.3.3 適切な同期と通信による競合状態の排除	63
	3.3.4 Go の競合検出器	64
3.4	練習問題	65

第 4 章　ミューテックスを使った同期　67

4.1	ミューテックスによるクリティカルセクションの保護	67
	4.1.1 ミューテックスはどのように使うのか	68
	4.1.2 ミューテックスと逐次処理	71
	4.1.3 ノンブロッキング・ミューテックス・ロック	76
4.2	リーダー・ライター・ミューテックスによる性能向上	78
	4.2.1 Go のリーダー・ライター・ミューテックス	78
	4.2.2 独自の読み込み優先リーダー・ライター・ミューテックスの構築	85
4.3	練習問題	89

第 5 章　条件変数とセマフォ　91

5.1	条件変数	91
	5.1.1 ミューテックスと条件変数の組み合わせ	91
	5.1.2 シグナルを失う	98
	5.1.3 ウェイトとブロードキャストによる複数ゴルーチンの同期	101
	5.1.4 条件変数を使ったリーダー・ライター・ロックの再検討	104
5.2	カウンティングセマフォ	110
	5.2.1 セマフォとは何か	111
	5.2.2 セマフォの構築	112

		5.2.3 セマフォで通知を失わない 113
5.3	練習問題 115

第 6 章　ウェイトグループとバリアを使った同期　　117
- 6.1 Go のウェイトグループ 117
  - 6.1.1 ウェイトグループでタスクの完了を待つ 117
  - 6.1.2 セマフォを使ったウェイトグループの作成 121
  - 6.1.3 待機中にウェイトグループのサイズを変更 123
  - 6.1.4 柔軟なウェイトグループの構築 126
- 6.2 バリア 129
  - 6.2.1 バリアとは何か 129
  - 6.2.2 Go でバリアを実装する 130
  - 6.2.3 バリアを使った並列行列乗算 134
- 6.3 練習問題 139

第 2 部　メッセージパッシング　　141

第 7 章　メッセージパッシングを使った通信　　143
- 7.1 メッセージの送受信 143
  - 7.1.1 チャネルでメッセージの送受信 144
  - 7.1.2 チャネルを使ったメッセージのバッファリング 148
  - 7.1.3 チャネルに方向を与える 151
  - 7.1.4 チャネルをクローズする 152
  - 7.1.5 チャネル経由で関数の結果を受け取る 155
- 7.2 チャネルを実装する 157
  - 7.2.1 セマフォでチャネルを作成する 157
  - 7.2.2 独自のチャネルに `Send()` メソッドを実装する 159
  - 7.2.3 独自のチャネルに `Receive()` メソッドを実装する 161
- 7.3 練習問題 164

第 8 章　チャネルをセレクト　　167
- 8.1 複数のチャネルを組み合わせる 167
  - 8.1.1 複数チャネルから読み込む 167
  - 8.1.2 ノンブロッキングチャネル操作に `select` を使う 170
  - 8.1.3 `default` ケースで並行計算を実行する 172
  - 8.1.4 チャネルでのタイムアウト 175
  - 8.1.5 `select` でチャネルに書き込む 177
  - 8.1.6 `nil` チャネルで `select` のケースを無効化する 179

- 8.2 メッセージパッシングとメモリ共有のどちらかの選択 183
  - 8.2.1 コードの簡素性を保つ 183
  - 8.2.2 密結合システムと疎結合システムの設計 184
  - 8.2.3 メモリ消費を最適化する 185
  - 8.2.4 効率的なコミュニケーション 187
- 8.3 練習問題 188

第 9 章 チャネルを使ったプログラミング　193

- 9.1 CSP（*communicating sequential processes*） 193
  - 9.1.1 不変性で干渉を避ける 194
  - 9.1.2 CSP で並行プログラミング 195
- 9.2 チャネルで一般的なパターンを再利用 196
  - 9.2.1 quit チャネル 197
  - 9.2.2 チャネルとゴルーチンによるパイプライン化 199
  - 9.2.3 ファンインとファンアウト 205
  - 9.2.4 クローズ時に結果を出力する 208
  - 9.2.5 複数のゴルーチンへブロードキャストする 211
  - 9.2.6 条件成立後にチャネルをクローズする 214
  - 9.2.7 ファーストクラス・オブジェクトとしてチャネルを採用する 217
- 9.3 練習問題 220

第 3 部　並行処理のさらなるトピック　223

第 10 章 並行処理パターン　225

- 10.1 プログラムを分解する 225
  - 10.1.1 タスク分解 227
  - 10.1.2 データ分解 227
  - 10.1.3 粒度を考える 229
- 10.2 並行処理の実装パターン 230
  - 10.2.1 ループレベル並列処理 230
  - 10.2.2 フォーク/ジョイン・パターン 235
  - 10.2.3 ワーカープールを使う 238
  - 10.2.4 パイプライン処理 244
  - 10.2.5 パイプライン化の特性 249
- 10.3 練習問題 251

第 11 章 デッドロックを回避　255

- 11.1 デッドロックの特定 255

		11.1.1 資源割り当てグラフでデッドロックを可視化	257
		11.1.2 台帳におけるデッドロック	261
	11.2	デッドロックに対処する	264
		11.2.1 デッドロックを検出する	265
		11.2.2 デッドロックを回避する	268
		11.2.3 デッドロックを防ぐ	274
	11.3	チャネルでのデッドロック	277
	11.4	練習問題	282

第 12 章 アトミック、スピンロック、フューテックス — **285**

	12.1	アトミック変数を使ったロックフリーの同期	285
		12.1.1 アトミックな数値で変数を共有	286
		12.1.2 アトミックを使った場合の性能ペナルティ	288
		12.1.3 アトミックの数値を使ってカウントする	289
	12.2	スピンロックでミューテックスを実装する	292
		12.2.1 比較とスワップ	294
		12.2.2 ミューテックスを構築	296
	12.3	スピンロックの改良	298
		12.3.1 フューテックスによるロック	299
		12.3.2 システムコールの削減	301
		12.3.3 Go のミューテックス実装	303
	12.4	練習問題	306

訳者あとがき — **309**

索引 — **313**

まえがき

　面接担当者は、「2つの実行スレッドがデッドロックを引き起こす状況を説明できるでしょうか」と聞いてきました。私が正解を答えた後、彼は「そのような状況で、コードがデッドロックを避けることを保証するために、あなたならどうしますか」とさらに尋ねてきました。幸運なことに、私はその解決策も知っていました。面接官は、さらにコードを見せて、そのコードに何か問題があるかを尋ねてきました。そのコードにはひどい競合状態があるとわかったので、私はそれを強調し、問題を解決する方法を提案しました。

　このやり取りは、ロンドンにある国際的なハイテク企業で、バックエンド開発者の中核を担うポジションのための3回目でかつ最終面接のときのものです。この職務の間、私はプログラミングで最も困難な課題に直面しました。つまり、並行処理、低遅延、そして高スループットのサービスを開発するスキルを磨くことが要求される課題です。これは、15年以上も前のことです。

　私のテクノロジー分野でのキャリアを通じて、20年以上にわたり多くの状況が変わりました。開発者はどこからでも仕事ができるようになり、コンピュータ言語は複雑なビジネスをモデル化するために進化し、ギークたちは巨大なテック企業を経営するようになってから格好よくクールになりました。しかし、いくつかの側面は変わらずに残っています。プログラマは常に変数の命名に苦労し、多くの問題はシステムを止めてから再び起動することでしか解決できず、並行プログラミングのスキルを持つ開発者は依然として不足しています。

　テック業界では、並行プログラミングがきわめて難しいと見なされているため、並行処理に熟練したプログラマが不足しています。多くの開発者は、並行プログラミングを使って問題を解決することを恐れてさえいます。テック業界ではまた、これは高度なトピックであり、筋金入りのコンピュータ専門家だけに許されたものだと見なされています。これには多くの理由があります。開発者は並行処理を管理するための概念やツールになじみがないということ、そして、並行処理をプログラムでどのようにモデル化できるかを認識できないことがあります。本書では、この問題を解決するための試みとして、並行プログラミングをわかりやすく説明します。

謝辞

本書の執筆中に協力してくださった方々の多大な貢献に感謝しています。

まず、私の勉強の初期に並行プログラミングを紹介し、このテーマへの興味をかき立ててくれた Joe Cordina に感謝したいと思います。

Go を使った題材を出版するというアイデアを提案してくれた Miguel David にも感謝します。Russ Cox は、Go の歴史について貴重な示唆を提供してくれました。開発編集者の Becky Whitney、技術校正者の Nicolas Modrzyk、技術編集者の Steven Jenkins に特に感謝します。Steven Jenkins は、世界的な金融サービス会社の上級エンジニアであり、スタートアップ企業から世界的な企業まで、システムの設計、構築、サポートを行ってきました。彼は、効率的にスケーラブルなソリューションを構築し、提供するために Go が役立つと考えています。彼らのプロフェッショナリズム、専門知識、献身により、本書が最高の品質基準を満たすものとなりました。

レビューアーのみなさんは、Aditya Sharma, Alessandro Campeis, Andreas Schroepfer, Arun Saha, Ashish Kumar Pani, Borko Djurkovic, Cameron Singe, Christopher Bailey, Clifford Thurber, David Ong Da Wei, Diego Stamigni, Emmanouil Chardalas, Germano Rizzo, Giuseppe Denora, Gowtham Sadasivam, Gregor Zurowski, Jasmeet Singh, Joel Holmes, Jonathan Reeves, Keith Kim, Kent Spillner, Kévin Etienne, Manuel Rubio, Manzur Mukhitdinov, Martin Czygan, Mattia Di Gangi, Miki Tebeka, Mouhamed Klank, Nathan B. Crocker, Nathan Davies, Nick Rakochy, Nicolas Modrzyk, Nigel V. Thomas, Phani Kumar Yadavilli, Rahul Modpur, Sam Zaydel, Samson Desta, Sanket Naik, Satadru Roy, Serge Simon, Serge Smertin, Sergio Britos Arévalo, Slavomir Furman, Steve Prior, Vinicios Henrique Wentz です。みなさんの提案が本書をよいものにしました。

最後に、このプロジェクトを通して揺るぎないサポートをしてくれた Vanessa、Luis、Oliver に感謝します。彼らの励ましと熱意が私のモチベーションを維持し、ベストを尽くすよう奮い立たせてくれました。

本書について

『Go 言語で学ぶ並行プログラミング』は、並行プログラミングというより高度なスキルを身に付けたい開発者のために書かれました。例を提示する言語として Go が選ばれたのは、この並行プログラミングの世界を完全に探求するための幅広いツールを提供しているからです。Go では、それらのツールはとても直感的で理解しやすく、並行処理の原則とベストプラクティスに集中できます。

本書を読めば、次の能力が身に付きます。

- 並行プログラミングを使って、応答性が高く、高性能でスケーラブルなソフトウェアを作成する
- 並列コンピューティングの利点、限界、特性を把握する
- メモリ共有とメッセージパッシングを区別する
- ゴルーチン、ミューテックス、リーダー・ライター・ロック、ウェイトグループ、チャネル、条件変数を活用し、さらに、これらのツールのいくつかをどのように構築するかを理解する
- 並行実行を扱う際に注意すべき典型的なエラーを特定する
- 高度なマルチスレッドの領域で Go のプログラミングスキルを向上させる

対象とする読者

本書は、すでにプログラミングの経験があり、並行処理について学びたい読者を対象としています。本書では、並行プログラミングの予備知識は前提としていません。理想的な読者は、すでに Go や他の C 言語のような構文を使った経験がある人ですが、本書はどの言語を使う開発者にも適しています。ただし、Go の構文を学ぶためにいくらかの努力を要します。

並行プログラミングは、プログラミングに新たな次元を加えます。プログラムは、一連の命令が次々に実行されるものではなくなります。このため、プログラムについて別の方法で考える必要があり、難しいテーマとなります。したがって、Go に精通していることは重要ではなく、好奇心と意欲を持っていることが重要です。

本書の構成：ロードマップ

本書は 3 部構成で、全 12 章からなります。第 1 部では、並行プログラミングの基礎とメモリ共有を利用した通信について紹介しています。

本書について

- 第 1 章「並行プログラミングへの第一歩」では、並行プログラミングを紹介し、並列実行を支配するいくつかの法則について説明します。
- 第 2 章「スレッドを扱う」では、並行処理をモデル化するさまざまな方法と、オペレーティングシステムや Go ランタイムが提供する抽象化について説明します。本章では、並行性と並列性の比較も行います。
- 第 3 章「メモリ共有を使ったスレッド間通信」では、メモリ共有を使ったスレッド間通信について説明し、競合状態についても紹介します。
- 第 4 章「ミューテックスを使った同期」では、いくつかの競合状態に対する解決策として、さまざまな種類のミューテックスについて説明します。また、基本的なリーダー・ライター・ロックの実装方法も示します。
- 第 5 章「条件変数とセマフォ」では、条件変数とセマフォを使って並行実行を同期させる方法を示します。セマフォをゼロから構築し、前章で開発したリーダー・ライター・ロックを改良する方法についても説明します。
- 第 6 章「ウェイトグループとバリアを使った同期」では、ウェイトグループやバリアなど、複雑な同期メカニズムを構築して使う方法を示します。

第 2 部では、メモリ共有の代わりにメッセージパッシングを使って複数の実行が通信する方法について説明します。

- 第 7 章「メッセージパッシングを使った通信」では、Go のチャネルを使ったメッセージパッシングを説明します。チャネルのさまざまな使い方を示し、メモリ共有や同期の基本操作の上にチャネルを構築する方法を説明します。
- 第 8 章「チャネルをセレクト」では、Go の `select` 文を使って複数のチャネルを組み合わせる方法を説明します。さらに、並行プログラムを開発する際に、メモリ共有とメッセージパッシングのどちらを選択するのかについて、ガイドラインを示します。
- 第 9 章「チャネルを使ったプログラミング」では、一般的なメッセージパッシングのパターンを再利用するための例とベストプラクティスを提供します。チャネルがファーストクラス・オブジェクトである言語（Go など）の柔軟性も示します。

第 3 部では、一般的な並行処理パターンと、いくつかの高度なトピックについて説明します。

- 第 10 章「並行処理パターン」では、並行プログラミングを採用することで、プログラムを効率的に実行できるように問題を分解する技法を紹介します。
- 第 11 章「デッドロックを回避」では、並行処理がある場合にデッドロック状況がどのように発生するかを説明し、それを避けるためのさまざまな技法を説明します。
- 第 12 章「アトミック、スピンロック、フューテックス」では、ミューテックスの内部構造を扱います。カーネルとユーザー空間の両方でミューテックスがどのように実装されているかを説明します。

本書の読み方

　並行処理の経験がない開発者は、本書を最初の章から始めて最後までたどる旅として捉えるべきです。各章では、前の章で得た知識に基づいて新たなスキルやテクニックを教えています。

　すでに並行処理の経験がある開発者は、第1章「並行プログラミングへの第一歩」と第2章「スレッドを扱う」を読んで、オペレーティングシステムがどのように並行処理をモデル化しているかを復習し、その後、高度なトピックへスキップするかどうかを決められます。たとえば、すでに競合状態やミューテックスに慣れ親しんでいる読者は、第5章「条件変数とセマフォ」で条件変数について学ぶところから続きを選択しても構いません。

コードについて

　本書のリスト中のソースコードは、文書の他の部分と区別するために固定幅のフォントが使われており、Goの予約語（*keyword*）は太字で表示されています[*1]。重要な概念を強調するために、「// ←」や「// ↓」で示されるコード注釈を多くのコード例に含めています。

　練習問題の解答を含む本書の全ソースコードは、https://github.com/cutajarj/ConcurrentProgrammingWithGo からダウンロードできます。本書のコード例の完全なコードは、Manning社のウェブサイト[*2]からもダウンロードできます。また、原著（英語版）のliveBook（オンライン）版[*3]から実行可能なコードの抜粋を入手できます。

　本書のソースコードにはGoコンパイラが必要です。Goコンパイラは、https://go.dev/doc/install からダウンロードできます。本書のソースコードの一部は、Goのオンラインのプレイグラウンドでは正しく動作しないことに注意してください。プレイグラウンドでは、ウェブコネクションを開くなどの特定の操作は行えません。

[*1] 訳注：予約語だけではなく、関数を除く事前宣言識別子（*predeclared identifier*）も太字となっています。
[*2] https://www.manning.com/books/learn-concurrent-programming-with-go
[*3] https://livebook.manning.com/book/learn-concurrent-programming-with-go

第1部 並行プログラミングの基礎

　ある動作を、他の動作と同時に実行させるには、どのような命令を書けばよいでしょうか。本書の第1部では、プログラミングで並行処理をモデル化する方法の基本を探ります。並行プログラムのモデリングと実行には、ハードウェア、オペレーティングシステム、プログラミング言語の助けがどのように必要であるかを説明します。

　並行プログラムを開発する際には、逐次コードにはない新たなプログラミングエラーに遭遇します。競合状態（*race condition*）として知られているエラーは、特定と修正が最も難しいものの1つです。並行プログラミングの大部分は、コード内でこれらの種類のバグを防ぐ方法を学ぶことにあります。第1部では、競合状態について学び、それを避けるためのさまざまなテクニックについて説明します。

第1章

並行プログラミングへの第一歩

本章では、以下の内容を扱います。

- 並行プログラミングの紹介
- 並行実行による性能の向上
- プログラムのスケールアップ

　Jane Sutton を紹介します。Jane は、HSS インターナショナル会計事務所でソフトウェア開発者として 3 か月間働いています。最新のプロジェクトでは、給与計算システムにおけるある問題に取り組んできました。給与計算ソフトのモジュールは、月末の営業終了後に実行され、HSS のクライアントの従業員に対するすべての給与の支払いを計算します。Jane のマネージャは、問題の真相を究明するため、プロダクトオーナー、インフラチーム、営業担当者とのミーティングを手配しました。すると思いがけず、CTO の Sarika Kumar がビデオ通話で会議室に参加してきました。

　プロダクトオーナーの Thomas Bock が話し始めます。「理解できません。私が覚えている限り、給与計算モジュールは問題なく機能していました。ところが突然、先月、支払い計算が時間どおりに完了しなくなり、顧客からクレームが殺到しました。そのせいで、新規の最大の見込み顧客であるブロックエンターテインメント社からは、プロフェッショナルではないと思われ、競合他社に移ると脅されました。」

　Jane のマネージャである Francesco Varese が口を挟みます。「問題は、計算が遅くて時間がかかりすぎることです。計算が遅いのは、従業員の欠勤、入社日、残業時間、その他の数百の要因など、多くの要素を考慮する複雑な性質のためです。ソフトウェアの一部は 10 年以上前に C++ で書かれています。このコードの仕組みを理解している開発者は社内にはいません。」

　「従業員数 3 万人を超える、過去最大の顧客と契約しようとしています。彼らは私たちの給与計算の問題について聞いており、契約を進める前に解決されることを望んでいます。できるだけ早くこの問題を解決することがとても重要です」と販売・取得部門の Rob Gornall は応じます。

　「モジュールを実行するサーバにプロセッサコアとメモリを追加してみましたが、まったく効果がありませんでした。テストデータを使って給与計算を実行すると、どれだけ資源を割り当てても同じ時間がかかります。すべての顧客の給与計算に 20 時間以上かかっており、顧客にとっては長すぎ

ます」と、インフラストラクチャ担当の Frida Norberg が続けます。

　ついに Jane が発言する番になります。会社に最近入社した彼女は少しためらいますが、何とかこう言いました。「もしコードが、追加されたコアを活用するように書かれていなければ、複数のプロセッサを割り当てたとしても意味がありません。処理資源を増やしたときに高速に動作させるには、コードは並行プログラミングを使う必要があります。」

　Jane がこの話題に最も知識があることは、誰もが認めているようです。短い沈黙があります。Jane は、みんなが自分に何か答えを出してほしいと思っているように感じ、続けました。「話を続けます。実は、Go で書かれた簡単なプログラムで実験しています。給与計算を小さな従業員グループに分け、それぞれのグループを入力として給与計算モジュールを呼び出します。複数のゴルーチンを使ってモジュールを並行に呼び出すようにプログラムしました。また、負荷分散のために Go のチャネルも使っています。最後に、別のチャネル経由で結果を収集する別のゴルーチンがあります。」

　Jane は素早く周りを見渡し、みんなの顔には理解できていない表情が見えたので、付け加えます。「シミュレーションでは、同じマルチコアハードウェアで少なくとも 5 倍速いです。競合状態がないことを確認するためのテストがまだいくつか残っていますが、特に、会計部門に協力してもらって、古い C++ のロジックのいくつかをきれいな Go の並行コードに移行できれば、さらに速くできると確信しています。」

　Jane のマネージャは今、満面の笑みを浮かべています。会議の他の全員も驚いて言葉を失っているようです。CTO がようやく口を開き、こう言います。「Jane、今月末までにこれを完成させるには何が必要でしょうか。」

　並行プログラミングは、テック企業でますます求められるスキルです。ウェブ開発からゲームプログラミング、バックエンドのビジネスロジック、モバイルアプリケーション、暗号など、事実上あらゆる開発分野で使われている技術です。企業は、ハードウェア資源を最大限に活用して、時間も費用も節約できるようにすることを望んでいます。そして、そのためには、スケーラブルな並行アプリケーションを書ける適切な才能を持つ開発者を雇う必要があることを理解しています。

1.1　並行処理について

　本書では、並行プログラミングの原則とパターンに焦点を当てます。同時に実行される命令をどのようにプログラムするのか。並行実行をどのように互いに干渉しないようにするのか。共通の問題を解決するために実行を協調させるには、どのようなテクニックを使うべきか。どのようなときに、どのような理由で、ある通信方式を別の通信方式よりも使うべきなのか。Go プログラミング言語を使うことで、これらの疑問やその他の疑問に答えていきます。Go には、これらの概念を説明するためのツール一式が用意されています。

　もし並行処理についての経験がほとんどなくても、Go や類似の C スタイル言語に多少の経験があるなら、本書は理想的です。本書ではまず、オペレーティングシステムにおける並行処理の概念をやさしく紹介し、Go がそれらを使って並行処理をモデル化する方法を説明します。次に、競合状態についてと、いくつかの並行プログラムにおいて競合状態が発生する理由について説明します。その後、実行間の通信を実装する 2 つの主な方法である、メモリ共有とメッセージパッシングについて説

明します。本書の最後の数章では、並行処理パターン、デッドロック、そしてスピンロックといった高度なトピックについて説明します。

並行プログラミングを知ることで、開発者として採用されたり昇進したりするのに役立つだけではなく、新たなシナリオで活用できるスキルの幅が広がります。たとえば、同時に発生する複雑なビジネスの相互作用をモデル化できます。また、並行プログラミングを使うことで、タスクを迅速に処理してソフトウェアの応答性を向上させられます。逐次プログラミングとは異なり、並行プログラミングでは複数のCPUコアを利用できるため、プログラムの実行を高速化することで作業量を増加させられます。CPUコアが1つであっても、並行処理には利点があります。それは、タイムシェアリングが可能になり、I/O処理の完了を待っている間にタスクを実行できることです。では、これらのシナリオをもう少し詳しく見てみましょう。

1.2 並行的な世界とのやり取り

私たちは並行的な世界で生活し、働いています。私たちが書くソフトウェアは、同時並行的にやり取りする複雑なビジネスプロセスをモデル化しています。最も単純なビジネスであっても、通常、そうした同時並行的なやり取りが多数存在します。たとえば、複数の人が同時にオンラインで注文することや、図1.1に示すように、進行中の出荷を連携させながら荷物をまとめる集約プロセスを考えてください。

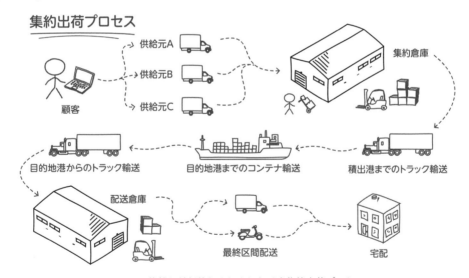

図1.1 複雑な並行的なやり取りを示す集約出荷プロセス

私たちの日常生活では、常に並行処理を扱っています。自動車を運転するたびに、他の自動車、自転車、歩行者など、複数の並行する動作主体と影響し合います。たとえば仕事中、メールの返信を待つ間にタスクを保留にしておいて、次のタスクに取りかかることがあります。料理をするときは、生

産性を最大化し、調理時間を短縮するために手順を計画します。私たちの脳は、並行する行動を管理することに完全に慣れています。実際、私たちが気付かないうちに、脳は常にそうしています。

並行プログラミングとは、複数のタスクやプロセスが同時に実行され、相互作用可能なようにコードを書くことです。もし2人の顧客が同時に注文し、在庫が1つしか残っていない場合、どうなるでしょうか。顧客が航空券を購入するたびに航空券の価格が上がる場合、同じ瞬間に複数の航空券が予約されたらどうなるでしょうか。追加の需要によって負荷が突然増加した場合、処理資源やメモリ資源を増やしたときに、私たちのソフトウェアはどのようにスケールするでしょうか。これらはすべて、開発者が並行処理ソフトウェアを設計しプログラミングする際に対処するシナリオです。

1.3　スループットの向上

現代の開発者にとって、並行プログラミングの方法を理解することはますます重要になっています。これは、この種のプログラミングに有利なように、ハードウェアの状況は年々変化しているからです。

マルチコア技術が登場する前は、プロセッサの性能はクロック周波数とトランジスタ数に比例して向上し、およそ2年ごとに倍増していました。プロセッサのエンジニアたちは、過熱や電力消費による物理的限界に直面し始めました。これは、ノートパソコンやスマートフォンといったモバイルハードウェアの爆発的な急増とも重なります。処理能力を向上させつつ、過剰なバッテリ消費とCPUの過熱を抑えるため、エンジニアはマルチコアプロセッサを導入しました。

さらに、クラウド・コンピューティング・サービスの台頭により、開発者は大規模で安価な処理資源に簡単にアクセスできるようになり、そこでコードを実行できるようになりました。ただし、この特別な計算能力を十分に享受するには、追加の処理ユニットを最大限に活用するようにコードが書かれている必要があります。

> **定義**　水平スケーリング（horizontal scaling）とは、プロセッサやサーバーマシンなど、複数の処理資源に負荷を分散させることで、システム性能を向上させることです（図1.2参照）。垂直スケーリング（vertical scaling）とは、高速なプロセッサを導入するなど、既存の資源を改善することです。

複数の処理資源を持つということは、水平方向にスケールできるということです。追加プロセッサを使ってタスクを並列に実行し、迅速に終わらせることができます。これは、追加の処理資源を最大限に活用するようにコードを書いた場合にのみ可能です。

プロセッサが1つしかないシステムではどうでしょうか。システムに複数のプロセッサがない場合、並行コードを書く利点はあるでしょうか。実はこのシナリオでも、並行プログラムを書くことには利点があります。

ほとんどのプログラムは、プロセッサ上で計算を実行する時間のほんの一部しか費やしません。たとえば、キーボードからの入力を待つワードプロセッサや、テキストファイルの一部がディスクから読み込まれるのを待つことに実行時間の大半を費やすテキストファイル検索ユーティリティについて考えてみましょう。I/Oを待っている間、プログラムにさまざまなタスクを実行させられます。たと

図 1.2　プロセッサ増設による性能向上

えば、ユーザーが次に何を入力するか考えている間に、ワードプロセッサが文書のスペルチェックを実行できます。ファイル検索ユーティリティは、次のファイルを別のメモリ領域に読み込んでいる間に、すでにメモリに読み込んだファイルとの一致を探せます。

　別の例として、好きな料理を作ったり焼いたりすることを考えてみましょう。料理をオーブンやコンロで焼いている間に、ただ待っているのではなく、何か別の動作をすれば、時間を有効に使えます（図 1.3 参照）。このようにして、時間を有効に使うことができ、生産性が高まります。これは、私たちのプログラムが、ネットワークメッセージ、ユーザー入力、あるいはファイルの書き込みを待っている間に、CPU 上で他の命令を実行することに似ています。つまり、プログラムが同じ時間で多くの作業をこなせることを意味します。

1.4　応答性の向上

　並行プログラミングは、1 つのタスクの終了を待たせることなしにユーザー入力への応答を可能にするため、ソフトウェアの応答性を向上させます。プロセッサが 1 つであっても、一連の命令の実行を一時停止し、ユーザーの入力に応答し、次のユーザーの入力を待つ間に実行を続行するという処理を、常に行えます。

　もう一度ワードプロセッサを考えてみると、タイピング中にバックグラウンドで複数のタスクが実行しているかもしれません。キーボードイベントを監視し、各文字を画面に表示するタスクがあります。バックグラウンドでスペルや文法をチェックするタスクもあるかもしれません。また、文書の統計情報（単語数、ページ数など）を計算して画面に表示するタスクも考えられます。定期的に、文書を自動保存するタスクもあるかもしれません。これらのすべてのタスクが同時に実行されているよう

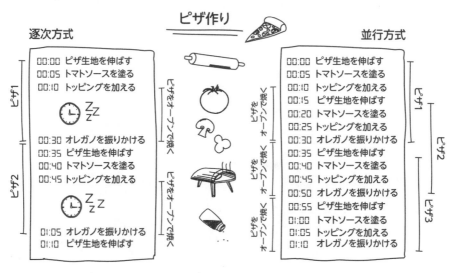

図 1.3　プロセッサが 1 台でも、アイドル時間を活用すれば性能を向上させられる

な印象を与えますが、これらのタスクはオペレーティングシステムによって CPU 上で高速に切り替えられているのです。図 1.4 は、これら 3 つのタスクが 1 つのプロセッサ上で実行されていることを簡略化したタイムラインを示しています。このインタリーブシステムは、ハードウェア割り込みと、オペレーティングシステムのトラップの組み合わせを使って実装されています。

オペレーティングシステムと並行処理については、次章で詳しく説明します。今のところ、このインタリーブシステムがなかったら、各タスクを 1 つずつ順番に実行しなければならないことを理解することが重要です。文章を入力し、スペルチェックボタンをクリックし、それが完了するのを待ち、さらに別のボタンをクリックして、文書の統計が表示されるのを待つ必要があるでしょう。

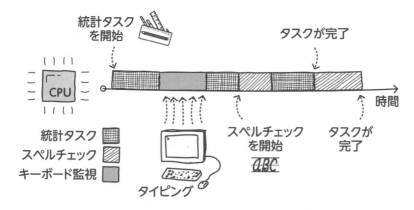

図 1.4　ワードプロセッサにおける簡略化されたタスクインタリーブ

1.5 Goで並行プログラミング

Goは並行プログラミングを学ぶのにとても適した言語です。なぜなら、その開発者たちは高性能な並行処理を念頭に置いて設計したからです。彼らの目的は、実行時に効率的で、読みやすく、使いやすい言語を作ることでした。

1.5.1 ゴルーチンの概要

Goは、並行実行の基本単位をモデル化するために、ゴルーチン（*goroutine*）と呼ばれる軽量な構造を使っています。次章で説明するように、ゴルーチンは、カーネルレベルスレッドの集まり上で実行され、Goのランタイムによって管理される、ユーザーレベルスレッドのシステムを提供します。

ゴルーチンが軽量であることを考慮すると、この言語の前提は、正しい並行プログラムを書くことに集中し、Goのランタイムとハードウェアの仕組みに並列処理を任せるべきだということです。この原則は、何かを並行して実行する必要がある場合、それを実行するゴルーチンを作成することです。多くのことを並行して行う必要がある場合、資源の割り当てを心配せずに、必要な数だけゴルーチンを作成します。そうすれば、プログラムが実行されるハードウェアと環境に応じて、あなたのソリューションはスケールします。

ゴルーチンに加えて、Goはよくあるタスクの並行実行を調整するための多くの抽象化機能を提供しています。その1つがチャネル（*channel*）です。チャネルは、2つ以上のゴルーチンが互いにメッセージを渡せるようにします。これにより、簡単で直感的な方法で、複数の実行の情報交換と同期を可能にしています。

1.5.2 CSPと基本操作による並行性のモデリング

1978年、C.A.R. Hoareは並行処理を表現するための形式言語としてCSP（*communicating sequential processes*）を初めて発表しました。OccamやErlangなど多くの言語がCSPの影響を受けています。Goは同期チャネルを使うなど、CSPのアイデアの多くを実装しようとしています。

チャネルを使って通信および同期を行う分離されたゴルーチンを持つこの並行性モデル（図1.5参照）は、競合状態のリスクを減少させます。競合状態とは、不適切な並行プログラミングで発生するプログラミングエラーの一種で、通常、デバッグがとても困難であり、データ破損や予期せぬ動作を引き起こします。このような並行処理のモデリングは、私たちの日常生活で並行処理がどのように発生するのかに似ています。たとえば、分離された並行実行（人、プロセス、マシン）が同時に動作し、メッセージをやり取りして互いに通信する場合などです。

問題によっては、メモリ共有で使われる古典的な並行処理基本操作（他の多くの言語で見られるミューテックスや条件変数など）のほうが、CSPスタイルのプログラミングを使うよりも優れた性能を発揮し、よい結果をもたらすことがあります。幸いなことに、GoはCSPスタイルのツールに加えてこれらのツールも提供しています。CSPが適切なモデルではない場合、他の古典的な基本操作に戻って頼ることもできます。

本書では、意図的に古典的な基本操作を使うメモリ共有と同期から始めます。これは、CSPスタイ

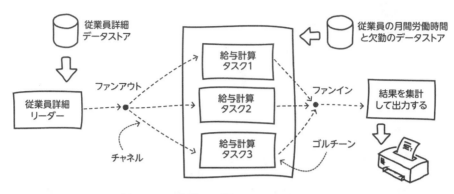

図 1.5　CSP を使った並行 Go アプリケーション

ルの並行プログラミングの説明が始まるまでに、伝統的なロックと同期の基本操作の基礎を築くためです。

1.5.3　独自の並行処理ツールの構築

本書では、並行処理アプリケーションを構築するためのさまざまなツールの使い方を学びます。これには、ミューテックス、条件変数、チャネル、セマフォといった並行処理構成要素が含まれます。

これらの並行処理ツールの使い方を知ることはよいことですが、それらの内部の仕組みを理解することについてはどうでしょうか。ここでは、さらに一歩進んで、Go のライブラリで利用可能であっても、それらをゼロから構築するという方法を取ります。一般的な並行処理ツールを選び、他の並行処理基本操作を構成要素として使って、それらをどのように実装できるかを見ていきます。たとえば、Go はセマフォの実装を提供していません。したがって、セマフォをいつ、どのように使うかを理解する以外に、自分自身でセマフォを実装してみます。ウェイトグループやチャネルといった、Go で利用可能なツールについても同様のことを行います。

この考え方は、よく知られたアルゴリズムを実装するための知識を持つことに似ています。ソート関数を使うのに、ソートアルゴリズムの実装方法を知る必要はないかもしれません。しかし、アルゴリズムがどのように機能するかを学ぶことで、異なるシナリオや新たな考え方に触れることができ、優れたプログラマになれます。そして、そのシナリオをさまざまな問題に応用できます。さらに、並行処理ツールがどのように構築されているかを知ることで、それをいつ、どのように使うかについて、適切な判断ができるようになります。

1.6　性能のスケーリング

性能のスケーラビリティ（*Performance Scalability*）とは、プログラムが利用可能な資源の数が増加するのに比例して、プログラムがどれだけ速くなるかを測る尺度です。これを理解するために、簡単なたとえ話を用いてみましょう。

私たちが不動産開発業者である世界を想像してみましょう。現在のプロジェクトは、小さな複数階の住宅を建てることです。建築計画を建設業者に渡すと、彼らは小さな家を完成させるために取りかかります。工事は8か月ですべて完了します。

そのプロジェクトが終わるとすぐに、また別の場所で同じ建物を建てるという依頼を受けます。作業を早めるために、1人ではなく2人の建設業者を雇います。今回は、建設業者はわずか4か月で家を完成させます。

次に同じ家を建てる依頼を受けたときは、さらに早く完成させるため、より多くの人手を雇います。今回は4人の建設業者に依頼し、完成までに2か月半かかります。この家は、前の家よりも建築費が少し高くなります。4人の建設業者に2か月半支払うほうが、2人の建設業者に4か月支払うよりも高くなります(すべての建設業者が同じ料金を請求すると仮定して)。

この実験をさらに2回繰り返し、8人の建設業者、次に16人の建設業者を雇います。8人および16人の建設業者を雇った場合も、家は2か月で完成します。どれだけ多くの人手を投入しても、建設期間を2か月未満に短縮することはできないようです。技術者用語では、スケーラビリティの限界に達したということです。なぜこのようなことが起こるのでしょうか。なぜ資源(人、金、プロセッサ)を倍増させ続けても、かかる時間を常に半分に減らすことができないのでしょうか。

1.6.1 アムダールの法則

1967年、コンピュータ科学者のGene Amdahlは、あるカンファレンスで、ある問題の並列性と逐次性の比率に関して制限されるスピードアップの定式を発表しました。これはアムダールの法則として知られるようになりました。

> **定義** アムダールの法則(*Amdahl's law*)は、システムの一部を最適化して得られる全体的な性能向上は、その改善された部分が実際に使われる時間の割合によって制限されると述べています。

私たちの住宅建設のシナリオでは、スケーラビリティはさまざまな要因によって制限されています。まず、問題を解決するためのアプローチが私たちを制限しているかもしれません。たとえば、1階を建設する前に2階を建設することはできません。さらに、建築のいくつかの部分は逐次的にしか行えません。たとえば、建設現場までが1本の道路のみである場合、どの時点でもその道路を利用できるのは1台の輸送車だけです。言い換えれば、建設プロセスのいくつかの部分は逐次的(1つずつ)であり、他の部分は並列して(同時に)行えます。これらの要因が、ここでのタスクのスケーラビリティに影響を与え、制限しています。

アムダールの法則は、実行の非並列部分がボトルネックとなり、実行の並列化の利点を制限すると教えています。図1.6は、プロセッサの数を増やしたときに得られる理論的なスピードアップの関係を示しています。

このグラフを私たちの建設問題に適用すると、建設業者が1人で、逐次的にしかできない部分に時間の5%を費やした場合、スケーラビリティは表の1番上の線(95%が並列)に従います。この逐次的な部分は、狭い道路をトラックで建材を運ぶような、1人でしかできない部分です。

第1章 並行プログラミングへの第一歩

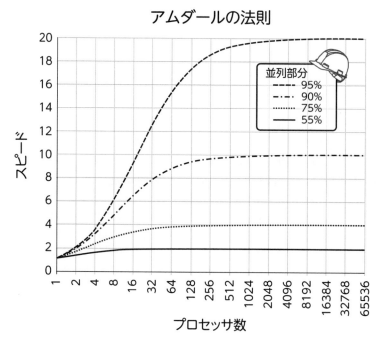

図 1.6 アムダールの法則によるプロセッサ数に対するスピードアップ

　このグラフからわかるように、512 人が建設に携わったとしても、1 人だけで作業した場合に比べて約 19 倍速く作業を終えるだけです。この 512 人の地点を過ぎると、状況はあまり改善されません。20 倍速く完成させるには、4,096 人以上の建設業者が必要になります。この数字の周辺で実質的な限界に達します。それ以上作業員を増やしても何の役にも立ちませんし、お金を無駄にすることになります。

　作業の並列化可能な割合がより低い場合、状況はさらに悪化します。90% の場合、512 人の作業員あたりでスケーラビリティの限界に達します。75% なら 128 人の作業員、55% ならたった 16 人の作業員で限界に達します。この限界だけではなく、スピードアップも大幅に低下していることに注意してください。作業が 90%、75%、55% 並列化可能な場合、それぞれ最大 10 倍、4 倍、2 倍のスピードアップが得られます。

　アムダールの法則は、並行プログラミングと並列コンピューティングに暗い影を落としています。ほんのわずかな部分が逐次処理である並行コードでさえ、スケーラビリティは大幅に低下します。幸い、これが全体像ではありません。

1.6.2　グスタフソンの法則

　1988 年、2 人のコンピュータ科学者、John L. Gustafson と Edwin H. Barsis は、アムダールの法則を再評価し、その欠点を取り上げた論文を発表しました（「Reevaluating Amdah's Law」、 https://dl.acm.org/doi/pdf/10.1145/42411.42415)。この論文は、並列性の限界について別の視点を与えています。彼らの主な主張は、実際には、多くの資源を利用できる場合、問題の大きさが変化するというものです。

　家を建てるための比喩を続けると、仮に何千人もの建設業者を自由に使えるとしたら、将来のプロジェクトが控えているのに、そのすべてを小さな家づくりに投入するのは無駄です。そうではなく、最適な数の建設業者を家の建設に投入し、残りの作業員を他のプロジェクトに割り当てることを試みるでしょう。

　ソフトウェアを開発していて、大量のコンピューティング資源を持っていたとします。もし、半分の資源を使うだけでも、ソフトウェアの性能は変わらないことに気づいたら、余分な資源を他のことに振り向けることができます。たとえば、そのソフトウェアの他の領域での精度や品質を向上させるなどです。

　アムダールの法則に対する2つ目の反論は、問題のサイズを大きくしたとき、問題の非並列部分は通常、問題のサイズと比例して増加しないというものです。実際、Gustafson は、多くの問題では、この非並列部分は一定のままであると主張しています。したがって、これら2つの点を考慮すると、スピードアップは利用可能な並列資源に対して線形にスケールできます。この関係は図 1.7 で示されています。

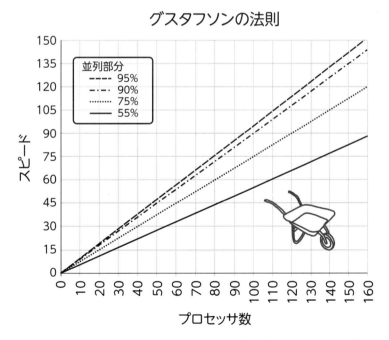

図1.7　グスタフソンの法則によるプロセッサ数に対するスピードアップ

　グスタフソンの法則は、余分な資源をビジー状態に保つ方法を見つけさえすれば、スピードアップは継続し、問題の逐次的部分によって制限されることはないとしています。しかし、この法則が

成り立つのは、問題サイズが大きくなっても逐次的な部分が一定である場合にのみ当てはまります。Gustafson によれば、多くの種類のプログラムがこのケースに当てはまるとしています。

　アムダールの法則とグスタフソンの法則の両方を完全に理解するために、コンピュータゲームを例にとってみましょう。リッチなグラフィックスのあるコンピュータゲームが、複数のコンピューティングプロセッサを利用するように書かれているとします。時が経ち、コンピュータが高性能になり、多くの並列処理コアを持つようになると、同じゲームを高いフレームレートで実行できるようになり、スムーズな体験が得られます。やがて、プロセッサを増やしてもフレームレートがそれ以上は上がらないという点に到達します。これは、スピードアップの限界に達したときに起こります。プロセッサをいくら増やしても、ゲームはさらに高いフレームレートで動作しません。これはアムダールの法則が私たちに伝えていることです。つまり、非並列化の部分によってサイズが固定化する問題については、スピードアップの限界があるということです。

　しかし、技術が進歩し、プロセッサのコア数が増えれば、ゲームデザイナーはそれらの追加の処理ユニットを有効に使うようになります。フレームレートは上がらないかもしれませんが、処理能力の向上により、ゲームのグラフィックスは詳細に、高解像度で表現できるようになります。これはグスタフソンの法則の実践です。資源を増やした場合、システムの能力が向上することが期待され、開発者は追加の処理能力を有効に活用するでしょう。

まとめ

- 並行プログラミングは、応答性の高いソフトウェアの構築を可能にします。
- 並行プログラムは、複数のプロセッサで実行される場合、速度の向上も可能です。
- プロセッサが 1 つしかなくても、並行プログラミングで I/O 待ち時間を有効に利用すれば、スループットを向上させられます。
- Go は、並行実行をモデル化するための軽量構造であるゴルーチンを提供しています。
- Go はチャネルといった抽象化機能を提供し、チャネルは並行実行が通信と同期を行うことを可能にします。
- Go では、CSP（*communicating sequential processes*）方式のモデルを使うか、古典的な基本操作を使うかを選択して、並行アプリケーションを構築できます。
- CSP 方式のモデルを使うことで、ある種の並行エラーの可能性を減らせます。しかし、ある種の問題に対しては、古典的な基本操作を使ったほうがよい結果が得られることがあります。
- 固定サイズの問題の性能のスケーラビリティは、実行の非並列部分によって制限されるとアムダールの法則は教えています。
- 余分な資源をビジー状態に保つ方法を見つけ続ければ、スピードアップは継続し、問題の逐次的な部分によって制限されることはないとグスタフソンの法則は教えています。

第 2 章

スレッドを扱う

本章では、以下の内容を扱います。

- オペレーティングシステムにおける並行性のモデル化
- プロセスとスレッドの区別
- ゴルーチンの生成
- 並行処理と並列処理の区別

　オペレーティングシステムは、システム資源の管理者です。オペレーティングシステムは、処理時間、メモリ、ネットワークなどのさまざまなシステム資源に、いつ、どのプロセスがアクセスできるかを決定します。開発者として、私たちは必ずしもオペレーティングシステムの内部動作の専門家である必要はありません。しかし、オペレーティングシステムがどのように動作するのか、そしてプログラマとしての私たちの作業を容易にするために提供されているツールについて十分に理解しておく必要があります。

　本章では、オペレーティングシステムが複数のジョブを並行に実行するために、どのように資源を管理し、割り当てているかを見ていきます。並行プログラミングの文脈では、オペレーティングシステムは並行処理を管理するためのさまざまなツールを提供しています。これらのツールのうちの2つ、プロセスとスレッドは、コード内の並行アクターを表します。これらは並列に実行されたり、相互に入れ替わりながら相互に作用したりすることがあります。この2つの違いについて、少し詳しく見ていきます。その後、ゴルーチンと、この文脈におけるその位置付けについても説明し、ゴルーチンを使った最初の並行 Go プログラムを作成します。

2.1　オペレーティングシステムにおけるマルチプロセッシング

　オペレーティングシステムは、並行プログラムを構築しサポートするための抽象化をどのように提供しているのでしょうか。マルチプロセッシング（*multiprocessing*）（マルチプログラミングとも呼ばれる）とは、オペレーティングシステムが同時に複数のタスクを処理できる場合に使われる用語です。これは、CPU を有効活用できるようにするので重要です。現在のジョブがユーザー入力を待っ

第 2 章　スレッドを扱う

ているときなど、CPU がアイドル状態になっているときはいつでも、オペレーティングシステムに CPU で実行する別のジョブを選択させられます。

> 注記　マルチプロセッシングに関しては、現代のオペレーティングシステムは、複数のジョブを管理するためのさまざまな手順やコンポーネントを持っています。このシステムを理解し、私たちのプログラミングとどのように相互作用するかを理解することは、より効果的な方法でプログラムを記述するのに役立ちます。

自宅のラップトップであれ、クラウドサーバーであれ、システム上でジョブを実行するときはいつも、その実行はさまざまな状態を経て遷移します。ジョブが通過するライフサイクルを完全に理解するために、例を挙げてこれらの状態を見てみましょう。大きなテキストファイルから特定の文字列を検索するコマンドをシステム上で実行するとしましょう。システムが UNIX プラットフォームの場合、次のようなコマンドを使います。

```
grep 'hello' largeReadme.md
```

図 2.1 は、このジョブがたどるパスの例を示しています。

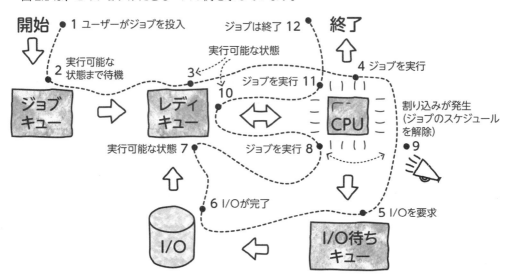

図 2.1　単一 CPU システムにおけるオペレーティングシステムのジョブ状態

> 注記　一部のオペレーティングシステム（Linux など）では、レディキュー（*ready queue*）は実行キュー（*run queue*）として知られています。

それでは、これらの状態を 1 つずつ見ていきましょう。

1. ユーザーは、文字列検索ジョブを実行するために投入します。

2.1 オペレーティングシステムにおけるマルチプロセッシング

2. オペレーティングシステムは、このジョブをジョブキューに入れます。ジョブは、まだ実行する準備ができていない場合、このキューに入れられます。
3. テキスト検索が実行可能な状態になると、レディキューに移動します。
4. ある時点で CPU が空いていると、オペレーティングシステムはレディキューからジョブを取り出して、CPU 上で実行を開始します。この段階で、プロセッサはジョブに含まれる命令を実行しています。
5. テキスト検索ジョブがファイルからの読み込み命令を要求するとすぐに、オペレーティングシステムはそのジョブを CPU から外し、I/O 待ちキューに入れます。ここで、要求された I/O 操作がデータを返すまで待機します。レディキューに別のジョブがあれば、オペレーティングシステムはそれを取り出して、CPU 上で実行し、プロセッサをビジーに保ちます。
6. デバイスは I/O 操作（テキストファイルからいくらかのバイトを読み込む）を実行し、完了します。
7. I/O 操作が完了すると、ジョブはレディキューに戻ります。ここでジョブは、実行を継続できるように、オペレーティングシステムがそれを取り出すのを待つことになります。この待ち時間の理由は、CPU が他のジョブの実行で忙しい可能性があるからです。
8. CPU が再び空いた時点で、オペレーティングシステムはテキスト検索ジョブを取り出し、CPU 上でその命令を実行し続けます。この場合の典型的な命令は、ファイルから読み込まれたテキストの中から一致するものを見つけようとすることです。
9. この時点で、ジョブの実行中にシステムが割り込み（*interrupt*）を発生させることがあります。割り込みは、現在の実行を停止し、特定のイベントをシステムに通知するために使われる仕組みです。割り込みコントローラ（*interrupt controller*）と呼ばれるハードウェアが、複数のデバイスからのすべての割り込みを処理します。このコントローラは、現在のジョブを停止して別のタスクに取りかかるよう CPU に通知します。通常、このタスクはデバイスドライバやオペレーティングシステムのスケジューラの呼び出しを伴います。この割り込みは、次のような多くの理由で発生します。

    - I/O デバイスが、ファイルやネットワークの読み込み、あるいはキーボードのキーストロークといった操作を完了した。
    - 別のプログラムがソフトウェア割り込みを要求した。
    - ハードウェアクロック（またはタイマー）のクロック信号が発生し、現在の実行を中断した。これにより、レディキュー内の他のジョブにも実行の機会を得ることが保証される。

10. オペレーティングシステムは現在のジョブの実行を一時停止し、そのジョブをレディキューに戻します。オペレーティングシステムはまた、レディキューから別のジョブを取り出して、CPU 上で実行します。オペレーティングシステムのスケジューリングアルゴリズムの仕事は、レディキューからどのジョブを取り出して実行に移すかを決定することです。
11. ある時点で、我々のジョブはオペレーティングシステムのスケジューラによって再び取り出されて、CPU 上で実行が再開されます。テキストファイルのサイズやシステム上で実行されている他のジョブの数にもよりますが、ステップ 4 から 10 までは、一般的に実行中に複数回繰

り返されます。

12. 私たちのテキスト検索はその処理を終え（検索を完了し）、終了します。

   定義 ステップ 9 と 10 は、システムがジョブを中断してオペレーティングシステムが別のジョブのスケジュールのために介入するたびに発生するコンテキストスイッチ（*context switch*）の例です。

コンテキストスイッチのたびに少しのオーバーヘッドが発生します。オペレーティングシステムは現在のジョブの状態を保存しておき、後で中断したところから再開できるようにする必要があります。また、オペレーティングシステムは次に実行されるべきジョブの状態をロードする必要があります。この状態は、プロセス・コンテキスト・ブロック（PCB：*process context block*）と呼ばれます。これは、プログラムカウンタ、CPU レジスタ、メモリ情報といった、ジョブに関するすべての詳細を保存するために使われるデータ構造です。

このコンテキストスイッチングは、CPU が 1 つしかない場合でも、多くのタスクが同時に行われているような印象を与えます。並行コードを書き、それをプロセッサが 1 つしかないシステムで実行すると、コードはこの方法で実行される一連のジョブを作成し、迅速な応答を実現します。複数の CPU を持つシステムでは、ジョブを異なる実行単位で同時に実行するという真の並列処理も行えます。

1990 年代には、多くのシステムがデュアルプロセッサのマザーボードを備えていましたが、これらは一般的に高価でした。最初のデュアルコアプロセッサは、2005 年に（インテルから）商業的に利用可能になりました。処理能力を向上させ、バッテリ寿命を延ばすために、現在ではほとんどのデバイスにマルチコアが搭載されています。これには、クラウドサーバー、家庭用ノートパソコン、スマートフォンなどが含まれます。通常、これらのプロセッサのアーキテクチャは、メインメモリとバスインタフェースを共有しますが、各コアは独自の CPU と少なくとも 1 つのメモリキャッシュを持っています。オペレーティングシステムの役割はシングルコアマシンと変わりませんが、スケジューラが複数の CPU にジョブをスケジューリングしなければならない点が異なります。割り込みの実装は複雑で、これらのシステムには高度な割り込みコントローラがあり、シナリオに応じて 1 つのプロセッサに割り込んだり、複数のプロセッサに割り込んだりできます。

マルチプロセッシングとタイムシェアリング

1950 年代には多くのシステムがマルチプロセッシングを採用していましたが、それらはたいてい特別な目的で作られたシステムでした。その一例が、1950 年代に米軍が空域を監視するために開発した SAGE（*Semi-Automatic Ground Environment*）システムです。SAGE は、電話回線を使って接続された多数の遠隔コンピュータで構成されていました。SAGE システムは時代を先取りしており、その開発は、リアルタイム処理、分散コンピューティング、マルチプロセッシングといった、今日使われている多くのアイデアを生み出しました。

その後、1960 年代に IBM は System/360 を発表しました。さまざまな文献において、これが最初の本格的なオペレーティングシステムだとされています。それ以前にも同様のシステムは利用可能でしたが、それらは「バッチ処理システム」といった異なる名前で呼ばれていました。

しかし、System/360 は、マルチプロセッシングを実行する機能を備えた最初の商用システムの 1 つでした。それ以前、システムによっては、ジョブがテープからのデータのロードやテープへのデータの保存が必要な場合、システムが低速テープにアクセスするまですべての処理が停止していました。このため、I/O 処理の割合が高いプログラムでは非効率でした。この間、CPU はアイドル状態にあり、有益な作業を行えませんでした。解決策は、一度に複数のジョブをロードし、各ジョブに固定メモリの区画を割り当てることでした。あるジョブが I/O を待っている間、CPU は別のジョブの実行に切り替えられました。

この頃に登場したもう 1 つの解決策が、タイムシェアリングという考え方です。それ以前、コンピュータがまだ共有して使われる大型のメインフレームだったころ、プログラミングはプログラムを投入して、ジョブがコンパイルされ実行されるまで数時間も待たなければなりませんでした。投入されたプログラムのコードにエラーがあった場合、プログラマは処理の後半になるまで知ることができませんでした。この解決策として、多くのプログラムが端末から接続するタイムシェアリング（time-sharing）システムが考案されました。プログラミングはほとんど思考のプロセスであるため、接続中のユーザーのほんの一部がジョブのコンパイルや実行を行います。CPU 資源は、このごく一部のユーザーが必要とするときに交互に割り当てられ、長いフィードバック時間が短縮されました。

ここまでは、オペレーティングシステムが管理する実行単位を漠然とシステムジョブと呼んできました。次節では、オペレーティングシステムがこれらの実行単位をモデル化するために、2 つの主要な抽象化をどのように提供しているかをもう少し詳しく説明します。

2.2　プロセスとスレッドによる並行処理の抽象化

コードを実行し、並行処理を管理する必要がある（ジョブが同時に実行されているか、同時に実行されていると見せるようにする）場合、あるいは、マルチコアシステムで真の並列性を実現する必要がある場合、オペレーティングシステムはプロセスとスレッドという 2 つの抽象化を提供します。

プロセス（process）は、システム上で現在実行中のプログラムを表します。それは、オペレーティングシステムにとってきわめて重要な概念です。オペレーティングシステムの主な目的は、実行中の多くのプロセスの間でシステム資源（メモリや CPU など）を効率的に割り当てることです。前節で説明したように、複数のプロセスを使い、それらを並行に実行できます。

スレッド（thread）は、プロセスコンテキスト内で実行される追加の構造で、それによって並行処理への軽量で効率的なアプローチが提供されます。これから説明するように、各プロセスは、プライマリスレッドまたはメインスレッドと呼ばれる単一の実行スレッドで開始されます。本節では、複数のプロセスで並行処理をモデル化する場合と、1 つのプロセス内で多数のスレッドを実行する場合の違いを見ていきます。

2.2.1 プロセスによる並行処理

大規模な1つの作業を複数の人員で担当する場合、どのようにして作業を完了させられるでしょうか。具体的な例を挙げると、私たちが有名な芸術家のグループで、誰かから大きな作品を描くよう依頼されたとします。締め切りが迫っているので、効率よく作業して時間内に仕上げるには、チームとして協力することが不可欠です。

芸術家たちに同じ絵に取り組ませる1つの方法は、全員に別々の紙を渡し、完成させる絵についてそれぞれ別の担当部分を描くように指示することです。チームの各メンバーは、それぞれの紙に自分の担当部分を描きます。全員が描き終えたら、それぞれの作品を統合します。各自の紙を白いキャンバスに貼り付け、紙の継ぎ目部分を描いて、作業が完了したと見なせます。

このたとえでは、さまざまなチームメンバーが各 CPU を表しています。私たちが従っている命令は、プログラムされたコードです。チームメンバーによるタスクの実行（紙に絵を描くなど）はプロセスを表しています。私たちはそれぞれ自分の資源（紙、机のスペースなど）を持ち、独立して作業を行い、最後に集まって作業を統合します。このたとえでは、2つのステップで作業を完了させます。1つ目のステップは、絵のさまざまな部分を並列に制作することです。2つ目のステップは、異なる部分を一緒に貼り合わせることです（図 2.2 参照）。

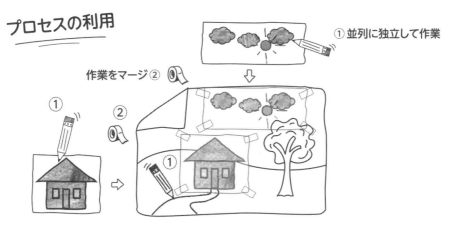

図 2.2　タスクを実行する際に個人のスペースを持つことは、プロセスを使うことに似ている

これは、オペレーティングシステムにおけるプロセスの動作に似ています。各画家の資源（紙や鉛筆など）は、メモリといったシステム資源を表しています。オペレーティングシステムの各プロセスは、他のプロセスから隔離された独自のメモリ空間を持っています。通常、プロセスは独立して動作し、他のプロセスとの相互作用は最小限です。プロセスは、多くの資源を消費する代償として、隔離を提供します。たとえば、あるプロセスがエラーでクラッシュしても、そのプロセスは独自のメモリ空間を持っているため、他のプロセスに影響を与えることはありません。この隔離の欠点は、多くのメモリを消費してしまうことです。さらに、メモリ領域やその他のシステム資源を確保する必要があるため、プロセスの起動には（スレッドに比べて）少し時間がかかります。

プロセスは互いにメモリを共有しないので、他のプロセスとのコミュニケーションを最小限にする傾向があります。画家のたとえのように、プロセスを使って作業を同期させマージするのは、結局のところ、もう少し難しい課題です。プロセス同士の通信や同期が必要な場合、ファイル、データベース、パイプ、ソケットといったオペレーティングシステムのツールや他のアプリケーションを使えるようにプログラムします。

2.2.2 プロセスの生成

プロセスは、システムがコードをどのように実行するのかを抽象化したものです。オペレーティングシステムに、いつプロセスを作成し、どのコードを実行すべきかを指示することは、コードを隔離して実行したい場合には必要不可欠です。幸運なことに、オペレーティングシステムはプロセスの作成、開始、管理のためのシステムコールを提供しています。

たとえば、Windows には CreateProcess() システムコールがあります。この呼び出しによってプロセスが作成され、必要な資源が割り当てられ、プログラムコードがロードされ、プロセスとしてプログラムの実行を開始します。

一方、UNIX システムには、fork() システムコールがあります。この呼び出しを使うと、実行中のプロセスのコピーを作成できます。実行中のプロセスからこのシステムコールを行うと、オペレーティングシステムは、レジスタ、スタック、ファイルハンドラ、さらにはプログラムカウンタも含めて、メモリ空間とプロセスの資源ハンドラの完全なコピーを作成します。新たなプロセスがこの新たなメモリ空間を引き継ぎ、その時点から実行を続けます。

> **定義** 新たなプロセスを子（*child*）プロセス、それを生成したプロセスを親（*parent*）プロセスと呼びます。この子と親という用語は、スレッドにも適用されます。それについては、2.2.4 節で説明します。

fork() システムコールは、親プロセスではプロセス ID を返し、子プロセスでは値 0 を返します。2 つのプロセスにフォークした後、各プロセスは fork() システムコールの戻り値に基づいて実行する命令を決定できます。子プロセスは、コピーされた資源（メモリに含まれるデータなど）を使うか、クリアして新たに開始するかを決定できます。各プロセスは独自のメモリ空間を持つため、一方のプロセスがそのメモリ内容を変更しても（たとえば変数の値を変更しても）、もう一方のプロセスにはその変更は見えません。図 2.3 は UNIX の fork() システムコールの結果を示しています。

想像がつくように、各プロセスはそれぞれ独自のメモリ空間を持つため、新たなプロセスを生成するごとに、消費される総メモリ量は増加します。さらにメモリを消費するだけではなく、システム資源のコピーや割り当てにも時間がかかり、貴重な CPU サイクルを消費します。これは、多くのプロセスを作成すると、システムに大きな負担をかけることを意味します。このような理由から、1 つのプログラムが多数のプロセスを同時に使い、すべてのプロセスが同じ問題に取り組むことはめったにありません。

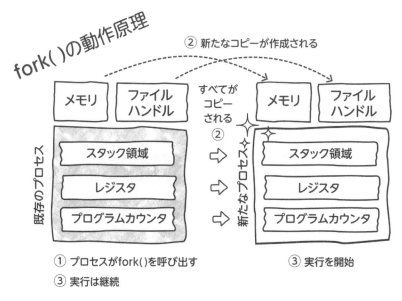

図 2.3　fork() システムコールを使った新たなプロセスの生成

> **UNIX プロセスでのコピー・オン・ライト**
>
> コピー・オン・ライト（COW：*copy on write*）は、fork() システムコールに導入された最適化です。メモリ空間全体をコピーしないため、所要時間が短縮されます。この最適化を使っているシステムでは、fork() が呼び出されると、子プロセスと親プロセスの両方が同じメモリページを共有します。その後、プロセスの 1 つがメモリページの内容を変更しようとすると、そのページは新たな場所にコピーされ、各プロセスが独自のコピーを持つようになります。オペレーティングシステムは、変更されたメモリページのコピーだけを作成します。これはメモリと時間の両方を節約する素晴らしい方法ですが、プロセスがメモリの大部分を変更した場合、オペレーティングシステムはほとんどのページをコピーすることになります。

　Go でプロセスを作成したりフォークしたりするためのサポートは、syscall パッケージに限定されており、オペレーティングシステムに依存しています。syscall パッケージを見ると、Windows では CreateProcess() 関数、UNIX システムでは ForkExec() 関数と StartProcess() 関数があります。Go ではまた、Exec() 関数を呼び出すことで、新たなプロセスでコマンドを実行する機能を提供し、syscall パッケージ内のオペレーティングシステム固有の関数の一部を抽象化できます。しかし、Go での並行プログラミングは、通常、重量級のプロセスに頼ることはありません。これから説明するように、Go は軽量なスレッド化とゴルーチンの並行処理モデルを採用しています。

プロセスは、そのコードの実行が終了したり、処理できないエラーに遭遇したりした場合に終了します。プロセスが終了すると、オペレーティングシステムはその資源をすべて回収し、回収された資源は他のプロセスが使えるようになります。これには、メモリ領域、開いているファイルハンドル、ネットワーク接続などが含まれます。UNIX と Windows では、親プロセスが終了しても、子プロセスは自動的に終了しません。

2.2.3　一般的なタスクにマルチプロセッシングを使う

次のような UNIX コマンドを実行するとき、裏で何が起こっているのか考えたことがありますか。

```
$ curl -s https://www.rfc-editor.org/rfc/rfc1122.txt | wc
```

UNIX システムでこのコマンドを実行すると、コマンドラインは 2 つの並行プロセスをフォークします。別のターミナルを開いて ps -a を実行すれば、そのことを確認できます[*1]。

```
PID   TTY     TIME     CMD
...
26013 pts/49 00:00:00 curl
26014 pts/49 00:00:00 wc
...
```

1 つ目のプロセス（この例では PID 26013）は curl プログラムを実行し、与えられた URL からテキストファイルをダウンロードします。2 つ目のプロセス（PID 26014）はワードカウントプログラムを実行します。この例では、1 つ目のプロセス（curl）の出力を、バッファを通して 2 つ目のプロセス（wc）の入力に送り込んでいます（図 2.4 参照）。パイプ演算子を使うことで、バッファを割り当て、curl プロセスの出力と wc プロセスの入力をそのバッファにリダイレクトするようにオペレーティングシステムに指示しています。curl プロセスは、このバッファがいっぱいになると待たされ、wc プロセスがバッファを消費すると再開します。wc プロセスは、バッファが空になると、curl プロセスがさらにデータを蓄積するまで待ちます。

curl はウェブページからすべてのテキストを読み取ったら終了し、これ以上データがないことを示すマーカーをパイプに置きます。このマーカーは、ワードカウントプログラムに対して、これ以上データが来ないので終了してよいという通知として機能します。

[*1] 訳注：すぐに処理が完了するので、ps -a を繰り返し実行していないと確認できません。たとえば、(bash であれば) 別のターミナルで次のように 100 ミリ秒ごとに ps コマンドを実行しておきます。
```
$ while true; do ps -a; sleep 0.1; done
```

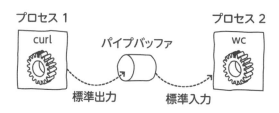

図 2.4　パイプを使った curl と wc の並行実行

2.2.4　スレッドでの並行処理

プロセスは並行処理に対する重量級の解決策です。プロセスは優れた隔離を提供してくれますが、多くの資源を消費し、作成に時間がかかります。

スレッドは、並行処理にプロセスを使うことで生じる問題への解決策です。プロセスと比べると、スレッドの作成はとても速く（時には 100 倍速い）、システム資源の消費もより少ないです。概念的には、スレッドはプロセス内の別の実行コンテキスト（一種のマイクロプロセス）です。

私たちがチームで絵を描くという簡単なたとえを続けましょう。チームの各メンバーがそれぞれ自分の紙を持って別々に絵を描くのではなく、1 枚の大きな空のキャンバスを用意し、全員へ絵筆と鉛筆を渡します。全員がスペースを共有し、その大きなキャンバスに直接描きます（図 2.5 参照）。

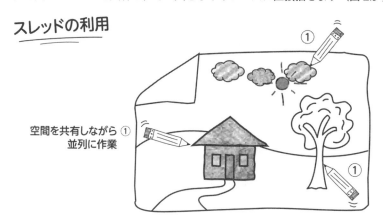

図 2.5　同時に絵を描いてスペースを共有することは、スレッドを使うことに似ている

これはスレッドを使うときに起こることに似ています。キャンバスを共有するように、複数のスレッドが同じメモリ空間を共有して並行に実行します。これは、各実行のために大量のメモリを消費しないので、効率的です。さらに、メモリ空間を共有することは通常、最後に作業をマージする必要がないことを意味します。解決しようとしている問題によっては、他のスレッドとメモリを共有することで、より効率的に解決策に到達できるかもしれません。

プロセスについて説明したとき、プロセスには、プログラムとメモリ内のデータも含めた「資源」

と、そのプログラムを動作させる「実行」の両方が含まれていることを見ました。概念的には、資源と実行を分離できます。これは、複数の実行を作成し、それらの間で資源を共有できるからです。また、各単一の実行を、スレッド（thread）（または実行のスレッド［thread of execution］）と呼びます。プロセスを開始すると、デフォルトでは 1 つのメインスレッドが含まれます。単一のプロセスに複数のスレッドがある場合、そのプロセスはマルチスレッド（multithreaded）と言います。マルチスレッドプログラミングとは、同じアプリケーション内で異なるスレッドが一緒に動作するようにコードを書くことです。図 2.6 は、1 つのプロセスに含まれる 2 つのスレッドが同じメモリをどのように共有するかを示しています。

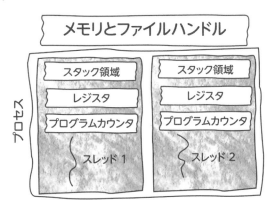

図 2.6　同じプロセスのメモリ空間を共有しているスレッド

　新たなスレッドを作成する場合、オペレーティングシステムが作成する必要があるのは、スタック領域、レジスタ、プログラムカウンタを管理するのに十分な資源だけです。新たなスレッドは、同じプロセスのコンテキスト内で実行されます。対照的に、新たなプロセスを作成する場合、オペレーティングシステムはそれに完全に新たなメモリ空間を割り当てる必要があります。この理由から、スレッドはプロセスよりもはるかに軽量であり、システムが資源を使い果たすまでに、プロセスよりも多くのスレッドを作成することが通常可能です。さらに、新たに割り当てる資源がかなり少ないため、スレッドの起動はプロセスの起動よりもはるかに速いです。

> **スタック空間には何があるのか**
>
> スタック空間には、関数内で存在するローカル変数が格納されます。これらは通常、短命な変数で、関数が終了するともう使われなくなります。スタック空間には、関数間で（ポインタを使って）共有される変数は含まれません。それらはヒープ（heap）と呼ばれるメインメモリ空間に割り当てられます。

　ただし、この追加の性能には、ある代償が伴います。同じメモリ空間で作業するということは、プロセスが提供する隔離が得られないことを意味します。そのため、あるスレッドが他のスレッドの作業に干渉して被害を与える可能性があります。複数のスレッド間の通信と同期は、このような問題を

避けるために重要です。これは、私たちの画家チームのたとえととても似ています。同じプロジェクトに一緒に取り組み、同じ資源を共有する場合、画家間での良好なコミュニケーションと同期が必要です。いつ、何をするのか、常に互いに話し合う必要があります。このような協力がなければ、互いの絵の上に絵を描いてしまったりして、悪い出来映えになるリスクがあります。

これは、複数のスレッドで並行処理を管理する方法と似ています。複数のスレッドが同じメモリ空間を共有するので、スレッド同士が互いに干渉して問題を引き起こさないように注意する必要があります。そのためには、スレッド間の通信と同期を使います。本書を通して、メモリ共有から生じる可能性のあるエラーの種類を検討し、解決策を提供します。

スレッドはメモリ空間を共有するので、あるスレッドがメインメモリで行った変更（グローバル変数の値の変更など）は、同じプロセス内の他のすべてのスレッドから見えます。これがスレッドを使う主な利点で、複数のスレッドがこの共有メモリを使って同じ問題に一緒に取り組めます。これにより、効率的で応答性の高い並行コードを書くことが可能になります。

> 注記　スレッドはスタック空間を共有しません。スレッドは同じメモリ空間を共有しますが、各スレッドは（図2.6で示されているように）独自のプライベートなスタック空間を持っていることを理解する必要があります。

関数内で共有されないローカル変数を作成するたびに、その変数はスタック空間に配置されます。したがって、そのようなローカル変数は、それらを作成したスレッドだけに見えます。個々のスレッドは、他のスレッドとは異なる関数を呼び出す可能性があり、その関数で使われる変数や戻り値を格納するために独自のプライベートな空間を必要とします。そのため、個々のスレッドが独自のプライベートなスタック領域を持つことは重要です。

個々のスレッドは、独自のプログラムカウンタを持つ必要もあります。プログラムカウンタ（*program counter*）（命令ポインタ［*instruction pointer*］としても知られている）は、CPUが次に実行する命令へのポインタにすぎません。スレッドはプログラムの異なる部分を実行する可能性が高いので、個々のスレッドは別々の命令ポインタも持つ必要があります。

複数のスレッドがあり、プロセッサが1コアのみの場合、プロセス内の各スレッドはプロセッサのタイムスライスを受け取ります。これは応答性を向上させ、複数のリクエストに並行に応答する必要があるアプリケーション（ウェブサーバーなど）で役立ちます。システム内に複数のプロセッサ（またはプロセッサコア）が存在する場合、スレッドは互いに並列に実行されます。これにより、アプリケーションの速度が向上します。

本章の前半で、オペレーティングシステムがどのようにマルチプロセッシングを管理するのかについて説明し、さまざまな状態（実行準備完了、実行中、I/O待ちなど）にあるジョブを説明しました。マルチスレッドプログラムを扱うシステムでは、これらの状態はシステム上の各実行のスレッドを表します。実行の準備が整ったスレッドだけが取り出され、実行のためにCPUへ移動されます。スレッドがI/Oを要求すると、システムはそのスレッドをI/O待ち状態に移動させます。

新たなスレッドを作成するとき、私たちはそのスレッドに、どこから新たな実行を開始するかの命令ポインタをプログラムで与えます。多くのプログラミング言語では、このポインタの複雑さを隠して、スレッドが実行を開始すべき対象関数（またはメソッドやプロシージャ）の位置をプログラムで

2.2 プロセスとスレッドによる並行処理の抽象化

指定できるようにしています。オペレーティングシステムは、新たなスレッドの状態、スタック、レジスタ、プログラムカウンタ（関数を指す）のための空間だけを確保します。その後、子スレッドは親スレッドと並行に実行され、メインメモリや、開いているファイルやネットワーク接続といった他の資源を共有します。

スレッドが実行を終了すると、そのスレッドは終了し、オペレーティングシステムはスタックメモリ空間を取り戻します。しかし、スレッドの実装によっては、スレッドが終了してもプロセス全体が終了するとは限りません。Go では、実行のメインスレッドが終了すると、他のスレッドがまだ実行中であっても、プロセス全体も終了します。これは他のいくつかの言語とは異なります。たとえば Java の場合、プロセスは、プロセス内のすべてのスレッドが終了したときにのみ終了します[*2]。

オペレーティングシステムやプログラミング言語によって、スレッドの実装方法は異なります。たとえば Windows では、`CreateThread()` システムコールを使ってスレッドを作成できます。Linux では、`CLONE_THREAD` オプションを指定して `clone()` システムコールを使えます。言語によるスレッドの表現方法にも違いがあります。たとえば、Java はスレッドをオブジェクトとしてモデル化し、Python はグローバルインタプリタロックを使って複数のスレッドが並列に実行されることを防ぎます。そして、Go では後ほど説明するように、さらに細かい単位の概念であるゴルーチンがあります。

> **POSIX スレッド**
>
> IEEE は、POSIX スレッド（略して pthreads）と呼ばれる標準を使ってスレッド実装の標準化を試みました。これらのスレッドは、標準の POSIX スレッド API を使うことで作成、管理、同期されます。Windows や UNIX システムなど、さまざまなオペレーティングシステムがこの標準の実装を提供しています。残念ながら、すべての言語が POSIX スレッド標準をサポートしているわけではありません。

スレッドの作成、モデル化、破棄の方法には違いがありますが、並行プログラムのコーディングに関する並行性の概念とテクニックは、使う技術に関係なくよく似ています。したがって、ある言語でマルチスレッドプログラミングのモデル、テクニック、ツールについて学べば、どの言語を使うことになっても役立ちます。違いは、各言語のマルチスレッド実装の詳細のみです。

2.2.5 マルチスレッドアプリケーションの実際

ウェブ・サーバー・アプリケーションでマルチスレッドを利用する例を見てみましょう。ユーザーが好きなスポーツチームの情報やスコアを、サービスを通じて提供するアプリケーションを開発したとします。このアプリケーションはサーバー上にあり、モバイルやデスクトップのブラウザからのユーザーのリクエストを処理します。たとえば、Paul は彼の好きなチームである New York Giants が出場しているアメリカンフットボールの試合の最新スコアを知りたいかもしれません。このアプリ

[*2] 訳注：Java のスレッドには、ユーザースレッドとデーモンスレッドがあり、すべてのユーザースレッドが終了したときに、JVM は終了します。

ケーションの1つのアーキテクチャを図2.7に示しています。これは主に2つの部分から構成されています。その2つは、クライアントハンドラのスレッドとストリームリーダーのスレッドです。

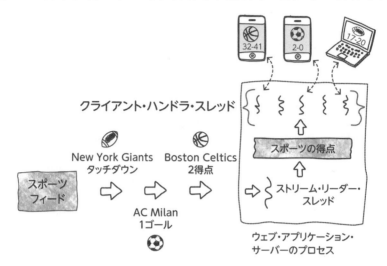

図2.7 スポーツ試合のスコアを提供するウェブ・サーバー・アプリケーション

ストリーム・リーダー・スレッドは、ネットワーク接続を通じてスポーツフィードから試合イベントを読み込みます。受信された各メッセージは、特定の試合で何が起こっているかをアプリケーションに伝えます。たとえば、得点、ファウル、フィールド上の選手などです。ストリーム・リーダー・スレッドは、この情報を使って試合の画像を作成し、各試合のスコアを共有スポーツ・スコア・データ構造に保存します。

各クライアント・ハンドラ・スレッドはユーザーのリクエストを処理します。ユーザーからのリクエストに応じて、スレッドはスポーツ・スコア・データ構造から必要な試合情報を検索して読み込みます。そして、その情報をユーザーのデバイスに返します。私たちはこのようなスレッドのプールを用意し、ユーザーを返答まで長く待たせることなく、複数のリクエストを同時に処理できます。

この種のサーバーアプリケーションの実装にスレッドを使うことには、次の2つの利点があります。

- 資源の消費が少ないです。多くのメモリを消費せずに、多くのクライアント・ハンドラ・スレッドを立ち上げられます。さらに、このスレッドプールは動的にサイズを増やせ、トラフィックが増えると予想されるときにはスレッド数を増やし、トラフィックが少ない時間帯には減らせます。このようにできるのは、スレッドの生成と終了が（プロセスを使うのに比べて）安価で高速だからです。
- スポーツ・スコア・データ構造を保存し、共有するためにメモリを使う選択肢があります。スレッドは同じメモリ空間を共有するため、その選択肢を行うのは簡単です。

2.2.6 複数のプロセスとスレッドを一緒に使う

プロセスとスレッドの両方を使える、最新のブラウザのようなハイブリッドな例を考えてみましょう。ブラウザがウェブページをレンダリングするとき、ダウンロードしたページのためのさまざまな資源（テキスト、画像、ビデオなど）もダウンロードする必要があります。これを効率的に行うために、ブラウザは複数のスレッドを同時に使って、ページのさまざまな要素をダウンロードし、レンダリングできます。スレッドはこの種の作業に理想的です。なぜなら、結果ページをスレッドの共有メモリに保持し、スレッドがそれぞれのタスクを完了するたびに、さまざまな要素でページを埋めることができます。

もしそのページに（グラフィックスといった）重い計算が必要なスクリプトが含まれていれば、その計算を実行するために複数のスレッドを割り当てることができ、マルチコア CPU で並列して処理を行えます。しかし、これらのスクリプトの 1 つが誤動作してクラッシュしたらどうなるでしょうか。ブラウザの他の開いているウィンドウやタブもすべて終了させられてしまうでしょうか。

ここが、プロセスが役立つ点です。おそらく、個々のウィンドウやタブに別々のプロセスを使うことで、プロセスの隔離性を利用するようにブラウザを設計できます。これにより、あるウェブページが誤ったスクリプトでクラッシュしても、すべてがダウンすることはなく、長い下書きのメールを含むタブが失われないことを保証します。

現代のブラウザは、この理由から、スレッドとプロセスのハイブリッドシステムを採用しています。通常、ブラウザが作成できるプロセス数には制限があり、それを超えるとタブは同じプロセスを共有し始めます。これはメモリ消費を抑えるためです。

2.3 ゴルーチンの何が特別なのか

並行処理に対する Go の答えはゴルーチンです。これから説明するように、ゴルーチンはオペレーティングシステムのスレッドとは直接的には結び付いていません。その代わりに、ゴルーチンは Go のランタイムによって高いレベルで管理され、オペレーティングシステムのスレッドよりもさらに資源の消費が少ない、軽量な構造を提供します。本節では、まずゴルーチンの作成方法を説明し、オペレーティングシステムのスレッドやプロセスから見たゴルーチンの位置付けを確認していきます。

2.3.1 ゴルーチンの生成

それでは、Go でゴルーチンを作成し、逐次プログラムを並行プログラムに変換する方法を見ていきましょう。まず、次のような逐次プログラムから始めます。

◎リスト 2.1　ある作業をシミュレートする関数

```go
package main

import (
    "fmt"
    "time"
```

第 2 章　スレッドを扱う

```
)
func doWork(id int) {
    fmt.Printf("Work %d started at %s\n",id,time.Now().Format("15:04:05"))
    // ↓ 1 秒間スリープし、計算作業をシミュレートする
    time.Sleep(1 * time.Second)
    fmt.Printf("Work %d finished at %s\n",id,time.Now().Format("15:04:05"))
}
```

注記　https://github.com/cutajarj/ConcurrentProgrammingWithGo で、本書に掲載されているすべてのコードを見られます。

このように、何らかの作業をシミュレートする関数があります。作業は、長時間実行の CPU 計算やウェブページからのダウンロードなど、何でもよいでしょう。この関数では、作業の識別子として整数を渡します。次に、実行を 1 秒間スリープさせることで、作業をシミュレートします。このスリープ期間が終わると、作業が完了したことを示すために、作業識別子を含むメッセージをコンソールに表示します。また、関数の実行時間を示すために、最初と最後にタイムスタンプを表示します。

この関数を数回逐次的に実行してみましょう。リスト 2.2 では、ループを使って関数を 5 回呼び出します。各回で異なる値を i に渡し、0 から始めて 4 で終わります。この main() 関数はメインの実行スレッドで実行され、doWork() 関数は同じ実行の中で逐次的に呼び出され、1 つの呼び出しが終わると次の呼び出しが行われます。

◎リスト 2.2　逐次的に doWork() 関数を呼び出す main() スレッド

```
func main() {
    for i := 0; i < 5; i++ {
        doWork(i)
    }
}
```

予想どおり、出力は 1 つずつ作業識別子を表示し、それぞれ 1 秒かかります。

```
$ go run sequential.go
Work 0 started at 19:41:03
Work 0 finished at 19:41:04
Work 1 started at 19:41:04
Work 1 finished at 19:41:05
Work 2 started at 19:41:05
Work 2 finished at 19:41:06
Work 3 started at 19:41:06
Work 3 finished at 19:41:07
Work 4 started at 19:41:07
Work 4 finished at 19:41:08
```

プログラム全体が完了するまでに約 5 秒かかります。メインスレッドが実行する命令がなくなると、プロセス全体が終了します。

この作業を逐次実行するのではなく、並行的に実行するように命令を変更するにはどうすればよい

でしょうか。リスト 2.3 に示すように、ゴルーチン内で doWork() 関数の呼び出しを行えます。以前の逐次的なプログラムからの主な変更点は 2 つあります。1 つ目は、doWork() 関数を go 予約語で呼び出していることです。その結果、この関数は別の実行で並行に動作します。main() 関数は、完了を待たずに処理を続行します。次の命令に進みますが、この場合はさらにゴルーチンを作成します。

◎リスト 2.3 　並列に doWork() 関数を呼び出しているメインスレッド

```
func main() {
    for i := 0; i < 5; i++ {
        go doWork(i)   // ← doWork() 関数を呼び出す新たなゴルーチンを開始する
    }
    time.Sleep(2 * time.Second)  // ← 長めのスリープを使い、すべての作業の終了を待つ
}
```

このような関数の呼び出し方は、非同期（*asynchronous*）呼び出しと言えます。それは、実行を続けるために関数の完了を待つ必要がないことを意味します。通常の関数呼び出しは、他の命令に進む前に関数が戻るのを待つ必要があるため、同期呼び出しと言えます。

main() 関数の 2 つ目の変更点は、doWork() 関数を非同期で呼び出した後、main() 関数が 2 秒間スリープすることです。Go では、メインの実行が実行すべき命令をすべて終えると、プロセスが終了するため、ここでのスリープ命令は必要です。このスリープがないと、ゴルーチンに実行する機会を与えずにプロセスが終了してしまいます。このステートメントを省略してみると、プログラムはコンソールに何も出力しません。リスト 2.3 に示したプログラムの出力は次のようになります。

```
$ go run parallel.go
Work 2 started at 20:53:10
Work 1 started at 20:53:10
Work 3 started at 20:53:10
Work 4 started at 20:53:10
Work 0 started at 20:53:10
Work 0 finished at 20:53:11
Work 2 finished at 20:53:11
Work 3 finished at 20:53:11
Work 4 finished at 20:53:11
Work 1 finished at 20:53:11
```

最初に気付くのは、逐次実行バージョンでは 5 秒かかっていたプログラムが約 2 秒で完了することです。これは、作業を並列に実行しているからです。1 つの作業を実行し終了してから別の作業を始めるのではなく、すべての作業を一度に行っています。この様子は、図 2.8 でわかります。a の部分では、このプログラムの逐次版を示しており、doWork() 関数が 1 つずつ複数回呼び出されています。b の部分では、main() 関数を実行し、5 つの子ゴルーチンを生成しているゴルーチンがあり、子ゴルーチンはそれぞれが doWork() 関数を並行に呼び出しています。

この Go プログラムを実行して気付く 2 つ目の点は、関数のメッセージが出力される順序が変わったことです。プログラムは、作業識別子を順番に出力していません。代わりに、ランダムに表示され

第 2 章 スレッドを扱う

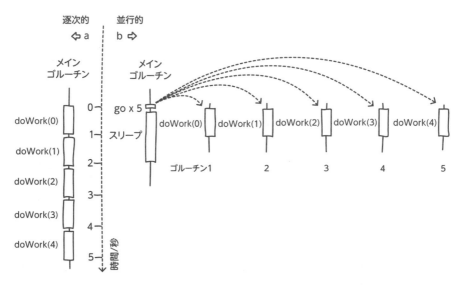

図 2.8 （a）逐次的に呼び出される doWork() 関数、および（b）並行的に呼び出される doWork() 関数

ているようです。プログラムを再び実行すると、異なる順序になります。

```
$ go run parallel.go
Work 0 started at 20:58:13
Work 3 started at 20:58:13
Work 4 started at 20:58:13
Work 1 started at 20:58:13
Work 2 started at 20:58:13
Work 2 finished at 20:58:14
Work 1 finished at 20:58:14
Work 0 finished at 20:58:14
Work 4 finished at 20:58:14
Work 3 finished at 20:58:14
```

これは、ジョブを並行に実行する場合、ジョブの実行順序を保証できないからです。main() 関数が 5 つのゴルーチンを作成して実行に移すと、オペレーティングシステムは、私たちが作成した順番とは異なる順序で実行を開始するかもしれません。

2.3.2　ユーザー空間でのゴルーチンの実装

　本章の前半で、オペレーティングシステムのプロセスとスレッドについて説明し、それらの違いと役割について説明しました。この中でゴルーチンはどこに属するのでしょうか。ゴルーチンは独立したプロセスなのでしょうか、それとも軽量スレッドなのでしょうか。

　ゴルーチンは、OS スレッドでもプロセスでもありません。Go 言語の仕様では、ゴルーチンがどのように実装されるべきかは厳密には規定されていませんが、現在の Go 実装では、ゴルーチン実行

の集まりを別の OS スレッド実行の集まりにグループ化しています。このことをよく理解するために、まず、ユーザーレベル（*user-level*）スレッドと呼ばれる実行スレッドをモデル化する方法について説明しましょう。

前節では、スレッドはプロセス内に存在し、オペレーティングシステムによって管理されることを説明しました。オペレーティングシステムはスレッドについてすべて知っており、各スレッドがいつ実行されるべきかを決定します。オペレーティングシステムはまた、各スレッドのコンテキスト（レジスタ、スタック、状態）を保存し、スレッドの実行が必要なときにそれを使います。オペレーティングシステムがスレッドを管理するため、このような種類のスレッドをカーネルレベル（*kernel-level*）スレッドと呼びます。コンテキストスイッチが必要なときはいつでも、オペレーティングシステムが介入し、次に実行するスレッドを選択します。

カーネルレベルでスレッドを実装する代わりに、完全にユーザー空間（*user space*）でスレッドを実行させられます。ユーザー空間は、オペレーティングシステムの空間とは対照的に、アプリケーションの一部であるメモリ空間を意味します。ユーザーレベルスレッドを使うことは、図 2.9 に示すように、メインのカーネルレベルスレッドの内部で異なる実行スレッドを動作させるようなものです。

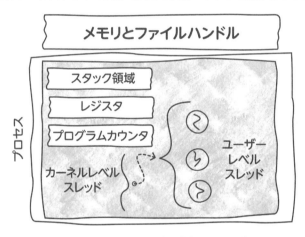

図 2.9　単一のカーネルレベルスレッド内で動作するユーザーレベルスレッド

オペレーティングシステムから見ると、ユーザーレベルスレッドを含むプロセスは、実行スレッドが 1 つしかないように見えます。オペレーティングシステムはユーザーレベルスレッドについて何も知りません。プロセス自身が、自身のユーザーレベルスレッドの管理、スケジューリング、コンテキストスイッチの責任を負います。この内部コンテキストスイッチを実行するために、各ユーザーレベルスレッドのすべてのデータ（状態など）を含むテーブルを維持する別のランタイムが必要です。スレッドのスケジューリングと管理という点で、オペレーティングシステムがプロセスのメインスレッド内部で行っていることを、小規模に複製していることになります。

ユーザーレベルスレッドの主な利点は性能です。ユーザーレベルスレッドのコンテキストスイッチは、カーネルレベルスレッドのコンテキストスイッチよりも高速です。なぜなら、カーネルレベルの

コンテキストスイッチでは、オペレーティングシステムが介入して次に実行するスレッドを選択する必要があるからです。カーネルを呼び出さずに実行を切り替えることができれば、実行中のプロセスは、キャッシュをフラッシュして処理速度を低下させる必要がなく、CPUを保持し続けられます。

ユーザーレベルスレッドを使うことの不都合な点は、ブロッキング I/O 呼び出しを行うコードを実行するときに現れます。ファイルからの読み込みが必要な状況を考えてみましょう。オペレーティングシステムはプロセスを 1 つの実行のスレッドと見なすため、ユーザーレベルスレッドがこのブロッキング読み込み呼び出しを実行すると、プロセス全体がスケジュールから外されます。同じプロセス内に他のユーザーレベルスレッドが存在する場合、読み込み操作が完了するまで、それらのスレッドは実行されません。複数のスレッドを持つ利点の 1 つは、他のスレッドが I/O を待っているときに計算を実行することなので、これは理想的ではありません。この制限に対処するために、ユーザーレベルスレッドを使うアプリケーションは、I/O 操作を実行するためにノンブロッキング呼び出しを使う傾向があります。しかし、すべてのデバイスがノンブロッキング呼び出しをサポートしているわけではないので、ノンブロッキング I/O を使うのは理想的ではありません。

ユーザーレベルスレッドのもう 1 つの欠点は、マルチプロセッサやマルチコアシステムの場合、どの時点でもプロセッサの 1 つしか利用できないことです。オペレーティングシステムは、すべてのユーザーレベルスレッドを含む 1 つのカーネルレベルスレッドを、1 つの実行と見なします。したがって、オペレーティングシステムはカーネルレベルスレッドを 1 つのプロセッサで実行するため、そのカーネルレベルスレッドに含まれるユーザーレベルスレッドは、真に並列な方法では実行されません。

🔍 グリーンスレッドについてはどうですか

グリーンスレッド（*green thread*）という用語は、プログラミング言語 Java のバージョン 1.1 で生まれました[3]。Java のオリジナルのグリーンスレッドは、ユーザーレベルスレッドの実装でした。単一のコア上でのみ実行され、JVM によって完全に管理されていました[4]。Java バージョン 1.3 では、グリーンスレッドはカーネルレベルスレッドに取って代わられました。それ以来、多くの開発者がユーザーレベルスレッドの他の実装を指すために用語「グリーンスレッド」を使っています。後述するように、Go のランタイムはゴルーチンが複数の CPU を十分に活用できるようにしているので、Go のゴルーチンをグリーンスレッドと呼ぶのはおそらく不正確です。

命名に関する問題を複雑にしているのは、Go に似たスレッドモデルが Java の後のバージョン[5]で導入されたことです。しかし、このときはグリーンスレッドではなく、仮想スレッド（*virtual thread*）という名前が使われました。

Go はハイブリッドシステムを採用することで、ユーザーレベルスレッドの優れた性能を提供し、

---

[3] 訳注：Java 1.0（1995 年）からグリーンスレッドは実装されていました。
[4] 訳注：1990 年代後半は、マルチコアの CPU はまだ登場していませんでした。
[5] 訳注：Java 21 で正式に導入されています。

不都合な点がほとんどありません。これは、カーネルレベルスレッドの集まりを使い、それぞれがゴルーチンのキューを管理することで実現しています。複数のカーネルレベルスレッドがあるので、複数のプロセッサが利用可能な場合、複数のプロセッサを利用できます。

このハイブリッドの技法を説明するために、ハードウェアに 2 つのプロセッサコアがあるとします。各プロセッサコアに 1 つずつ、合計 2 つのカーネルレベルスレッドを生成して使うランタイムシステムがあり、それぞれのカーネルレベルスレッドがユーザーレベルのスレッドの集まりを管理できます。ある時点で、オペレーティングシステムは 2 つのカーネルレベルスレッドを、それぞれ別のプロセッサ上で並列にスケジューリングします。そして、各プロセッサ上でユーザーレベルスレッドの集まりが実行されることになります。

> ### *M:N* ハイブリッドスレッディング
>
> Go がゴルーチンに使っているシステムは、*M:N* スレッディングモデル（threading model）と呼ばれることがあります。*M:N* とするのは *M* 個のユーザーレベルスレッド（ゴルーチン）が *N* 個のカーネルレベルスレッドにマッピングされている場合です。これは、通常のユーザーレベルスレッドとは対照的です。通常のユーザーレベルスレッドは、*N:1* スレッディングモデルと呼ばれ、1 つのカーネルレベルスレッドに対して *N* 個のユーザーレベルスレッドという意味です。*M:N* モデルのランタイムを実装するには、カーネルレベルスレッドの集まり上でユーザーレベルスレッドを移動させてバランスを取るための多くの技法が必要なため、他のモデルよりも複雑になります。

Go のランタイムは、論理プロセッサの数に基づいて、使うカーネルレベルスレッドの数を決定します。これは GOMAXPROCS という環境変数で設定されます。この変数が設定されていない場合、Go はオペレーティングシステムに問い合わせ、システムが持つ CPU の数を決定して、この変数を設定します。次のコードを実行すると、Go が認識しているプロセッサの数と GOMAXPROCS の値を確認できます。

◎リスト 2.4　利用可能な CPU の数を調べる

```go
package main

import (
    "fmt"
    "runtime"
)

func main() {
    // ↓ Go は、GOMAXPROCS のデフォルト値を NumCPU() の値に設定します
    fmt.Println("Number of CPUs:", runtime.NumCPU())

    // ↓ GOMAXPROCS(n) を n < 1 で呼び出すと、現在の値を変更せずに返します
    fmt.Println("GOMAXPROCS:", runtime.GOMAXPROCS(0))
}
```

リスト2.4の出力は、実行されるハードウェアに依存します。次は、8コアのシステムでの出力例です。

```
$ go run cpucheck.go
Number of CPUs: 8
GOMAXPROCS: 8
```

Goのランタイムは、これらのカーネルレベルスレッドそれぞれにローカル実行キュー（LRQ：*local run queue*）を割り当てます。各LRQには、プログラム内のゴルーチンの一部が含まれます。さらに、Goがまだカーネルレベルスレッドに割り当てていないゴルーチンのためのグローバル実行キュー（GRQ：*global run queue*）があります（図2.10の左側を参照）。プロセッサ上で動作する各カーネルレベルスレッドは、そのLRQに存在するゴルーチンの実行を担当します。

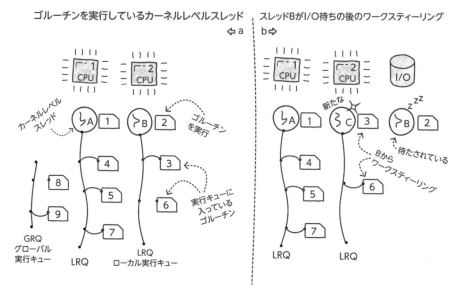

図2.10　(a) カーネルレベルスレッドAとBが、それぞれのLRQからゴルーチンを実行している。(b) ゴルーチンがI/O待ちしているスレッドB上で待っていて、その結果、新たなスレッドCが生成または再利用され、前のスレッドから仕事を奪う

ブロッキング呼び出しの問題に対処するために、Goは、カーネルレベルスレッドがスケジュールから外されそうになったときにそれがわかるように、あらゆるブロッキング操作をラッピングしています。スケジュール外しが発生すると、Goは新たなカーネルレベルスレッドを作成し（またはプールからアイドル状態のスレッドを再利用し）、ゴルーチンのキューをこの新たなスレッドに移動します。その新たなスレッドはキューからゴルーチンを選び、実行を開始します。I/O待ちのゴルーチンを持つ古いスレッドは、オペレーティングシステムによってスケジュールから外されます。このシステムは、ブロッキング呼び出しを行うゴルーチンがゴルーチンのローカル実行キュー全体を停止させ

ないことを保証します（図 2.10 の右側を参照）。

　ゴルーチンをあるキューから別のキューに移動させるこのシステムは、Go ではワークスティーリング（*work stealing*）として知られています。ワークスティーリングは、ゴルーチンがブロッキング呼び出しを行うときだけに起こるわけではありません。Go は、キュー内のゴルーチンの数が不均衡な場合にもこの機構を使えます。たとえば、特定の LRQ が空で、カーネルレベルスレッドに実行するゴルーチンがもうない場合、他のスレッドのキューから仕事を盗みます。これにより、プロセッサが仕事のバランスを保ち、実行する仕事がある場合、どのプロセッサもアイドル状態にならないようにします。

> 🔍 **カーネルレベルスレッドへのロック**
>
> 　Go では、`runtime.LockOSThread()` 関数を呼び出すことで、ゴルーチンを強制的に OS スレッドにロックできます。この関数の呼び出しによって、ゴルーチンはカーネルレベルスレッドに排他的に結び付けられます。そのゴルーチンが `runtime.UnlockOSThread()` を呼び出すまで、他のゴルーチンは同じ OS スレッド上で実行されません。
>
> 　これらの関数は、カーネルレベルスレッドに特化した制御が必要な場合に使えます。たとえば、外部 C ライブラリとインタフェースを行う際に、ゴルーチンが別のカーネルレベルスレッドに移動してライブラリへのアクセスに問題が発生することがないようにする場合です。

2.3.3　ゴルーチンのスケジューリング

　カーネルレベルスレッドが CPU 上でかなりの時間を費やすと、オペレーティングシステムのスケジューラは実行キューから次のスレッドへコンテキストスイッチを行います。これはプリエンプティブスケジューリング（*preemptive scheduling*）として知られています。これは、実行中のカーネルレベルスレッドを停止させ、オペレーティングシステムのスケジューラを呼び出すクロック割り込みのシステムを使って実装されています。割り込みが呼び出すのはオペレーティングシステムのスケジューラだけなので、ユーザー空間で動作する Go スケジューラには別のシステムが必要です。

　Go スケジューラは、コンテキストスイッチを実行するために動作する必要があります。したがって、Go スケジューラは、その動作を引き起こすユーザーレベルのイベントを必要とします（図 2.11 参照）。これらのイベントには、新たなゴルーチンの開始（予約語 go を使う）、システムコールの実行（たとえばファイルからの読み込み）、ゴルーチンの同期などが含まれます。

　コード内で Go スケジューラを呼び出して、スケジューラに別のゴルーチンへコンテキストスイッチさせるように試みることもできます。並行処理用語では、これは通常イールド（*yield*）関数と呼ばれます。あるスレッドが制御を放棄して、他のスレッドが CPU を使うようにすることです。次のリストでは、`runtime.Gosched()` 関数を使って、`main()` ゴルーチンの中でスケジューラを直接呼び出しています。

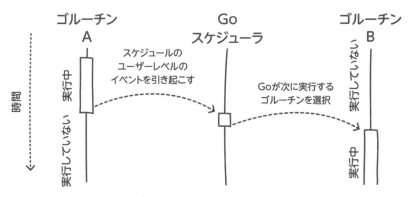

図2.11　Goのコンテキストスイッチは、ユーザーレベルのイベントを必要とする

◎リスト2.5　Goスケジューラの呼び出し

```go
package main

import (
    "fmt"
    "runtime"
)

func sayHello() {
    fmt.Println("Hello")
}

func main() {
    go sayHello()
    // ↓ Go スケジューラを呼び出すことで、他のゴルーチンに実行の機会を与える
    runtime.Gosched()
    fmt.Println("Finished")
}
```

スケジューラを直接呼び出さなければ、sayHello() 関数が実行される可能性はほとんどありません。sayHello() 関数を呼び出すゴルーチンがCPU上で実行する時間を得る前に、main() ゴルーチンが終了してしまうからです。Goでは、main() ゴルーチンが終了するときにプロセスを終了するので、"Hello"というテキストが表示されることはありません。

　　警告　スケジューラがどのゴルーチンを選択して実行するかは、私たちには制御できません。Goスケジューラを呼び出すと、他のゴルーチンを選択して実行を始めるかもしれないし、スケジューラを呼び出したゴルーチンの実行を続けるかもしれません。

リスト2.5では、スケジューラが再びmain() ゴルーチンを選択し、"Hello"メッセージが表示されないかもしれません。実際、リスト内では runtime.Gosched() を呼び出すことで、sayHello() が実行される可能性を高めているだけです。それが実行される保証はありません。

オペレーティングシステムのスケジューラと同様に、Goスケジューラが次に何を実行するかは予測できません。並行プログラムを書くプログラマとして、見かけのスケジューリング順序に依存したコードを書いてはいけません。なぜなら、プログラムを次に実行するときには、順序が異なる可能性があるからです。リスト2.5を何度か実行してみると、`sayHello()`関数を実行せずに`"Finished"`を出力する実行も確認できるでしょう。スレッドの実行順序を制御する必要がある場合、スケジューラに頼るのではなく、コードに同期機構を追加する必要があります。その技法については第4章「ミューテックスを使った同期」から説明します。

2.4 並行性と並列性

多くの開発者は、並行性（*concurrency*）と並列性（*parallelism*）という用語を同じ意味で使い、同じ概念として言及することもあります。しかし、多くの教科書は、この2つを明確に区別しています。

原則的には、並行性をプログラムコードの属性と考え、並列性を実行プログラムの特性と考えることができます。並行プログラミングは、命令を別々のタスクにグループ化し、その境界と同期ポイントを明確にする方法でプログラムを書くことです。次は、このようなタスクの例です。

- 1人のユーザーのリクエストを処理する
- 1つのファイルを検索してテキストを探す
- 行列の乗算で、1行の結果を計算する
- ビデオゲームの1フレームをレンダリングする

これらのタスクは、並列に実行されるかもしれないし、されないかもしれません。並列に実行されるかどうかは、プログラムを実行するハードウェアと環境に依存します。たとえば、行列の並行乗算プログラムがマルチコアシステム上で実行される場合、同時に2行以上の計算を実行できるかもしれません。並列実行を行うには、複数の処理単位が必要です。そうでなければ、システムはタスク間を交互に実行し、同時に複数のタスクを行っているように見せかけることができます。たとえば、2つのスレッドが1つのプロセッサを共有して、時分割でプロセッサを使えます。オペレーティングシステムはスレッドを頻繁に素早く切り替えるため、2つのスレッドは同時に実行されているように見えます。

> **注記** 並行性とは、多くのタスクを同時にどのように実行するかを**計画する**（*planning*）ことです。並列性とは、多くのタスクを同時に**実行する**（*performing*）ことです。

明らかに、定義は重複しています。実際、並列性は並行性の部分集合であると言えます。並行プログラムでなければ並列実行はできませんが、すべての並行プログラムが並列実行されるわけではありません。

ではプロセッサが1つしかない場合、並列処理できるでしょうか。並列処理には複数のプロセッシングユニットが必要です。しかし、プロセッシングユニットの定義を広げると、I/O処理の完了を待っているスレッドは、実際にはアイドル状態ではありません。ディスクへの書き込みもプログラムの仕事の一部ではないでしょうか。2つのスレッドがあり、1つはディスクへの書き込み、もう1つ

は CPU 上で命令を実行している場合、これを並列実行と見なすべきでしょうか。ディスクやネットワークといった他のコンポーネントも、プログラムのために CPU と同時に動作することがあります。このようなシナリオであっても、通常、並列実行（*parallel execution*）という用語は計算に関して用いられ、I/O には用いられません。しかし、多くの教科書はこの文脈で疑似並列実行（*pseudo-parallel execution*）という用語に言及しています。これは、1 つのプロセッサで複数のジョブが同時に実行されているかのような印象を与えるシステムを指します。このシステムは、タイマーまたは実行中のジョブがブロッキング I/O 操作を要求するたびに、頻繁にジョブのコンテキストを切り替えることでこれを実現しています。

2.5 練習問題

> 注記　https://github.com/cutajarj/ConcurrentProgrammingWithGo
> に、すべての解答コードがあります。

1. リスト 2.3 に似た、テキストファイル名のリストを引数として受け取るプログラムを書いてください。各ファイル名に対して、そのファイルの内容をコンソールに出力する新たなゴルーチンを生成します。（もっとよい方法を知るまでは）`time.Sleep()` 関数を使えば、子ゴルーチンの完了を待てます。プログラムファイルの名前は `catfiles.go` とします。この Go プログラムの実行方法は次のとおりです。

   ```
   go run catfiles.go txtfile1 txtfile2 txtfile3
   ```

2. 練習問題 1 で書いたプログラムを拡張して、テキストファイルの内容を表示する代わりに、文字列の一致を検索するようにしてください。検索する文字列はコマンドラインの最初の引数です。新たなゴルーチンを生成して、ファイルの内容を表示する代わりに、ファイルを読み込んで一致する文字列を検索します。ゴルーチンが一致を見つけたら、ファイル名に一致が含まれているというメッセージを出力します。プログラムファイルの名前は `grepfiles.go` とします。この Go プログラムの実行方法は次のとおりです（この例では "bubbles" が検索文字列です）。

   ```
   go run grepfiles.go bubbles txtfile1 txtfile2 txtfile3
   ```

3. 練習問題 2 で書いたプログラムを、テキストファイル名のリストを渡す代わりに、ディレクトリパスを渡すように変更してください。プログラムはそのディレクトリの中を探し、ファイルを列挙します。各ファイルについて、文字列の一致を検索するゴルーチンを生成できます（前と同じ）。このプログラムファイルの名前は `grepdir.go` とします。この Go プログラムの実行方法は次のとおりです。

   ```
   go run grepdir.go bubbles ../../commonfiles
   ```

4. サブディレクトリ内を再帰的に検索し続けるように、練習問題 3 のプログラムを適応させてください。検索ゴルーチンにファイルを与えると、練習問題 3 と同じように、そのファイル内で文字列が一致するかどうかを検索します。ファイルではなく、ディレクトリを指定すると、

そのディレクトリにあるファイルやディレクトリが見つかるたびに、再帰的に新たなゴルーチンを生成します。このプログラムファイルを grepdirrec.go とします。その場合は次のようにコマンドを実行してください。

```
go run grepdirrec.go bubbles ../../commonfiles
```

まとめ

- マルチプロセッシング・オペレーティング・システムと最新のハードウェアは、そのスケジューリングと抽象化を通して並行性を提供します。
- プロセスは並行性をモデル化する重量級の方法ではあるものの、隔離を提供します。
- スレッドは軽量であり、同じプロセスのメモリ空間を共有します。
- ユーザーレベルスレッドはさらに軽量で性能が高いですが、すべてのユーザーレベルスレッドを管理するプロセスがスケジュールから外されるのを防ぐために複雑な処理が必要です。
- 単一のカーネルレベルスレッドに含まれるユーザーレベルスレッドは、システムに複数のプロセッサがあっても、一度に 1 つのプロセッサのみを使います。
- ゴルーチンはハイブリッド・スレッディング・システムを採用しており、カーネルレベルスレッドにゴルーチンの集まりが含まれています。このシステムでは、複数のプロセッサがゴルーチンを並列に実行できます。
- Go のランタイムは、負荷バランスが崩れたり、スケジューリングが解除されたりした場合、ゴルーチンを他のカーネルレベルスレッドに移動させるために、ワークスティーリングのシステムを使います。
- 並行性は、同時に多くのタスクをどのように行うかを計画することです。
- 並列性は、同時に多くのタスクを実行することです。

memo

第3章

メモリ共有を使ったスレッド間通信

本章では、以下の内容を扱います。

- ハードウェアアーキテクチャとスレッド間通信の利用
- メモリ共有による通信
- 競合状態の認識

　ある共通の問題を解決するために協調して動作する実行のスレッドは、何らかの形の通信を必要とします。これはスレッド間通信（ITC：*inter-thread communication*）、またはプロセスを指す場合はプロセス間通信（IPC：inter-process communication）として知られています。この種の通信は、メモリ共有とメッセージパッシングの2つの主要な種類に分類されます。本章では、メモリ共有に焦点を当てます。

　メモリ共有は、すべての実行が大きな空白のキャンバス（プロセスのメモリ）を共有し、そこに各実行が自分の計算結果を書き込むのに似ています。各実行がこの空白のキャンバスを使って共同作業をするように、実行を調整できます。対照的に、メッセージパッシングはその名のとおりです。人々と同様に、スレッドは互いにメッセージを送り合うことで通信できます。第8章「チャネルをセレクト」では、チャネルを使ったGoでのメッセージパッシングについて調べます。

　アプリケーションで使うスレッド通信の種類は、解決しようとしている問題の種類に依存します。メモリ共有はスレッド間通信での一般的な取り組み方法ですが、本章で説明するように、それにはある種の課題が伴います。

3.1　メモリ共有

　メモリ共有によるやり取りは、友人と話すようなものですが、メッセージを交換するのではなく、ホワイトボード（または大きな紙）を使って、アイデア、記号、抽象概念を交換します（図3.1参照）。
　メモリ共有を使った並行プログラミングでは、プロセスのメモリの一部（たとえば、共有データ構造や変数）を割り当て、このメモリ上で異なるゴルーチンを並行に動作します。このたとえの場合、ホワイトボードはさまざまなゴルーチンが使う共有メモリに相当します。

図 3.1　メモリ共有によるやり取り

　Go では、ゴルーチンが複数のカーネルレベルスレッドの下で動作する可能性があります。したがって、マルチスレッドのアプリケーションを実行するハードウェアとオペレーティングシステムのアーキテクチャでは、同じプロセスに属するスレッド間でこの種のメモリ共有を可能にする必要があります。システムにプロセッサが 1 つしかない場合、アーキテクチャは単純になります。同じプロセス上のすべてのカーネルレベルスレッドに同じメモリアクセスを与え、スレッド間でコンテキストスイッチを行い、各スレッドが好きなようにメモリを読み書きするようにできます。しかし、2 つ以上のプロセッサを持つシステム（またはマルチコアシステム）になると、状況は複雑になります。なぜなら、コンピュータアーキテクチャは通常、CPU とメインメモリの間にさまざまな層のキャッシュを含むからです。

　図 3.2 は、典型的なバスアーキテクチャを単純化した例を示しています。ここでは、プロセッサはメインメモリからの読み書きが必要なときにシステムバスを使います。プロセッサはシステムバスを使う前に、システムバスがアイドル状態であり、他のプロセッサによって使われていないことを確認するために監視します。システムバスが使われていないことがわかると、プロセッサはメモリ位置へのリクエストを行い、監視状態へ戻ってシステムバスの応答を待ちます。

　システムのプロセッサ数を増やすと、このシステムバスは混雑し、プロセッサを増やす際のボトルネックとなります。システムバスの負荷を軽減するために、キャッシュを使ってメモリの内容を必要な場所に近づけることで性能を向上させられます。CPU はメモリに問い合わせる代わりに、必要なデータのほとんどをキャッシュから読み込むため、キャッシュはシステムバスの負荷を軽減します。これにより、システムバスがボトルネックとなるのを防げます。図 3.2 に示す例は、2 つの CPU と 1 層のキャッシュを持つ単純化されたアーキテクチャです。一般的に、最新のアーキテクチャは、もっと多くのプロセッサと複数のキャッシング層を含んでいます。

　図 3.2 では、2 つのスレッドが並列に動作しており、メモリ共有を介して通信を行おうとしています。スレッド 1 がメインメモリから変数を読み込もうとするケースを考えましょう。システムは、その変数を含むメモリブロックの内容を、（システムバスを介して）CPU に近いキャッシュに取り込みます。その後、スレッド 1 がその変数を再び読み込んだり更新したりする必要が生じた場合、キャッシュを使って高速にその操作を行えるようになります。メインメモリから変数を再び読み込もうとしてシステムバスに過負荷をかける必要がなくなります。これを図 3.3 に示します。

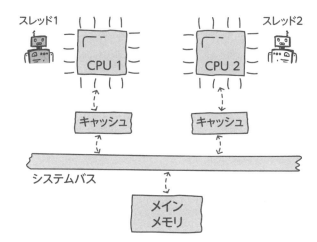

図 3.2　2 つの CPU と 1 つのキャッシュ層を持つバスアーキテクチャ

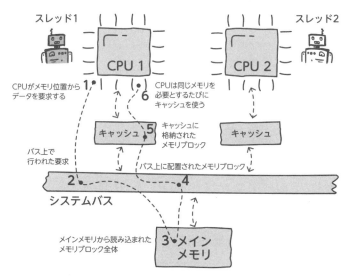

図 3.3　高速な検索のために、メインメモリからメモリブロックを読み込み、プロセッサのキャッシュに格納する

ここで、スレッド 1 がこの変数の値を更新すると決めたとしましょう。それにより、キャッシュの内容がこの変更で更新されます。もし何もしなければ、スレッド 2 が同じ変数を読みたいとしても、メインメモリからその変数を読み込んだとき、スレッド 1 による変更が反映されていない古い値を読み込むことになるでしょう。

この問題に対する 1 つの解決策は、キャッシュ・ライト・スルー（*cache write-through*）として知

られる方法を実行することです。つまり、スレッド1がキャッシュの内容を更新するとき、その更新をメインメモリにも反映させます。しかし、スレッド2が別のローカルCPUキャッシュに同じメモリブロックの古いコピーを持っている場合、この方法だけでは問題が解決しません。この問題に対処するために、バスメモリ更新メッセージをキャッシュに監視させることができます。キャッシュがそのキャッシュ空間に複製したメモリの更新に気付くと、更新を適用するか、更新されたメモリを含むキャッシュラインを無効にします。キャッシュラインを無効にすると、スレッドが次にその変数を必要としたときに、メモリからその変数を読み込み、更新されたコピーを取得しなければなりません。このシステムを図3.4に示します。

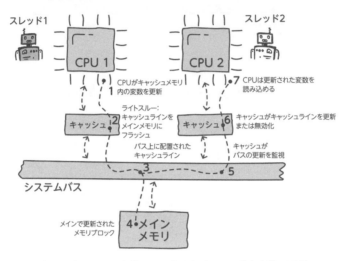

図3.4　キャッシュを持つアーキテクチャでの共有変数の更新

マルチプロセッサシステムにおいて、メモリやキャッシュの読み書きを扱う機構は、キャッシュ・コヒーレンシー・プロトコル（*cache-coherency protocols*）として知られています。上記の無効化を伴うライトバック（*write-back*）は、そのようなプロトコルの主要な部分の1つです。最近のアーキテクチャでは、通常これらのプロトコルを組み合わせたものを使います。

📄 コヒーレンシーの壁

マイクロチップのエンジニアは、プロセッサコアの数が増えるにつれて、キャッシュコヒーレンシーが制約要因となることを懸念しています。プロセッサの数が増えれば、キャッシュコヒーレンシーの実装は複雑でコストがかかるようになり、最終的には性能が制限されるかもしれません。この限界はコヒーレンシーの壁（*coherency wall*）として知られています。

3.2　メモリ共有の実践

Goの並行実行プログラムでゴルーチン間の共有メモリをどのように使うか、いくつかの例を見てみましょう。まず、2つのゴルーチン間の単純な変数共有を見て、メモリエスケープ分析の概念を説明します。次に、複数のゴルーチンが連携して複数のウェブページを並列にダウンロードして処理する、複雑なアプリケーションを見ていきます。

3.2.1　ゴルーチン間での変数の共有

どのように2つのゴルーチンがメモリを共有できるでしょうか。この最初の例では、main() ゴルーチン（main() 関数の実行）と、メモリ内の変数を共有するゴルーチンを1つ作成します。この変数はカウントダウンタイマーのように動作します。1つのゴルーチンが1秒ごとにその変数の値を減らし、別のゴルーチンは頻繁にその変数を読み込んでコンソールに出力します。図3.5は、これを行っている2つのゴルーチンを示しています。

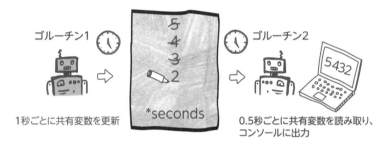

図3.5　カウントダウンタイマー変数を共有する2つのゴルーチン

リスト3.1では、メインスレッドが count という整数変数の領域を割り当て、*seconds というメモリへのポインタを新たに作成したゴルーチンと共有し、countdown() 関数を呼び出しています。この関数は1秒ごとに共有変数を更新し、0になるまで値を1ずつ減らしていきます。main() ゴルーチンはこの共有変数を0.5秒ごとに読み込んで出力しています。このようにして、2つのゴルーチンはポインタの位置でメモリを共有します。

◎リスト3.1　メモリ内で変数を共有しているゴルーチン

```
package main

import (
    "fmt"
    "time"
)

func main() {
    count := 5 // ← 整数変数のメモリ領域を確保する
    go countdown(&count) // ← ゴルーチンを開始し、変数へのポインタでメモリを共有する
```

第3章 メモリ共有を使ったスレッド間通信

```
    for count > 0 {                                    // ← main() ゴルーチンは 0.5 秒ごとに
        time.Sleep(500 * time.Millisecond)  //    共有変数の値を読み込む
        fmt.Println(count)                  //
    }
}

func countdown(seconds *int) {
    for *seconds > 0 {
        time.Sleep(1 * time.Second)
        *seconds -= 1 // ← ゴルーチンは共有変数の値を更新する
    }
}
```

> 注記　https://github.com/cutajarj/ConcurrentProgrammingWithGo
> で本書に掲載されているすべてのリストを見られます。

共有変数の値を更新するよりも高い頻度で読み込むので、次のように同じ値がコンソール出力に複数回記録されます。

```
$ go run countdown.go
5
4
4
3
3
2
2
1
1
0
```

ここで起こっていることは、とても単純なメモリ共有並行プログラムです。1つのゴルーチンが特定のメモリ位置の内容を更新し、別のゴルーチンがその内容を読み込みます。

リスト 3.1 から go 予約語を取り除くと、プログラムは逐次実行になります。メインのスタック上に変数 count を作成し、その変数へのポインタを countdown() 関数に渡します。countdown() 関数は 5 秒かけて戻り、その間に main() 関数のスタック上の値を 1 秒ごとに 1 ずつ減らして更新します。countdown() 関数が戻ってくると、count 変数の値は 0 であり、そのため main() 関数はループに入らずに終了します。

3.2.2　エスケープ分析

変数 count のためのメモリ領域をどこに確保すべきでしょうか。これは、私たちが作成する新たな変数すべてに対して、Go コンパイラが決定しなければならないことです。コンパイラには 2 つの選択肢があります。関数のスタックに領域を割り当てるか、ヒープ空間（*heap space*）と呼ぶメインのプロセスのメモリに割り当てるかです。

前章では、スレッドが同じメモリ空間を共有することについて説明し、各スレッドは独自のスタッ

ク空間を持つが、プロセスのメインメモリを共有することを説明しました。`countdown()`関数を別のゴルーチンで実行すると、`count`変数は`main()`関数のスタック上には存在できません。Goのランタイムにとって、ゴルーチンが他のゴルーチンのスタックのメモリ内容を読んだり変更したりできるようにすることには何の意味もありません。なぜなら、ゴルーチンは完全に異なるライフサイクルを持っているかもしれないからです。1つのゴルーチンのスタックは、別のゴルーチンがそれを変更する必要があるときにはもう存在していないかもしれません。Goのコンパイラは賢いので、ゴルーチン間でメモリを共有していることに気付きます。そのことに気付くと、たとえ変数がスタック上にあるローカル変数のように見えても、スタックではなくヒープ上にメモリを割り当てます。

> **定義** 技術的な言い方をすれば、ローカル関数のスタックに属するように見える変数を宣言したが、実際にはそれがヒープメモリに割り当てられている場合、その変数はヒープにエスケープした（*escaped*）と言います。エスケープ分析（*escape analysis*）は、変数をスタックではなくヒープに割り当てるべきかどうかを決定するコンパイラのアルゴリズムからできています。

変数がヒープにエスケープされる例は多くあります。関数のスタックフレームの範囲外で変数が共有されると、その変数は常にヒープ上に割り当てられます。図3.6に示すように、ゴルーチン間で変数へのポインタを共有することもその一例です。

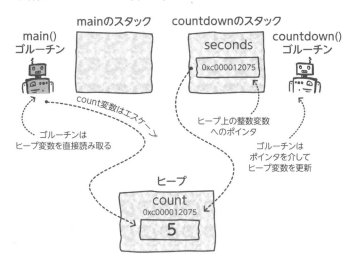

図3.6　ヒープメモリ上の変数を共有するゴルーチン

Goでは、スタックではなくヒープ上のメモリを使う場合、追加の小さなコストがかかります。これは、メモリを使い終わったら、Goのガベージコレクションによってヒープを回収する必要があるからです。ガベージコレクションでは、どのゴルーチンからも参照されなくなったヒープ内のオブジェクトを調べ、空き領域としてマークして再利用できるようにします。スタック上の領域を使う場合、そのメモリは関数が終了したときに回収されます。

変数がヒープメモリにエスケープされたことを知るには、コンパイラに最適化の決定を表示させます。それを行うには、次のように -m コンパイル時オプションを使います[*1]。

```
$ go tool compile -m countdown.go
countdown.go:7:6: can inline countdown
countdown.go:7:16: seconds does not escape
countdown.go:15:5: moved to heap: count
```

ここでコンパイラの出力結果は、どの変数がヒープメモリにエスケープされ、どの変数がスタックにとどまっているかを教えてくれています。コードの7行目では、seconds ポインタ変数はヒープにエスケープされていないので、countdown() 関数のスタック上にとどまっています。しかし、count 変数は他のゴルーチンと共有しているため、コンパイラはヒープ上に配置しています。

コードから go 呼び出しを取り除いて、逐次プログラムに変えると、コンパイラは count 変数をヒープに移動させません。次は、go 予約語を取り除いた後の出力です。

```
$ go tool compile -m countdown.go
countdown.go:7:6: can inline countdown
countdown.go:16:14: inlining call to countdown
countdown.go:7:16: seconds does not escape
```

count 変数がヒープに移動したというメッセージが表示されなくなったことに注意してください。もう1つの変更点は、コンパイラが countdown() への関数呼び出しをインライン展開しているというメッセージが表示されるようになったことです。インライン展開（*inlining*）とは、特定の条件下でコンパイラが関数呼び出しを関数の内容に置き換える最適化のことです。関数を呼び出すと、新たな関数スタックを準備したり、入力パラメータを新たなスタックに渡したり、プログラムを関数の新たな命令にジャンプさせたりするために若干のオーバーヘッドが発生するため、コンパイラは性能を向上させるためにインライン展開を行います。関数を並列に実行する場合、関数をインライン展開する意味はありません。なぜなら、関数は別のスタックを使って実行され、別のカーネルレベルスレッドで実行される可能性があるからです。

ゴルーチンを使うことで、インライン展開といったコンパイラの最適化を放棄することになり、共有変数をヒープに置くことでオーバーヘッドが増えます。このトレードオフによる長所は、コードを並行して実行することで、潜在的に速度を向上させる可能性があるという点です。

3.2.3 複数のゴルーチンからの共有変数の更新

ここで、3つ以上のゴルーチンが同時に同じ変数を更新する例を見てみましょう。この例では、英語のアルファベット文字が一般的なテキストに現れる頻度を調べるプログラムを書きます。このプロ

[*1] 訳注：英語の原著は Go 1.19 をもとに記述されており、翻訳に際して修正していません。Go 1.23 では go tool compile -m countdown.go は動作しません。代わりに、go build -gcflags="-m" countdown.go を実行してください。また、リスト3.1 で出力するのに fmt.Println を使っていますが、引数がエスケープされるので、代わりに println を使ってください。

グラムでは、ウェブページをダウンロードして処理し、アルファベットの各文字がページに現れる頻度を数えます。プログラムが完了すると、各文字の出現頻度を計測した頻度表が得られるはずです。

まず、これを通常の逐次的な方法で開発することから始め、次に並行的な方法で実行するようにコードを変更していきます。このようなプログラムを開発するために必要なステップとデータ構造を図3.7に示しています。整数のスライスのデータ構造を文字頻度表として使い、各文字カウントの結果を格納します。このプログラムでは、ウェブページのアドレスリストを1つずつ調べ、各ウェブページの内容をダウンロードして走査し、ページで遭遇した各英字のカウントを読み取って更新します。

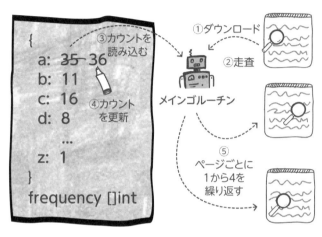

図3.7 さまざまなウェブページの文字頻度を求める単一のゴルーチン

リスト3.2に示すように、URLからすべてのテキストをダウンロードし、ダウンロードしたテキスト内のすべての文字を反復処理する簡単な関数を書くことから始めます。この関数の処理では、英語のアルファベットに含まれるあらゆる文字（句読点や空白などは除く）について、文字頻度カウント表を更新できます。

◎リスト3.2　ウェブページの文字頻度を生成する関数

```go
package main

import (
    "fmt"
    "io"
    "net/http"
    "strings"
)

const allLetters = "abcdefghijklmnopqrstuvwxyz"

func countLetters(url string, frequency []int) {
    resp, _ := http.Get(url) // ← 指定されたURLからウェブページをダウンロードする
```

```
        defer resp.Body.Close() // ← 関数の最後でレスポンスをクローズする
    if resp.StatusCode != 200 {
        panic("Server returning error status code: " + resp.Status)
    }
    body, _ := io.ReadAll(resp.Body)
    for _, b := range body { // ← ダウンロードされたすべての文字を反復処理する
        c := strings.ToLower(string(b))
        // ↓ アルファベット内の文字のインデックスを求める
        cIndex := strings.Index(allLetters, c)
        if cIndex >= 0 {
            // ↓ 文字がアルファベットである場合、カウントを 1 つ増やす
            frequency[cIndex] += 1
        }
    }
    fmt.Println("Completed:", url)
}
```

> 注記　簡潔にするため、これらのリストでは詳細なエラー処理を省略しています。

　この関数は、まず入力引数の URL の内容をダウンロードすることから始めます。そして、for ループを使ってすべての文字を繰り返し、それぞれを小文字に変換します。これは、大文字と小文字を同等に数えるためです。英語のアルファベットを含む文字列の中にその文字が見つかったら、その文字で表されるスライスのエントリ中のその文字のカウントを増やします。ここでは、スライスを文字頻度表として使っています。この表では、インデックス 0 が文字 *a* のカウントを表し、インデックス 1 が文字 *b*、2 が文字 *c* というようになります。ダウンロードしたドキュメント全体を処理した後、最後に処理が完了した URL を示すメッセージを出力します。

　この関数をいくつかのウェブページで実行してみましょう。理想的には、内容が変わらない静的なページが望ましいです。また、ウェブページの内容がテキストだけで、文書の書式や画像、リンクなどがないのもよいでしょう。たとえば、ニュースのウェブページは内容が頻繁に変わり、形式も豊富なので、適していません。

　`www.rfc-editor.org` ウェブサイトには、インターネットに関する、仕様、標準、ポリシー、メモなどの技術文書（*requests for comments*、または RFC と呼ばれる）のデータベースが含まれています。文書が変更されることがなく、フォーマットのないテキストのみの文書をダウンロードできるので、この練習のソースとして適しています。もう 1 つの利点は、URL の文書 ID が増えていくので、文書名が予測可能であることです。`rfc-editor.org/rfc/rfc{ID}.txt` という URL 形式を使うことができます。たとえば、文書 ID 1001 の文書を `rfc-editor.org/rfc/rfc1001.txt` という URL で取得できます。

　これで、`countLetters()` 関数を何度も実行する `main()` 関数が必要となり、毎回異なる URL で実行し、同じ頻度テーブルを渡して文字数を更新させます。リスト 3.3 は、この `main()` 関数を示しています。

◎リスト 3.3　異なる URL で countLetters() を呼び出す main() 関数

```
func main() {
    var frequency = make([]int, 26)  // ← 頻度表用のスライスの初期化
    // ↓ 文書 ID 1000 から 1030 まで繰り返し、31 個の文書をダウンロード
    for i := 1000; i <= 1030; i++ {
        url := fmt.Sprintf("https://rfc-editor.org/rfc/rfc%d.txt", i)
        countLetters(url, frequency)  // ← countLetters() 関数を逐次的に呼び出す
    }
    for i, c := range allLetters {
        fmt.Printf("%c-%d ", c, frequency[i])  // ← 各文字と頻度を出力
    }
}
```

main() 関数で、文字頻度表を含む結果を保存する新たなスライスを作成します。次に、rfc1000.txt から rfc1030.txt までの 31 個の文書をダウンロードすることを指定します。プログラムは countLetters() 関数を逐次的に呼び出して、各ウェブページをダウンロードし、処理します（つまり、1つずつ処理します）。インターネット接続の速度にもよりますが、このプログラムには数秒から数分かかる場合があります。終了すると、main() 関数が frequency スライス変数の内容を出力します。

```
$ time go run charcountersequential.go
Completed: https://rfc-editor.org/rfc/rfc1000.txt
Completed: https://rfc-editor.org/rfc/rfc1001.txt
...
Completed: https://rfc-editor.org/rfc/rfc1028.txt
Completed: https://rfc-editor.org/rfc/rfc1029.txt
Completed: https://rfc-editor.org/rfc/rfc1030.txt
a-103445 b-23074 c-61005 d-51733 e-181360 f-33381 g-24966 h-47722 i-103262 j-
    3279 k-8839 l-49958 m-40026 n-108275 o-106320 p-41404 q-3410 r-101118 s-
    101040 t-136812 u-35765 v-13666 w-18259 x-4743 y-18416 z-1404
real    0m17.035s
user    0m0.447s
sys     0m0.308s
```

プログラム出力の最後の行（時間の表示の前）には、31 個のすべての文書における、各文字のカウントが含まれています。リストの最初のエントリは文字 a のカウントを表し、2 番目は文字 b のカウントを表し、以下同様です。一見して、e という文字が文書中で最も頻度の高い文字であることがわかります。このプログラムは約 17 秒で完了しました。

次に、並行プログラミングを使ってプログラムの速度を向上させてみましょう。図 3.8 は、各ウェブページを 1 つずつダウンロードして処理するのではなく、複数のゴルーチンを使って、並行にダウンロードして処理する方法を示しています。ここでのポイントは、go 予約語を使って、countLetters() 関数を並行に実行することです。

これを実装するために、リスト 3.4 に示すように、main() 関数に 2 つの変更を加える必要があります。1 つ目は、countLetters() 関数の呼び出しに go を追加することです。これは、ウェブページごとに、全部で 31 個のゴルーチンを作成することを意味します。各ゴルーチンは並行に

第3章 メモリ共有を使ったスレッド間通信

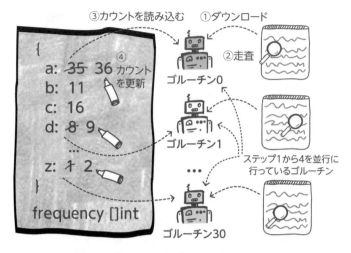

図3.8 ゴルーチンが連携して文字数を数える

（つまり、1つずつではなく、すべて同時に）文書をダウンロードして処理します。2つ目の変更は、すべてのゴルーチンが完了するまで数秒間待つことです。そうしないと、main() ゴルーチンが終了したときに、すべてのダウンロード処理が終わる前にプロセスが終了してしまいます。Go では、main() ゴルーチンが終了するとプロセス全体が終了するからです。他のゴルーチンがまだ実行中であっても終了します。

> **警告** 複数のゴルーチンから countLetters() 関数を使うと、次節で説明する競合状態により、誤った結果が得られます。ここでは、デモンストレーションのためだけに、意図的に行っています。

◎リスト3.4　ゴルーチンを生成して頻度表のスライスを共有する main() 関数

```go
func main() {
    var frequency = make([]int, 26)
    for i := 1000; i <= 1030; i++ {
        url := fmt.Sprintf("https://rfc-editor.org/rfc/rfc%d.txt", i)
        // ↓ countLetters() 関数を呼び出すゴルーチンを開始
        go countLetters(url, frequency)
    }
    time.Sleep(10 * time.Second) // ← ゴルーチンの終了を待つ
    for i, c := range allLetters {
        fmt.Printf("%c-%d ", c, frequency[i]) // ← 各文字を頻度とともに出力
    }
}
```

注記　Sleep() を使うことは、他のゴルーチンの完了を待つのに適した方法ではありません。実際、インターネット接続が遅い場合、リスト3.4 の待ち時間を長くする必要

があるかもしれません。第5章「条件変数とセマフォ」では、このタスクに条件変数とセマフォを使う方法について説明します。さらに第6章「ウェイトグループとバリアを使った同期」では、特定のタスクが完了するまでゴルーチンの実行を待たせるウェイトグループの概念を紹介します。

この例では、ゴルーチンがすべて同じメモリ上のデータ構造を共有していることに注意してください。main() 関数でスライスを初期化するとき、ヒープ上にそのための領域を割り当てています。ゴルーチンを作成する際、スライスが格納されているメモリ位置への同じ参照をすべてのゴルーチンに渡します。その後、31個のゴルーチンが共有している頻度のスライスを並行に読み書きします。このようにして、スレッドは協力して同じメモリ空間を更新します。これがスレッドのメモリ共有のすべてです。メモリ共有では、他のスレッドと共有するデータ構造や変数があります。逐次プログラミングとの違いは、ゴルーチンが変数に値を書き込むかもしれませんが、それを再び読み込んだときには、別のゴルーチンがそれを変更した可能性があるため、値が異なるかもしれないことです。

このプログラムを実行したなら、この問題に気付いたかもしれません。実行後の出力は、次のような感じになります。

```
$ time go run charcounterconcurrent.go
Completed: https://rfc-editor.org/rfc/rfc1022.txt
Completed: https://rfc-editor.org/rfc/rfc1019.txt
...
Completed: https://rfc-editor.org/rfc/rfc1012.txt
Completed: https://rfc-editor.org/rfc/rfc1021.txt
Completed: https://rfc-editor.org/rfc/rfc1010.txt
a-103074 b-23054 c-60854 d-51609 e-179936 f-33356 g-24933 h-47637 i-102856 j-
    3279 k-8835 l-49873 m-39962 n-107840 o-105948 p-41334 q-3408 r-100730 s-
    100659 t-136100 u-35709 v-13659 w-18240 x-4743 y-18411 z-1404
real    0m11.485s
user    0m0.940s
sys     0m0.430s
```

まず、ダウンロードが逐次バージョンよりはるかに早く終了することに気付くでしょう。これは予想どおりです。一度にすべてのダウンロードを行うほうが、1つずつ行うよりも速くなるはずです。次に、出力メッセージがもはや順番どおりではありません。すべての文書のダウンロードを同時に開始するため、大きさが異なることにより、いくつかの文書は他の文書よりも早く終わります。早く終わったものから順に完了メッセージが出力されます。ただし、このアプリケーションでは、ページを処理する順序は実際には重要ではありません。

問題は結果にあります。逐次実行の文字カウントと並行実行の文字カウントを比較すると、違いがあることに気付きます。ほとんどの文字について、並行実行のほうが少ないカウント数です。たとえば、*e*という文字のカウントは、逐次実行では 181,360 であり、並行実行では 179,936 です（並行実行の結果は、ここで示したものとは異なる場合があります）。

逐次プログラムと並行プログラムの両方を複数回実行してみることができます。結果は、インターネット接続やプロセッサの速度など、コンピュータの設定によっても異なるでしょう。しかし、両者を比較してみると、逐次実行バージョンでは毎回同じ結果が得られますが、並列実行バージョンでは

実行ごとにわずかに異なる値が得られます。何が起こっているのでしょうか。

これは、**競合状態**（race condition）として知られているものの結果です。複数のスレッド（またはプロセス）が資源を共有し、互いに干渉することで予期しない結果をもたらします。競合状態がなぜ起こるのか、詳細を見ていきましょう（次章では、並行文字頻度プログラムでこの問題を解決する方法を見ていきます）。

3.3 競合状態

競合状態とは、プログラムが同時に多くのことを行おうとし、その動作が独立した予測不可能なイベントであるにもかかわらず、正確なタイミングで行う必要がある場合に起こるものです。前節で見たように、文字頻度プログラムは予期せぬ結果をもたらしますが、もっと劇的な結果になることもあります。私たちの並行コードは長い期間正常に動作していても、ある日突然クラッシュし、深刻なデータ破損を引き起こすかもしれません。これは、並行実行が適切な同期を欠き、互いに干渉し合うために起こります。

> **システム全体の障害**
>
> 巨大な国際投資銀行であるターナー・ベルフォートの24階で行われた会議の雰囲気は、重苦しいものでした。この会社のソフトウェア開発者は、重要な中核アプリケーションに障害が発生し、システム全体が停止した後での、最善の方法を議論するために集まっていました。このシステム障害により、顧客口座の保有資産が誤った金額で報告されてしまいました。
>
> 「みなさん、深刻な問題が発生しました。停止の原因はコードの競合状態です。それは以前からコード内に含まれていたものの、昨夜問題が発生しました」と上級開発者のMark Adamsは言いました。
>
> 部屋は静まり返りました。床から天井まである窓の外では、ひどい交通渋滞の中を米粒ほどの小さな車の群れがゆっくりと静かに進んでいました。上級開発者たちはすぐに事態の深刻さを理解し、問題を修正しデータストアの混乱を整理するために24時間体制で働かざるを得ないことを悟りました。経験の浅い開発者たちは、競合状態が深刻であることを理解していましたが、何が原因なのか正確にはわからなかったため、口を閉ざしていました。
>
> やがて、デリバリーマネージャのDavid Holmesが次の質問で沈黙を破りました。「このアプリケーションは何か月も問題なく稼働していて、最近コードをリリースしたわけでもないのに、どうして突然ソフトウェアが動作しなくなったんだ。」
>
> みんな首を振って自席に戻ってしまい、Davidだけが部屋に取り残され、困惑した様子でした。彼はスマートフォンを取り出し、「競合状態」という言葉を検索しました。

この種のエラーは、コンピュータプログラムに限ったものではありません。現実の生活でも、並行して行動する者同士がかかわる場合、このような例を目にすることがあります。たとえば、ある夫婦が冷蔵庫のドアに書かれた食料品のリストなど、家庭の買い物リストを共有しているとします。朝、

2人とも会社に出かける前に、仕事の後で食料品の買い物をしようと別々に決めます。2人はリストを写真に撮り、後で店に寄ってすべての商品を購入します。それぞれが知らないうちに、もう1人も同じことをすることに決めてしまっていました。こうして2人は、必要なものをすべて2つ、揃えてしまいます（図3.9参照）。

図3.9　競合状態は現実でもときどき起こります

> **他の競合状態**
>
> ソフトウェアの**競合状態**（*race condition*）とは、並行プログラムの中で起こるものを指します。競合状態は、分散システムや電子回路、時には人間同士のやり取りなど、他の環境でも起こります。

文字頻度のアプリケーションでは、競合状態が発生し、プログラムが文字のカウントを過少に報告していました。この問題をよく理解するために、競合状態を強調した単純な並行プログラムを書いてみましょう。次章では、競合状態を避けるさまざまな方法について説明します。たとえば、ミューテックス（次章で説明します）を使って文字のカウンタプログラムを修正する方法などです。

3.3.1　StingyとSpendy：競合状態を作り出す

StingyとSpendy[*2]は別々のゴルーチンです。Stingyは一生懸命働いて現金を稼ぐが、1ドルも使いません。Spendyはその逆で、何も稼がずにお金を使います。両方のゴルーチンは共通の銀行口座を共有しています。競合状態を示すために、StingyとSpendyがそれぞれ100万回ずつ、一方は10ドルを稼ぎ、一方は10ドルを使うようにします。SpendyはStingyが稼いでいるのと同じ額を支出しているので、プログラミングが正しければ、私たちは始めたときと同じ金額で終わるはずです（図3.10参照）。

[*2] 訳注：英語の形容詞 stingy は「けちな」という意味で、Stingy はお金や資源を使うことを避ける人を指しています。一方、形容詞 spendy は「お金のかかる」という意味で、Spendy はお金や資源をたくさん使う人を指しています。

第3章 メモリ共有を使ったスレッド間通信

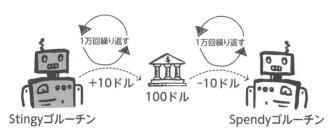

図3.10 2つのゴルーチンでの競合状態

リスト3.5では、まずStingyの関数とSpendyの関数を作成します。stingy()とspendy()はどちらも100万回繰り返し、その都度共有されたmoney変数を調整します。stingy()関数は毎回10ドルを加算し、spendy()関数はそれを減算します。

> **警告** 複数のゴルーチンからリスト3.5のstingy()関数とspendy()関数を使うと競合状態が発生します。ここでは、デモンストレーションのためだけにこれを行います。

◎リスト3.5　StingyとSpendyの関数

```go
// ↓ この関数は、銀行口座の合計を保持する変数へのポインタを受け取る
func stingy(money *int) {
    for i := 0; i < 1000000; i++ {
        *money += 10 // ← stingy()関数は、10ドルを加算
    }
    fmt.Println("Stingy Done")
}

// ↓ この関数は、銀行口座の合計を保持する変数へのポインタを受け取る
func spendy(money *int) {
    for i := 0; i < 1000000; i++ {
        *money -= 10 // ← spendy()関数は、10ドルを減算
    }
    fmt.Println("Spendy Done")
}
```

次に、この2つの関数を、それぞれ別のゴルーチンを使って呼び出す必要があります。そのためmain()関数で、共有されるmoney変数を初期化し、2つのゴルーチンを作成して、新たに作成されたゴルーチンにその変数へのポインタを渡します。

リスト3.6では、共通の銀行口座を100ドルに初期化しています。また、main()ゴルーチンは、ゴルーチンの作成後2秒間スリープして、ゴルーチンの終了を待つようにしています（第6章「ウェイトグループとバリアを使った同期」では、ウェイトグループについて説明します。ウェイトグループを使うと、数秒間スリープさせる代わりに、タスクが終了するまで待機させることができます）。メインスレッドが再び目覚めた後、money変数にある金額を表示します。

3.3 競合状態

◎リスト 3.6 　　Stingy と Spendy の `main()` 関数

```go
package main

import (
    "fmt"
    "time"
)
. . .

func main() {
    money := 100 // ← money の値を 100 ドルに初期化
    go stingy(&money) // ← ゴルーチンを起動し、
    go spendy(&money) //    money 変数へのポインタを渡す
    time.Sleep(2 * time.Second) // ← ゴルーチンの完了を待つために 2 秒スリープ
    println("Money in bank account: ", money)
}
```

リスト 3.6 では、結果として 100 ドルが出力されることを期待しています。結局のところ、変数に対して 100 万回 10 ドルを加算および減算しているだけです。これは、Stingy が 1,000 万ドルを稼ぎ、Spendy が同額を使い、初期値 100 ドルを残すというシミュレーションです。しかし、次がプログラムの出力です。

```
$ go run stingyspendy.go
Spendy Done
Stingy Done
Money in bank account:  4203750
```

口座には、400 万ドル以上が残っています。この結果には Stingy も大満足でしょう。しかし、この結果は偶然です。実際、もう一度実行すれば、次のように口座残高はゼロを下回るかもしれません。

```
$ go run stingyspendy.go
Stingy Done
Spendy Done
Money in bank account:  -1127120
```

📖 ハイゼンバグ

Stingy と Spendy のプログラムで何が起こっているのか、重要な場所にブレークポイントを置いてデバッグしてみることができます。しかし、ブレークポイントで一時停止すると実行が遅くなり、競合状態が発生しにくくなるため、問題を見つける可能性は低いでしょう。

競合状態はハイゼンバグ（*Heisenbug*）のよい例です。物理学者 Werner Heisenberg の量子力学の不確定性原理にちなんで名付けられたハイゼンバグは、デバッグして切り分けようとすると消えてしまったり、挙動が変わってしまったりするバグです。ハイゼンバグはデバッグがとても難しいため、ハイゼンバグに対処する最善の方法は、ハイゼンバグを一切発生させないことです。したがって、競合状態を引き起こす原因を理解し、コード内で競合状態を防ぐ技法を学ぶことが重要です。

第3章 メモリ共有を使ったスレッド間通信

なぜこのような奇妙な結果になるのか、シナリオを見ながら理解してみましょう。ここでは、簡単にするために、プロセッサは1つしかないと仮定し、それぞれの処理が並列に行われないとします。図3.11は、StingyとSpendyのプログラムで起こっている競合状態を示しています。

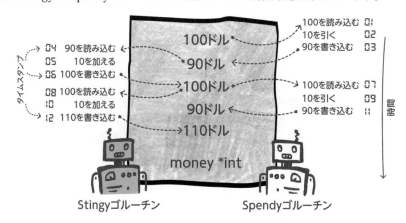

図3.11 StingyとSpendyの競合状態を解説

タイムスタンプ1から3では、Spendyが実行しています。スレッドは共有メモリから100の値を読み込み、プロセッサのレジスタに書き込みます。その後、10を引いて90を共有メモリに書き戻します。タイムスタンプ4から6では、Stingyの番です。90の値を読み、10を加え、ヒープ上の共有された変数に100を書き戻します。タイムスタンプ7から11では、事態が悪化し始めます。タイムスタンプ7で、Spendyはメインメモリから100の値を読み込み、この値をプロセッサのレジスタに書き込みます。

タイムスタンプ8でコンテキストスイッチが起こり、Stingyのゴルーチンがプロセッサ上で実行を開始します。Spendyのゴルーチンがまだ共有された変数を更新する機会を得ていないので、Stingyのゴルーチンは共有された変数から100の値を読み込みます。タイムスタンプ9と10で、2つのゴルーチンはそれぞれ10の減算と加算を行います。そしてタイムスタンプ11でSpendyが90を書き戻し、Stingyのスレッドが共有された変数に110を書き込むことでそれを上書きします。合計で20ドル使い、20ドルを稼ぎましたが、結果として口座には10ドルが余分に残りました。

> **定義** アトミック（*atomic*）の語源には古代ギリシャ語で、「分割不可能」という意味があります。コンピュータサイエンスでは、アトミック操作（*atomic operation*）というと、中断できない操作を意味します。

この問題が発生しているのは、`*money += 10`と`*money -= 10`という操作がアトミックではないためです。コンパイル後、これらは複数の命令に変換されます。実行中に命令の間で中断が発生する可能性があります。別のゴルーチンからの異なる命令が干渉し、競合状態を引き起こす可能性があります。このような干渉が起こると、予測不可能な結果となります。

> **定義** コードにおけるクリティカルセクション（*critical section*）とは、そのセクション

で使われている状態に影響を与える他の実行からの干渉を受けずに実行されるべき命令の集まりです。この干渉が許されると、競合状態が発生する可能性があります。

たとえ命令がアトミックであったとしても、問題に直面するかもしれません。本章の最初や前章で、プロセッサのキャッシュとレジスタについて話したことを思い出してください。各プロセッサコアにはローカルキャッシュとレジスタがあり、頻繁に使われる変数を格納しています。コードをコンパイルするとき、コンパイラは、変数をメモリに書き戻す命令を実行する前に、CPU のレジスタやキャッシュに変数を保持するように最適化を適用することがあります。つまり、別々の CPU で動作している 2 つのゴルーチンは、メモリへの定期的な書き戻しが完了するまで、互いの変更を見られない可能性があります。

並列環境で不適切に書かれた並行プログラムを実行する場合、これらの種類のエラーが発生する可能性はさらに高くなります。ゴルーチンが並列に実行されると、いくつかのステップを同時に実行するので、このような種類の競合状態が発生する可能性が高まります。Stingy と Spendy のプログラムでは、並列で実行される場合、2 つのゴルーチンが money 変数を同時に読み込み、別々に書き戻す可能性が高くなります。

ゴルーチン（またはユーザーレベルスレッド）を使っていて、単一のプロセッサでのみ実行している場合、ランタイムがこれらの命令の途中で実行を中断する可能性は低くなります。これは、ユーザーレベルのスケジューリングは通常は非プリエンプティブであり、I/O や、アプリケーションがスレッドのイールド（Go では Gosched()）を呼び出すときなど、特定の場合にのみコンテキストスイッチを行うからです。このことは、通常はプリエンプティブでいつでも実行を中断できるオペレーティングシステムのスケジューリングとは違います。また、すべてのゴルーチンが同じプロセッサ上で同じキャッシュを使って実行されるため、どのゴルーチンも古いバージョンの変数を見る可能性は低いです。実際、runtime.GOMAXPROCS(1) を使ってリスト 3.6 を試してみても、おそらく同じ問題は起こらないでしょう。

しかし明らかに、これはよい解決策ではありません。それは、複数のプロセッサを使う利点を放棄するのが主な理由で、さらに問題を完全に解決する保証もないからです。Go の異なるバージョンや将来のバージョンでは、スケジューリングが異なる方法で行われてプログラムが正常に動作しなくなるかもしれません。使用するスケジューリングシステムに関係なく、競合状態を防ぐようにすべきです。そうすることで、プログラムが実行される環境に関係なく問題を安全に避けられます。

3.3.2　実行のイールドは競合状態には役立たない

Go のランタイムに、スケジューラを実行するタイミングを正確に指示したらどうなるでしょうか。前章では、runtime.Gosched() 呼び出しを使ってスケジューラを起動し、別のゴルーチンに実行を譲る方法を見ました。リスト 3.7 は、2 つの関数を変更してこの呼び出しを行う方法を示しています。

第3章 メモリ共有を使ったスレッド間通信

◎リスト 3.7　Go のスケジューラを呼び出す Stingy と Spendy の関数

```
func stingy(money *int) {
    for i := 0; i < 1000000; i++ {
        *money += 10
        runtime.Gosched() // ← 加算後に Go のスケジューラの呼び出し
    }
    fmt.Println("Stingy Done")
}

func spendy(money *int) {
    for i := 0; i < 1000000; i++ {
        *money -= 10
        runtime.Gosched() // ← 減算後に Go のスケジューラの呼び出し
    }
    fmt.Println("Spendy Done")
}
```

　残念ながら、これでは問題は解決しません。リスト 3.7 の出力は、システムの違い（プロセッサの数、Go のバージョンと実装、オペレーティングシステムの種類など）によって異なります。しかし、マルチコアシステムでは、次のような出力でした。

```
$ go run stingyspendysched.go
Stingy Done
Spendy Done
Money in bank account: 170
```

さらにもう1回実行すると、次のような結果になりました。

```
$ go run stingyspendysched.go
Spendy Done
Stingy Done
Money in bank account: -190
```

　競合状態が発生する頻度は減ったようですが、まだ発生しています。リスト 3.7 では、2つのゴルーチンが別々のプロセッサで並列に実行されていました。競合状態が発生する頻度が減る理由はいくつかありますが、スケジューラに実行タイミングを指示していることによる可能性は低いです。まず、`https://pkg.go.dev/runtime#Gosched` にある Go のドキュメントを見て、`Gosched()` 呼び出しが何をするのか確認してみましょう。

　　func Gosched()
　　Gosched はプロセッサを譲り、他のゴルーチンを実行できるようにします。現在のゴルーチンを一時停止するのではないので、実行は自動的に再開されます。

　今回のプログラムでは、クリティカルセクション（加算と減算）に費やす時間の割合が少なくなっています。Go スケジューラの起動にかなりの時間を費やしているので、2つのゴルーチンが共有された変数を同時に読み書きする可能性はかなり低くなっています。

競合状態が発生しにくくなったもう 1 つの理由は、`runtime.Gosched()` を呼び出すようになったため、コンパイラがループ内のコードを最適化する選択肢が減ったことかもしれません。

> **警告** 競合状態を解決するために、プロセッサをいつ譲るかをランタイムに指示することに頼るべきではありません。別の並列スレッドが干渉しないという保証はありません。さらに、たとえシステムのプロセッサが 1 つであったとしても、複数のカーネルレベルスレッドを使っている場合、たとえば `runtime.GOMAXPROCS(n)` を使って異なる値を設定した場合、オペレーティングシステムはいつでも実行を中断する可能性があります。

3.3.3 適切な同期と通信による競合状態の排除

どうしたら競合状態を避ける並行プログラムを書けるでしょうか。魔法の弾丸はありません。すべてのケースを解決するのに最適な 1 つの技法というものはありません。

最初のステップは、この問題に対して適切なツールを使っているかを確認することです。メモリ共有は本当に必要でしょうか。ゴルーチン間で通信する別の方法はないでしょうか。第 7 章「メッセージパッシングを使った通信」では、チャネルと CSP（*communicating sequential processes*）を使う、別の通信方法を見ていきます。並行処理をモデル化するこの方法により、競合状態のエラーの多くが排除されます。

優れた並行プログラミングのための第 2 ステップは、競合状態がいつ発生するかを認識することです。他のゴルーチンと資源を共有するときには、注意が必要です。クリティカルなコード部分がどこにあるかがわかれば、資源を安全に共有するためのベストプラクティスを考えられます。

先に、買い物リストを共有する 2 人がかかわる現実の競合状態について説明しました。相手も買い物をすると決めていたことを互いに知らなかったため、リストの商品を 2 回購入してしまいました。図 3.12 に示すように、適切な同期と通信の方法を持つことで、このような事態の再発を防げます。

図 3.12　適切な同期と通信によって競合状態を避けられます

たとえば、どちらかがすでに買い物をしていることを示すために、買い物リストの上にメモやマー

クを残すようにします。そうすれば、もう買い物をする必要がないことを相手に示せます。プログラミングで競合状態を避けるには、他のゴルーチンが互いに干渉しないように、ゴルーチン間での適切な同期と通信が必要です。優れた並行プログラミングでは、並行実行を効果的に同期させて競合状態を排除し、性能とスループットを向上させます。本書の後の章では、プログラム内のスレッドの同期と調整を行うために、さまざまな技法やツールを使います。これにより、競合状態や同期の問題を、時にはすべて避けられるようになります。

3.3.4　Goの競合検出器

Goには、コード内の競合状態を検出するツールがあります。-raceのコマンドラインのフラグを付けてGoコンパイラを実行できます。このフラグを使うと、コンパイラはすべてのメモリへのアクセスに特別なコードを追加して、さまざまなゴルーチンがいつメモリから読み込みや書き込みを行っているかを追跡します。このフラグを使って競合状態が検出されると、コンソールに警告メッセージが表示されます。StingyとSpendyのプログラム（リスト3.5と3.6）にこのフラグを付けて実行してみると、次のような結果になります。

```
$ go run -race stingyspendy.go
==================
WARNING: DATA RACE
Read at 0x00c00001a0f8 by goroutine 7:
  main.spendy()
      /home/james/go/stingyspendy.go:21 +0x3b
  main.main.func2()
      /home/james/go/stingyspendy.go:29 +0x39

Previous write at 0x00c00001a0f8 by goroutine 6:
  main.stingy()
      /home/james/go/stingyspendy.go:14 +0x4d
  main.main.func1()
      /home/james/go/stingyspendy.go:28 +0x39

Goroutine 7 (running) created at:
  main.main()
      /home/james/go/stingyspendy.go:29 +0x116

Goroutine 6 (running) created at:
  main.main()
      /home/james/go/stingyspendy.go:28 +0xae
==================
Stingy Done
Spendy Done
Money in bank account: -808630
Found 1 data race(s)
exit status 66
```

この例では、Goの競合検出器が1つの競合状態を見つけました。コードのクリティカルセクションである21行目と14行目、つまり、stingy()関数とspendy()関数でmoney変数に加算およ

び減算している部分を指摘しています。メモリからの読み込みと書き込みに関する情報も提供しています。先のリストでは、メモリ位置 `0x00c00001a0f8` が最初にゴルーチン 6（`stingy()` の実行）によって書き込まれ、後にゴルーチン 7（`spendy()` の実行）によって読み込まれたことがわかります。

> **警告** Go の競合検出器は、特定の競合状態が発生した場合にのみ競合状態を検出します。このため、検出器は完全ではありません。競合検出器を使う場合、本番環境に近いシナリオでコードをテストする必要があります。しかし、本番環境で有効にすると、性能の低下や多くのメモリ消費を招くため、通常は望ましくありません。

競合状態を認識するのは、並行コードを書く経験を積むにつれて容易になります。コードのクリティカルセクションで他のゴルーチンと資源（メモリなど）を共有する場合はいつでも、共有資源へのアクセスを同期させない限り、競合状態が発生する可能性があることを念頭に置くことが重要です。

3.4 練習問題

> **注記** https://github.com/cutajarj/ConcurrentProgrammingWithGo に、すべての解答コードがあります。

1. 文字頻度ではなく単語頻度のリストを作成するように、逐次処理の文字頻度プログラムを修正してください。RFC のウェブページには、リスト 3.3 で使ったのと同じ URL を使えます。プログラムが終了すると、各単語がウェブページに現れる頻度とともに、単語のリストを出力します。次が、その出力例です。

    ```
    $ go run wordfrequency.go
    the -> 5
    a -> 8
    car -> 1
    program -> 3
    ```

    逐次プログラムを並行プログラムに変換し、各ページを処理するゴルーチンを作成するとどうなりますか。発生するエラーについては、次章で修正します。

2. リスト 3.1 で Go の競合検出器を実行してください。結果は競合状態を含んでいますか。もし含んでいたら、その理由を説明できるでしょうか。

3. 次のリスト 3.8 を考えてみてください。競合検出器を実行せずに、このプログラムの競合状態を見つけられますか。ヒント：競合状態になるかどうかを確認するために、プログラムを何回か実行してみてください。

    ◎リスト 3.8　競合状態の検出

    ```
    package main

    import (
    ```

```go
        "fmt"
        "time"
)

func addNextNumber(nextNum *[101]int) {
    i := 0
    for nextNum[i] != 0 {
        i++
    }
    nextNum[i] = nextNum[i-1] + 1
}

func main() {
    nextNum := [101]int{1}
    for i := 0; i < 100; i++ {
        go addNextNumber(&nextNum)
    }
    for nextNum[100] == 0 {
        println("Waiting for goroutines to complete")
        time.Sleep(10 * time.Millisecond)
    }
    fmt.Println(nextNum)
}
```

まとめ

- メモリ共有は、複数のゴルーチンがタスクを達成するための1つの通信方法です。
- マルチプロセッサやマルチコアシステムは、スレッド間でメモリを共有するためのハードウェアサポートとシステムを提供します。
- 競合状態とは、ゴルーチン間でメモリといった資源を共有することにより、予期せぬ結果が発生することです。
- クリティカルセクションは、他の並行実行からの干渉を受けずに実行されるべき命令の集まりです。干渉が許されると、競合状態が発生する可能性があります。
- クリティカルセクションの外でGoのスケジューラを起動することは、競合状態の問題の解決策ではありません。
- 適切な同期と通信を使うことで、競合状態が排除されます。
- Goは、コード内の競合状態を発見するのに役立つ競合検出器を提供しています。

第4章

ミューテックスを使った同期

本章では、以下の内容を扱います。

- ミューテックスロックによるクリティカルセクションの保護
- リーダー・ライター・ロックによる性能向上
- 読み優先のリーダー・ライター・ロックの実装

クリティカルセクションをミューテックスで保護することで、一度に1つのゴルーチンだけが共有資源にアクセスできるようになります。そうすることで、競合状態を排除できます。ミューテックスの変形はロックと呼ばれることもあり、並行プログラミングをサポートするすべての言語で使われています。本章では、まずミューテックスが提供する機能を見ていきます。次に、リーダー・ライター・ミューテックス（*readers-writer mutexes*）と呼ばれるミューテックスの変形を見ていきます。

リーダー・ライター・ミューテックスは、共有資源を変更するときにだけ並行処理を制限することで、性能を最適化できます。これにより、書き込みアクセスを排他的にロックしながら、共有資源に対して複数の並行読み込みを実行できるようになります。リーダー・ライター・ミューテックスのサンプルアプリケーションを見て、その内部について学び、独自に構築してみます。

4.1 ミューテックスによるクリティカルセクションの保護

クリティカルセクションを実行するスレッドが1つだけであることを保証する方法があればどうでしょうか。それが、ミューテックスの機能です。ミューテックスは、コードの特定の部分が一度に複数のゴルーチンによってアクセスされることを防ぐ物理的な鍵だと考えてみてください。一度に1つのゴルーチンのみがクリティカルセクションにアクセスするなら、競合状態から保護されます。結局のところ、競合状態は2つ以上のゴルーチン間で競合があるときにのみ起こります。

4.1.1　ミューテックスはどのように使うのか

図 4.1 に示すように、クリティカルセクションの開始と終了を示す指標としてミューテックスを使えます。ゴルーチンがミューテックスで保護されたコードのクリティカルセクションに到達すると、まずプログラムコード内の命令として明示的にそのミューテックスをロックします。その後、ゴルーチンはクリティカルセクションのコードの実行を開始し、終了するとミューテックスをアンロックして、別のゴルーチンがクリティカルセクションにアクセスできるようにします。

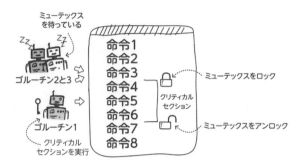

図 4.1　ミューテックスで保護されたクリティカルセクションの実行は、1 つのゴルーチンにしか許されない

すでにロックされているミューテックスを別のゴルーチンがロックしようとした場合、そのゴルーチンは、ミューテックスが解放されるまで一時停止します。ロックの解放を待って 2 つ以上のゴルーチンが一時停止している場合、ロックが解放されると、1 つのゴルーチンだけが再開して、そのゴルーチンが次にミューテックスロックを獲得します。

> **定義**　ミューテックスは相互排他（*mutual exclusion*）の略で、競合状態を防ぐことを目的とした並行制御の一形態です。ミューテックスは、1 つの実行（ゴルーチンやカーネルレベルスレッドなど）だけがクリティカルセクションに入ることを許可します。2 つの実行が同時にミューテックスへのアクセスを要求した場合、ミューテックスのセマンティクスにより、1 つのゴルーチンだけがミューテックスへのアクセスを獲得することが保証されます。もう一方の実行は、ミューテックスが再び利用可能になるまで待たなければなりません。

Go の場合、ミューテックスの機能は sync パッケージの Mutex 型で提供されています。この型には、Lock() と Unlock() という 2 つの主要な操作（メソッド）があり、それぞれクリティカルセクションの開始と終了を示すのに使えます。簡単な例として、前章の stingy() 関数と spendy() 関数を修正して、クリティカルセクションを保護できます。リスト 4.1 では、ミューテックスを使って共有された money 変数を保護し、両方のゴルーチンが同時に money 変数を変更するのを防ぎます。

4.1 ミューテックスによるクリティカルセクションの保護

◎リスト 4.1　ミューテックスを使う Stingy と Spendy の関数

```go
package main

import (
    "fmt"
    "sync"
    "time"
)

// ↓ 共有された Mutex 構造体へのポインタを受け取る
func stingy(money *int, mutex *sync.Mutex) {
    for i := 0; i < 1000000; i++ {
        mutex.Lock()   // ← クリティカルセクションに入る前に mutex をロック
        *money += 10
        mutex.Unlock() // ← クリティカルセクションを抜けた後にアンロック
    }
    fmt.Println("Stingy Done")
}

// ↓ 共有された Mutex 構造体へのポインタを受け取る
func spendy(money *int, mutex *sync.Mutex) {
    for i := 0; i < 1000000; i++ {
        mutex.Lock()   // ← クリティカルセクションに入る前に mutex をロック
        *money -= 10
        mutex.Unlock() // ← クリティカルセクションを抜けた後にアンロック
    }
    fmt.Println("Spendy Done")
}
```

注記　https://github.com/cutajarj/ConcurrentProgrammingWithGo で本書に掲載されているすべてのリストを見られます。

　Stingy のゴルーチンと Spendy のゴルーチンの両方が同時にミューテックスをロックしようとした場合、1 つのゴルーチンだけがロックできることがミューテックスによって保証されます。他のゴルーチンは、ミューテックスが再び利用可能になるまで実行が一時停止されます。たとえば、Spendy がお金を減算してミューテックスを解放するまで Stingy は待たなければなりません。ミューテックスが再び利用可能になると、Stingy の一時停止していたゴルーチンが再開され、クリティカルセクションのロックを獲得します。

　リスト 4.2 では、変更された main() 関数が新たなミューテックスを作成し、stingy() と spendy() にポインタを渡しています。

◎リスト 4.2　ミューテックスを作成する main() 関数

```go
func main() {
    money := 100
    mutex := sync.Mutex{} // ← 新たなミューテックスの作成
    go stingy(&money, &mutex) // ← 2 つのゴルーチンへ
    go spendy(&money, &mutex) //    ポインタを渡す
```

```
        time.Sleep(2 * time.Second)
        mutex.Lock()   // ← 共有された変数の読み込みを、mutex で保護
        fmt.Println("Money in bank account: ", money)
        mutex.Unlock()
}
```

> **注記**　新たなミューテックスを作成した場合、その初期状態は常にアンロックされています。

`main()` 関数では、ゴルーチンが終了した後に `money` 変数を読み込むときにもミューテックスを使っています。ゴルーチンの完了を保証するために一定時間スリープしているので、ここで競合状態が発生する可能性は低いです。しかし、競合が起こらないと確信していても、共有資源を保護することは常によい習慣です。ミューテックス（および後の章で説明するその他の同期機構）を使うことで、ゴルーチンが、更新された変数のコピーを読み込むことが保証されます。

> **注記**　ゴルーチンが共有資源を読み込んでいるだけの部分も含めて、すべてのクリティカルセクションを保護すべきです。コンパイラの最適化によって命令の順序が入れ替わり、異なる順序で実行される可能性があります。ミューテックスといった適切な同期機構を使うことで、共有資源の最新のコピーを確実に読み込むことが保証されます。

リスト 4.1 とリスト 4.2 を一緒に実行すると、競合状態が排除されたことが確認できます。Stingy と Spendy のゴルーチンが完了した後、口座の残高は 100 ドルになります。次がその出力です。

```
$ go run stingyspendymutex.go
Stingy Done
Spendy Done
Money in bank account: 100
```

競合状態がないことを確認するために、-race フラグを付けてこのコードを実行することもできます。

ミューテックスはどのように実装されているのか

ミューテックスは通常、オペレーティングシステムとハードウェアの助けを借りて実装されます。プロセッサが 1 つしかないシステムであれば、スレッドがロックを保持している間、割り込みを無効にするだけでミューテックスを実装できます。この方法では、別の実行が現在のスレッドに割り込むことはなく、干渉もありません。しかし、この方法は理想的ではありません。なぜなら、不適切に書かれたコードは、他のすべてのプロセスやスレッドがかかわるシステム全体を停止させてしまう可能性があるからです。悪意のあるプログラムや不適切に書かれたプログラムは、ミューテックスロックを獲得した後に無限ループに入ると、システムをクラッシュさせる可能性があります。また、この方法は複数のプロセッサを持つシステムでは機能しません。なぜなら、別の CPU で他のスレッドが並列に実行される可能性があるためです。

ミューテックスの実装には、アトミックなテスト・アンド・セット（test and set）操作を提供するハードウェアのサポートが必要です。この操作により、ある実行はメモリ位置を確認し、値が期待どおりであれば、そのメモリをロックされたフラグ値に更新します。ハードウェアは、このテスト・アンド・セット操作がアトミックであることを保証します。つまり、その操作が完了するまで、他の実行はメモリ位置にアクセスできません。初期のハードウェア実装では、他のプロセッサが同時にメモリを使えないようにバス全体を専有することで、このアトミック性を保証していました。もし他の実行がこの操作を実行し、すでにロックされたフラグ値に設定されていることを確認した場合、オペレーティングシステムはメモリ位置が再び解放されるまでそのスレッドの実行を停止します。

ミューテックスがアトミック操作とオペレーティングシステムの呼び出しを使ってどのように実装されるかについては、第 12 章「アトミック、スピンロック、フューテックス」で探求します。第 12 章では、Go が独自のミューテックスをどのように実装しているかについても調べます。

4.1.2　ミューテックスと逐次処理

もちろん、ゴルーチンが 3 つ以上ある場合でもミューテックスを使えます。前章では、複数のゴルーチンを使ってテキストをダウンロードして、英語アルファベットの文字の出現頻度をカウントする文字頻度プログラムを実装しました。そのコードには同期がなく、プログラムを実行すると誤ったカウントが得られました。この競合状態を修正するためにミューテックスを使いたい場合、コードのどの部分でミューテックスのロックとアンロックを行うべきでしょうか（図 4.2 参照）。

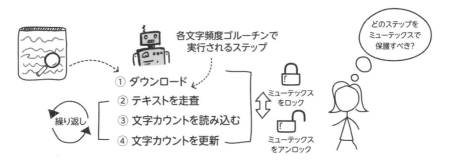

図 4.2　ミューテックスのロックとアンロックをどこに置くかを決定する

注記　ミューテックスを使うことには、並行処理を制限する影響も伴います。ミューテックスのロックとアンロックの間のコードは、一度に 1 つのゴルーチンによって実行され、その部分のコードは実質的に逐次での実行になります。第 1 章「並行プログラミングへの第一歩」で見たように、アムダールの法則によれば、逐次実行と並列実行の比率がコードの性能とスケーラビリティを制限します。したがって、ミューテックスロッ

第4章　ミューテックスを使った同期

クを保持する時間を減らすことが重要です。

リスト 4.3 は、まず main() 関数を修正してミューテックスを作成し、それへのポインタを CountLetters() 関数に渡す方法を示しています。これは Stingy と Spendy のプログラムで使ったのと同じパターンで、main() ゴルーチンでミューテックスを作成し、それを他のゴルーチンと共有します。また、最後に結果を出力するときに、frequency 変数の読み込みを保護しています。

◎リスト 4.3　文字頻度用のミューテックスを作成する main() 関数（import は省略）

```go
package main

import ( ... )

const AllLetters = "abcdefghijklmnopqrstuvwxyz"

func main() {
    mutex := sync.Mutex{} // ← 新たな Mutex の作成
    var frequency = make([]int, 26)
    for i := 1000; i <= 1030; i++ {
        url := fmt.Sprintf("https://rfc-editor.org/rfc/rfc%d.txt", i)
        // ↓ mutex へのポインタをゴルーチンへ渡す
        go CountLetters(url, frequency, &mutex)
    }
    time.Sleep(60 * time.Second) // ← 60秒間待つ
    mutex.Lock() // ← mutex で共有変数の読み込みを保護
    for i, c := range AllLetters {
        fmt.Printf("%c-%d ", c, frequency[i])
    }
    mutex.Unlock() // ← mutex をアンロック
}
```

CountLetters() 関数の開始時にミューテックスをロックし、終了時に解放するとどうなるでしょうか。リスト 4.4 では、関数を呼び出した直後にミューテックスをロックし、完了メッセージを出力した後に解放しています。

◎リスト 4.4　ミューテックスのロックとアンロックの不適切（で遅い）方法

```go
func CountLetters(url string, frequency []int, mutex *sync.Mutex) {
    mutex.Lock() // ← 実行全体でミューテックスをロックして、すべてを逐次にする
    resp, _ := http.Get(url)
    defer resp.Body.Close()
    if resp.StatusCode != 200 {
        panic("Server returning error status code: " + resp.Status)
    }
    body, _ := io.ReadAll(resp.Body)
    for _, b := range body {
        c := strings.ToLower(string(b))
        cIndex := strings.Index(AllLetters, c)
        if cIndex >= 0 {
            frequency[cIndex] += 1
```

```
        }
      }
      fmt.Println("Completed:", url, time.Now().Format("15:04:05"))
      mutex.Unlock() // ← ミューテックスをアンロック
}
```

この方法でミューテックスを使うことで、並行プログラムを逐次プログラムに変えてしまいました。実行全体を不必要に妨げているので、一度に1つのウェブページのみをダウンロードして処理することになります。これを実行してみると、ゴルーチンの実行順序はランダムですが、プログラムの実行時間は並行ではないバージョンと同じになります[*1]。

```
$ go run charcountermutexslow.go
Completed: https://rfc-editor.org/rfc/rfc1002.txt 08:44:21
Completed: https://rfc-editor.org/rfc/rfc1030.txt 08:44:23
...
Completed: https://rfc-editor.org/rfc/rfc1028.txt 08:44:33
Completed: https://rfc-editor.org/rfc/rfc1029.txt 08:44:34
Completed: https://rfc-editor.org/rfc/rfc1001.txt 08:44:34
Completed: https://rfc-editor.org/rfc/rfc1000.txt 08:44:35
a-103445 b-23074 c-61005 d-51733 e-181360 f-33381 g-24966 h-47722 i-103262 j-
    3279 k-8839 l-49958 m-40026 n-108275 o-106320 p-41404 q-3410 r-101118 s-
    101040 t-136812 u-35765 v-13666 w-18259 x-4743 y-18416 z-1404
```

図4.3は、3つのゴルーチンのみを使い、この方法によるロックの方法を簡略化したスケジューリングチャートです。この図から、ゴルーチンは文書のダウンロードにほとんどの時間を費やし、処理に短い時間を費やしていることがわかります（この図では、説明のためにダウンロードと処理の時間の割合を控えめにしています。実際にはこの差はもっと大きいです）。ゴルーチンは、大部分の時間を文書のダウンロードに費やし、処理に費やすのはほんの一瞬です。性能的には、実行全体を停止させることは意味がありません。文書のダウンロード処理は他のゴルーチンと何も共有しないので、競合状態が起こるリスクはありません。

> 助言　ミューテックスをどのように、いつ使うかを決める場合、どの資源を保護するのかに焦点を当て、クリティカルセクションがどこで始まり、どこで終わるかを見つけることが最善です。それから、Lock()メソッドとUnlock()メソッドの呼び出し回数を最小限にする方法を考える必要があります。

ミューテックスの実装にもよりますが、通常、Lock()とUnlock()の操作を頻繁に呼び出すと、性能コストが発生します（第12章「アトミック、スピンロック、フューテックス」でその理由を説明します）。文字頻度プログラムでは、次のように1つの文だけを保護するためにミューテックスを使えます。

[*1] 訳注：リスト4.3では、ゴルーチンの終了を待つのにtime.Sleep(60 * time.Second)を呼び出しているので、charcountermutexslow.goの実行時間を計測しても60秒になってしまうことに注意してください。

第4章　ミューテックスを使った同期

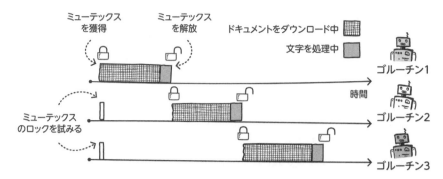

図4.3　コードを広い範囲でロックすると、文字頻度の並行プログラムは逐次プログラムになる

```
mutex.Lock()
frequency[cIndex] += 1
mutex.Unlock()
```

しかしこれでは、この2つの操作を、ダウンロードした文書内の各文字に対して呼び出すことになります。文書全体を処理するのはとても高速な操作なので、ループの前にLock()メソッドを呼び出し、ループを抜けた後にUnlock()メソッドを呼び出すほうが、おそらく性能がよいでしょう。これをリスト4.5に示します。

◎リスト4.5　処理部分に対してミューテックスを使う（importは省略）

```go
package listing4_5

import (...)

const AllLetters = "abcdefghijklmnopqrstuvwxyz"

func CountLetters(url string, frequency []int, mutex *sync.Mutex) {
    resp, _ := http.Get(url) // ← 関数の遅い部分（ダウンロード）を並行に実行
    defer resp.Body.Close()
    if resp.StatusCode != 200 {
        panic("Server returning error code: " + resp.Status)
    }
    body, _ := io.ReadAll(resp.Body)
    mutex.Lock() // ← 関数の高速な処理部分だけをロックする
    for _, b := range body {
        c := strings.ToLower(string(b))
        cIndex := strings.Index(AllLetters, c)
        if cIndex >= 0 {
            frequency[cIndex] += 1
        }
    }
    mutex.Unlock()
    fmt.Println("Completed:", url, time.Now().Format("15:04:05"))
}
```

4.1 ミューテックスによるクリティカルセクションの保護

このバージョンのコードでは、関数内のコードのうち、時間がかかるダウンロード部分は並行に実行されます。そして、高速な文字カウント処理は逐次実行されます。基本的に、他の部分に比べてとても高速に実行されるコード部分のみにロックを使うことで、プログラムのスケーラビリティを最大限に高めています。リスト 4.5 を実行すると、予想どおり、ダウンロードがはるかに速く実行され、一貫した正しい結果が得られます[*2]。

```
$ go run charcountermutex.go
Completed: https://rfc-editor.org/rfc/rfc1026.txt 08:49:52
Completed: https://rfc-editor.org/rfc/rfc1025.txt 08:49:52
...
Completed: https://rfc-editor.org/rfc/rfc1008.txt 08:49:53
Completed: https://rfc-editor.org/rfc/rfc1024.txt 08:49:53
a-103445 b-23074 c-61005 d-51733 e-181360 f-33381 g-24966 h-47722 i-103262 j-
    3279 k-8839 l-49958 m-40026 n-108275 o-106320 p-41404 q-3410 r-101118 s-
    101040 t-136812 u-35765 v-13666 w-18259 x-4743 y-18416 z-1404
```

プログラムの実行を図 4.4 に示しています。ここでも、ダウンロード部分と処理部分の比率は、視覚的な目的で誇張しています。実際には、処理に費やす時間はウェブページのダウンロードに費やす時間よりもきわめて短いので、スピードアップはさらに極端になります。実際、main() 関数では、スリープに費やす時間を数秒に減らせます（以前は 60 秒でした）。

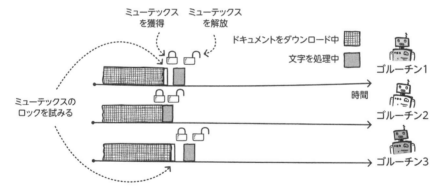

図 4.4　countLetters() 関数の処理部分だけをロックする

この 2 つ目の解決策は、1 つ目の試みよりも全体が速く行われます。図 4.3 と図 4.4 を比較すると、コードの小さい部分をロックする場合のほうが早く終了していることがわかります。ここでの教訓は、ミューテックスロックを保持する時間を最短にすると同時に、ミューテックスの呼び出し回数を減らすことです。これはアムダールの法則に戻って考えると理にかなっており、コード全体の中で並列部分に費やす時間を増やせば、早く終了し、スケールがよくなることを教えてくれています。

[*2] 訳注：リスト 4.5 を使う main 関数でも、ゴルーチンの終了を待つのに time.Sleep() を呼び出すので、charcountermutex.go の実行時間を計測しても速く実行されたことはわからないことに注意してください。

第 4 章　ミューテックスを使った同期

4.1.3　ノンブロッキング・ミューテックス・ロック

ゴルーチンが `Lock()` 操作を呼び出したときに、ミューテックスがすでに他の実行によって使われていると待たされます。`Lock()` 操作はブロッキングメソッドとして知られており、他のゴルーチンによって `Unlock()` が呼び出されるまで、ゴルーチンの実行は停止します。アプリケーションによっては、ゴルーチンを待たせたくなく、その代わりに、ミューテックスを再びロックしてクリティカルセクションにアクセスする前に他の処理を行うようにしたいことがあります。

このため、Go のミューテックスには `TryLock()` という別のメソッドが用意されています。このメソッドを呼び出すと、次の 2 つの結果のどちらかが期待できます。

- ロックが利用可能な場合、それを獲得し、メソッドはブーリアン値 `true` を返します。
- 別のゴルーチンが現在ミューテックスを使っており、ロックが利用可能ではない場合、メソッドは（待つことなく）即座にブーリアン値 `false` を返します。

> **ノンブロッキングの使用**
>
> Go のバージョン 1.18 ではミューテックス用の `TryLock()` メソッドが追加されました。このノンブロッキング呼び出しの有益な例を見つけるのは難しいです。これは、Go ではゴルーチンの作成が、他の言語でのカーネルレベルスレッドの作成に比べてとても安価だからです。ミューテックスが利用できない場合にゴルーチンが他のことをするのはあまり意味がありません。なぜなら、Go では、ロックが解放されるのを待っている間に別のゴルーチンを生成して作業させるほうが簡単だからです。実際、Go のミューテックスのドキュメントでもこのことが述べられています（pkg.go.dev/sync#Mutex.TryLock から）。
>
> > **TryLock** の正しい使い方は存在しますが、それはまれであり、**TryLock** の使用は、ミューテックスの特定の使い方における深刻な問題となりうることが多いことに注意してください。

`TryLock()` メソッドを使う 1 例は、特定のタスクの進捗を妨げずにそのタスクの進行状況を確認するモニターゴルーチンです。通常の `Lock()` 操作を使っていて、ロックを獲得しようとする他の多くのゴルーチンでアプリケーションがビジー状態の場合、監視のためだけにミューテックスに余分な競合を加えることになります。`TryLock()` メソッドを使うと、他のゴルーチンがミューテックスのロックを保持していてビジーな場合、モニターゴルーチンは、システムがそれほどビジーではないときに、後で再試行することを決定できます。重要ではない用事で郵便局に行き、入り口に長い列があるのを見て、別の日にまた来ることにするようなものです（図 4.5 参照）。

他のゴルーチンでダウンロードや文書の走査を行っている間、`main()` ゴルーチンが定期的に頻度表を監視するように、文字頻度プログラムを変更できます。リスト 4.6 は、100 ミリ秒ごとに頻度スライスの内容を表示する `main()` 関数です。これを行うには、ミューテックスロックを獲得する必要があります。そうしないと、誤ったデータを読み取ってしまうリスクがあります。しかし、

4.1 ミューテックスによるクリティカルセクションの保護

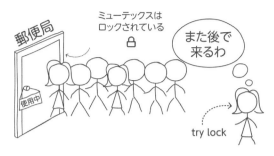

図 4.5　ミューテックスを獲得しようとし、ビジーなら、後で再試行する

CountLetters() ゴルーチンがビジーであれば、無駄にそれを妨げたくありません。そのため、TryLock() 操作を使い、ロックの獲得を試みますが、ロックが利用可能ではない場合、次の 100 ミリ秒サイクルで再試行します。

◎リスト 4.6　頻度表を監視するために TryLock() を使う

```go
package main

import (
    "fmt"
    "github.com/cutajarj/ConcurrentProgrammingWithGo/chapter4/listing4.5"
    "sync"
    "time"
)

func main() {
    mutex := sync.Mutex{}
    var frequency = make([]int, 26)
    for i := 2000; i <= 2200; i++ {
        url := fmt.Sprintf("https://rfc-editor.org/rfc/rfc%d.txt", i)
        go listing4_5.CountLetters(url, frequency, &mutex)
    }
    for i := 0; i < 100; i++ {
        time.Sleep(100 * time.Millisecond) // ← 100 ミリ秒のスリープ
        if mutex.TryLock() { // ← ミューテックスの獲得を試みる
            // ↓ ミューテックスが利用可能であれば、頻度カウントを表示して、ミューテックスを解
            //    放する
            for i, c := range listing4_5.AllLetters {
                fmt.Printf("%c-%d ", c, frequency[i])
            }
            mutex.Unlock()
        } else {
            // ↓ ミューテックスが利用可能でなければ、メッセージを表示して、後で再試行する
            fmt.Println("Mutex already being used")
        }
    }
}
```

第 4 章　ミューテックスを使った同期

　リスト 4.6 を実行すると、main() ゴルーチンが頻度表を出力するためにロックの獲得を試みていることが出力で確認できます。成功する場合もあれば、そうではない場合もあり、その際には再試行するために次の 100 ミリ秒待ちます。

```
$ go run nonblockingmutex.go
a-0 b-0 c-0 d-0 e-0 f-0 g-0 h-0 i-0 j-0 k-0 l-0 m-0 n-0 o-0 p-0 q-0 r-0 s-0
    t-0 u-0 v-0 w-0 x-0 y-0 z-0
...
Completed: https://rfc-editor.org/rfc/rfc2005.txt 11:18:39
a-2367 b-334 c-1270 d-1196 e-3685 f-1069 g-599 h-957 i-2537 j-22 k-112 l-1218
    m-927 n-2131 o-2321 p-722 q-64 r-1673 s-2188 t-2609 u-628 v-204 w-510 x-
    65 y-364 z-15
Completed: https://rfc-editor.org/rfc/rfc2122.txt 11:18:39
...
Completed: https://rfc-editor.org/rfc/rfc2027.txt 11:18:41
Mutex already being used
Completed: https://rfc-editor.org/rfc/rfc2006.txt 11:18:41
a-462539 b-90971 c-258306 d-235639 e-766999 f-142655 g-106497 h-212728 i-
    460748 j-10833 k-32495 l-213285 m-170227 n-433419 o-426131 p-174817 q-
    12578 r-419110 s-441282 t-597287 u-160276 v-60274 w-63028 x-28231 y-
    80664 z-6908
Completed: https://rfc-editor.org/rfc/rfc2178.txt 11:18:41
...
```

4.2　リーダー・ライター・ミューテックスによる性能向上

　時には、ミューテックスは制限が厳しすぎるかもしれません。ミューテックスは、並行処理を妨げることで並行処理の問題を解決する鈍器のようなものだと考えられます。ミューテックスで保護されたクリティカルセクションを実行できるのは、一度に 1 つのゴルーチンだけです。これは競合状態に悩まされないことを保証する上では素晴らしい制限ですが、アプリケーションによっては性能とスケーラビリティを不必要に制限してしまう可能性があります。リーダー・ライター・ミューテックス（readers-writer mutex）は、共有資源を更新する必要がある場合にのみ並行処理を制限する、標準的なミューテックスの変形を提供します。リーダー・ライター・ミューテックスを使うことで、共有データに対する更新操作に比べて読み込み操作が多い、つまり読み込み比重の高いアプリケーションの性能を向上させることができます。

4.2.1　Go のリーダー・ライター・ミューテックス

　もし、ほとんど静的なデータを多くの並行クライアントに提供するアプリケーションがあったらどうでしょうか。第 2 章「スレッドを扱う」で、スポーツ情報を提供するウェブサーバーアプリケーションの例の概要を説明しました。同じようなアプリケーションで、バスケットボールの試合に関する最新情報をユーザーに提供する例を考えてみましょう。そのようなアプリケーションを図 4.6 に示しています。

　このアプリケーションでは、ユーザーは自分のデバイスからバスケットボールの試合の実況を確認

4.2 リーダー・ライター・ミューテックスによる性能向上

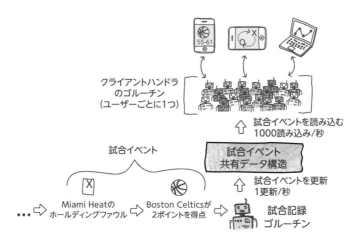

図4.6 読み込みの多いサーバーアプリケーションの例

しています。サーバー上で動作している Go アプリケーションは、これらの更新情報を提供します。このアプリケーションでは、試合でイベントが発生するたびに共有データの内容を変更する試合記録ゴルーチンがあります。イベントには、得点、ファウル、ボールパスなどがあります。

バスケットボールはテンポの速いゲームなので、平均して毎秒数個のイベントが発生します。もう一方では、ゲームイベントの一覧全体を膨大な数の接続ユーザーに提供する、大量のゴルーチンの集まりがあります。ユーザーはさまざまな理由でこのデータを使っています。試合の統計情報を表示したり、試合の戦略を理解したり、単にスコアや試合時間を確認したりするためです。この試合は人気があるので、1秒間にできるだけ多くのユーザーのリクエストを処理できるように構築する必要があります。試合イベントデータに対して毎秒数千件のリクエストがあると予想しています。

リスト 4.7 に示すように、試合記録用の関数を開始する、2つの異なる種類のゴルーチンを書いてみましょう。この関数を実行するゴルーチンは、得点やファウルなど、試合中に発生したイベントを監視し、共有データ構造に追加します。この場合、共有データ構造は `string` 型のスライスです。このコードでは、`"Match Event i"`を含む文字列を追加することで、200 ミリ秒ごとに発生するイベントをシミュレートしています。現実の世界では、ゴルーチンはスポーツフィードを監視するか、API を定期的にポーリングし、イベントは`"3 pointer from Team A"`（「チーム A が 3 ポイントシュートを成功」）という形式になるでしょう。

◎リスト 4.7　定期的な試合イベントをシミュレートする試合記録用の関数

```go
package main

import (
    "fmt"
    "strconv"
    "sync"
    "time"
```

第 4 章　ミューテックスを使った同期

```go
}

func matchRecorder(matchEvents *[]string, mutex *sync.Mutex) {
    for i := 0; ; i++ {
        mutex.Lock() // ← ミューテックスでmatchEventsへのアクセスを保護
        // ↓ 200ミリ秒ごとに試合イベントを含むモック文字列を追加
        *matchEvents = append(*matchEvents,
            "Match event " + strconv.Itoa(i))
        mutex.Unlock() // ← ミューテックスをアンロック
        time.Sleep(200 * time.Millisecond)
        fmt.Println("Appended match event")
    }
}
```

　リスト 4.8 は、共有スライス内のすべてのイベントをコピーする関数とともに、クライアントハンドラ関数を示しています。clientHandler() 関数をゴルーチンとして実行し、接続されたユーザーを処理します。この関数は、ゲームイベントを含む共有スライスをロックし、スライス内のすべての要素のコピーを作成します。そのほかに、ユーザーに送信するレスポンスを構築するシミュレーションを行います。実際に使うコードでは、このレスポンスを JSON といった形式で送信することも可能です。clientHandler() 関数には、同じユーザーが複数のリクエストを行うことをシミュレートするために 100 回繰り返すループがあります。

◎リスト 4.8　共有リストへの排他的アクセスを使うクライアントハンドラ

```go
func clientHandler(mEvents *[]string, mutex *sync.Mutex, st time.Time) {
    for i := 0; i < 100; i ++ {
        mutex.Lock() // ← 試合イベントのリストへのアクセスをミューテックスで保護
        // ↓ 試合イベントのスライス全体をコピーし、クライアントへの応答の構築をシミュレート
        allEvents := copyAllEvents(mEvents)
        mutex.Unlock() // ← ミューテックスをアンロック
        timeTaken := time.Since(st) // ← 開始からの所要時間を計算
        // ↓ クライアントへのサービスに要した時間をコンソールに出力
        fmt.Println(len(allEvents), "events copied in", timeTaken)
    }
}

func copyAllEvents(matchEvents *[]string) []string {
    allEvents := make([]string, 0, len(*matchEvents))
    for _, e := range *matchEvents {
        allEvents = append(allEvents, e)
    }
    return allEvents
}
```

　リスト 4.9 では、すべてを結び付けて main() 関数でゴルーチンを開始します。この main() 関数では、通常のミューテックスを作成した後、試合イベントスライスに多くの試合イベントを事前に埋めます。これは、しばらく続いている試合をシミュレートするためです。これを行うことで、スライスにいくつかのイベントが含まれているときのコードの性能を測定できます。

4.2 リーダー・ライター・ミューテックスによる性能向上

◎リスト 4.9　イベントを埋めて、ゴルーチンを開始する main() 関数

```
func main() {
    mutex := sync.Mutex{} // ← 新たなミューテックスを初期化
    var matchEvents = make([]string, 0, 10000)
    // ↓ 進行中の試合をシミュレートするために、多くのイベントでスライスを事前に埋める
    for j := 0; j < 10000; j++ {
        matchEvents = append(matchEvents, "Match event")
    }
    // ↓ 試合記録のゴルーチンを開始
    go matchRecorder(&matchEvents, &mutex)
    start := time.Now() // ← クライアントハンドラのゴルーチンの開始時刻を記録
    for j := 0; j < 5000; j++ {
        // ↓ 大量のクライアントハンドラのゴルーチンを起動
        go clientHandler(&matchEvents, &mutex, start)
    }
    time.Sleep(100 * time.Second)
}
```

　main() 関数では、まず試合記録用のゴルーチンと 5,000 個のクライアントハンドラのゴルーチンを開始します。基本的に、進行中の試合と、大量のユーザーが同時に試合の更新情報を取得するためにリクエストしている状況をシミュレートしています。また、クライアントハンドラのゴルーチンの開始時刻も記録し、すべてのリクエストを処理するのにかかる時間を測定できるようにしています。最後に、main() 関数はクライアントハンドラのゴルーチンが終了するのを待つために、100 秒間スリープします。

　読み込みの問い合わせ数に比べて、データの変化はとても遅いものです。通常のミューテックスロックを使う場合、あるゴルーチンが共有されたバスケットボールのデータを読み込むたびに、終了するまで他のすべての動作中のゴルーチンを待たせます。クライアントハンドラは何も変更せずに共有スライスを読み込むだけですが、それでも各ハンドラにスライスへの排他的なアクセスを与えています。複数のゴルーチンが共有データを更新せずに読み込んでいるだけであれば、この排他的アクセスは必要ありません。なぜなら、共有データの並行読み込みは干渉を引き起こさないからです。

> 注記　競合状態は、適切な同期なしに共有状態を変更した場合にのみ起こります。共有データを変更しなければ、競合状態が起こるリスクはありません。

　すべてのクライアントハンドラのゴルーチンがスライスへの非排他的なアクセス権を持っていれば、必要に応じて同時にイベントの一覧を読み出せるので、そのほうがよいでしょう。それにより、共有データを読み込むだけの複数のゴルーチンが同時にアクセスできるようになり、性能が向上します。共有データを更新する必要がある場合のみ、アクセスを制限します。この例では、読み込み回数（1 秒間に数千回）に比べて、データの更新はとてもまれです（1 秒間に数回）。したがって、複数の同時読み込みが可能で、書き込みは排他的なシステムのほうが有益です。

　これは、リーダー・ライター・ロック（*readers-writer lock*）が提供する機能です。共有資源を更新せずに読み込むだけでよい場合、リーダー・ライター・ロックは、複数のゴルーチンが並行して読み込み専用クリティカルセクション部分を実行することを可能にします。共有資源を更新する必要があ

る場合のみ、書き込みクリティカルセクションを実行するゴルーチンが書き込みロックを要求して排他アクセスを獲得します。この概念を図 4.7 に示します。図 4.7 の左側では、読み込みロックは並行読み込みアクセスを可能にし、書き込みアクセスは待たせます。右側では、書き込みロックを獲得すると、読み込みと書き込みの両方で他のすべてのアクセスを待たせ、通常のミューテックスのように動作します。

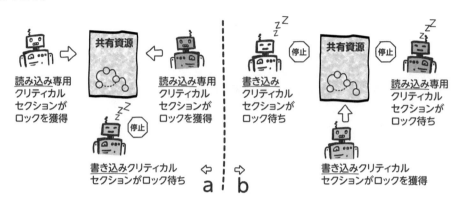

図 4.7　リーダー・ライター・ロックを使うゴルーチン

Go には、リーダー・ライター・ロックの独自実装が用意されています。Go の sync.RWMutex には、通常の排他的ロックメソッドと排他的アンロックメソッドに加えて、ミューテックスのリーダー側を使うための特別なメソッドが用意されています。次が使えるメソッドの一覧です。

```
type RWMutex
    // ミューテックスをロックする
    func (rw *RWMutex) Lock()
    // ミューテックスのリーダー側をロックする
    func (rw *RWMutex) RLock()
    // ミューテックスのリーダー側のロッカーを返す
    func (rw *RWMutex) RLocker() Locker
    // ミューテックスのリーダー側をアンロックする
    func (rw *RWMutex) RUnlock()
    // ミューテックスのロックを試みる
    func (rw *RWMutex) TryLock() bool
    // ミューテックスのリーダー側のロックを試みる
    func (rw *RWMutex) TryRLock() bool
    // ミューテックスをアンロックする
    func (rw *RWMutex) Unlock()
```

RLock() メソッドといったメソッド名に R が付くロックメソッドとアンロックメソッドは、RWMutex のリーダー側を操作します。Lock() メソッドといった他のメソッドは、ライター側を操作します。これで、バスケットボールの更新を提供するアプリケーションを、これらの新たなメソッドを使うように修正できます。リスト 4.10 では、リーダー・ライター・ミューテックスを初期化し、

4.2 リーダー・ライター・ミューテックスによる性能向上

main()関数内の他のゴルーチンに渡しています。

◎リスト 4.10　RWMutex を作成する main() 関数

```go
func main() {
    mutex := sync.RWMutex{} // ← リーダー・ライター・ミューテックスを初期化
    var matchEvents = make([]string, 0, 10000)
    for j := 0; j < 10000; j++ {
        matchEvents = append(matchEvents, "Match event")
    }
    // ↓ リーダー・ライター・ミューテックスを matchRecorder へ渡す
    go matchRecorder(&matchEvents, &mutex)
    start := time.Now()
    for j := 0; j < 5000; j++ {
        // ↓ クライアントハンドラのゴルーチンへリーダー・ライター・ミューテックスを渡す
        go clientHandler(&matchEvents, &mutex, start)
    }
    time.Sleep(100 * time.Second)
}
```

次に matchRecorder() と clientHandler() の2つの関数は、それぞれ書き込みと読み込みロックのミューテックスのメソッドを呼び出すように修正する必要があります。リスト4.11 では、matchRecorder() は共有データ構造を更新する必要があるため、Lock() メソッドと Unlock() メソッドを呼び出しています。clientHandler() のゴルーチンは、共有データ構造を読み込むだけなので、RLock() メソッドと RUnlock() メソッドを使います。ここで使われる読み込みロックは、走査している間にスライスデータ構造が変更されないようにするために必要です。たとえば、他のゴルーチンがスライスを走査している間にポインタやスライスの内容を変更すると、無効なポインタ参照をたどるかもしれません。

◎リスト 4.11　リーダー・ライター・ミューテックスを呼び出す matchRecorder 関数と clientHandler 関数

```go
func matchRecorder(matchEvents *[]string, mutex *sync.RWMutex) {
    for i := 0; ; i++ {
        mutex.Lock()                                    // ← 書き込みミューテックスでクリティ
        *matchEvents = append(*matchEvents,             //    カルセクションを保護
            "Match event " + strconv.Itoa(i))           //
        mutex.Unlock()                                  //
        time.Sleep(200 * time.Millisecond)
        fmt.Println("Appended match event")
    }
}

func clientHandler(mEvents *[]string, mutex *sync.RWMutex, st time.Time) {
    for i := 0; i < 100; i ++ {
        mutex.RLock()                                   // ← 読み込みミューテックスでクリティ
        allEvents := copyAllEvents(mEvents)             //    カルセクションを保護
        mutex.RUnlock()                                 //
        timeTaken := time.Since(st)
```

第 4 章　ミューテックスを使った同期

```
            fmt.Println(len(allEvents), "events copied in", timeTaken)
    }
}
```

　`clientHandler()` 関数で、`RLock()` メソッドと `RUnlock()` メソッドの間のクリティカルセクションを実行するゴルーチンは、`matchRecorder()` 関数の書き込みロックの獲得を待たせます。しかし、他のゴルーチンがクリティカルセクションの読み込みロックを獲得することは制限しません。つまり、読み込みゴルーチンが互いに待つことなく、`clientHandler()` を並行実行できることを意味します。

　試合の更新があると、`matchRecorder()` のゴルーチンはミューテックスの `Lock()` メソッドを呼び出して書き込みロックを獲得します。書き込みロックは、すべてのアクティブな `clientHandler()` のゴルーチンが読み込みロックを解放したときにのみ獲得されます。書き込みロックが獲得されると、`Unlock()` メソッドを呼び出して書き込みロックを解放するまで、`clientHandler()` 関数のクリティカルセクションに他のゴルーチンがアクセスするのを待たせます。

　マルチコアで動作するシステムであれば、この例はシングルコアのシステムよりもスピードアップするはずです。なぜなら、多数の `clientHandler()` のゴルーチンが共有データに同時にアクセスできるため、並列に実行されるからです。実行してみると、リーダー・ライター・ミューテックスを使うことで、スループット性能が 3 倍向上しました。

```
$ go run matchmonitor.go
...
10064 events copied in 33.033974291s
Appended match event
Appended match event
...
$ go run matchmonitor.go
...
10033 events copied in 10.228970583s
Appended match event
Appended match event
...
```

　図 4.8 は、前述の結果を 1 秒あたりのリクエストに変換することにより、10 コアマシンで実行されるこの単純なアプリケーションでリーダー・ライター ミューテックスを使う利点を示しています。この図は、アプリケーションが合計 500,000 リクエスト（5,000 クライアントからの 100 リクエスト）を処理したと仮定しています。

> 注記　このアプリケーションを異なるハードウェアで実行すると、異なる結果が得られます。遅いマシンで実行する場合、終了時のスリープ時間を変更したり、クライアントハンドラのゴルーチンの数を減らしたりする必要があるかもしれません。

4.2 リーダー・ライター・ミューテックスによる性能向上

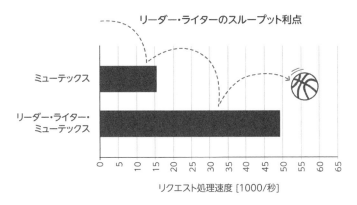

図 4.8　マルチコアプロセッサ上で動作する読み込みの多いサーバーアプリケーションにおける性能の違い

4.2.2　独自の読み込み優先リーダー・ライター・ミューテックスの構築

　リーダー・ライター・ミューテックスの使い方を見たところで、それが内部でどのように動作するのか確認してみましょう。本項では、Go の sync パッケージで提供されているものに似たリーダー・ライター・ミューテックスを構築してみます。簡単にするために、重要な 4 つのメソッド、ReadLock()、ReadUnlock()、WriteLock()、WriteUnlock() のみを構築します。Go のライブラリにある実装と区別できるように、sync バージョンとは少し違う名前を付けました。

　私たちのリーダー・ライター・ミューテックスを実装するには、あるゴルーチンが ReadLock() メソッドを呼び出すと、書き込み部分へのアクセスは待たせるものの、ReadLock() メソッドについては他のゴルーチンが待たずに呼び出せるようにするシステムが必要です。また、WriteLock() メソッドを呼び出すゴルーチンが実行を一時停止するように保証することで、書き込み部分を待たせます。すべての読み込みゴルーチンが ReadUnlock() メソッドを呼び出したときにのみ、他のゴルーチンが WriteLock() メソッドでの待ちを解除できるようにします。

　このシステムを視覚化するために、2 つの入り口がある部屋にアクセスしようとする存在としてゴルーチンを考えてみます。この部屋は共有資源へのアクセスを表しています。リーダーゴルーチンは特定の入り口を使い、ライターは別の入り口を使います。入り口は一度に 1 つのゴルーチンしか入れませんが、複数のゴルーチンが同時に部屋の中にいることはできます。リーダーゴルーチンは、リーダーの入り口から入室するとカウンタを 1 つ増やし、退室すると 1 つ減らします。ライターの入り口は、グローバルロックと呼ばれるものを使って内側から施錠できます。このグローバルロックを図 4.9 の左側に示しています。

　手順としては、最初のリーダーゴルーチンが入室する際、図 4.9 の右側に描かれているように、ライターの入り口をロックしなければなりません。これにより、ライターゴルーチンはアクセスできなくなり、そのゴルーチンの実行が待たされます。しかし、他のリーダーゴルーチンはリーダーの入り口からアクセスできます。リーダーゴルーチンは、カウンタの値が 1 であることから、自分がその部屋の最初の 1 人であることを知ります。

　ここでのライターの入り口は、グローバルロックと呼ぶ別のミューテックスロックにすぎません。

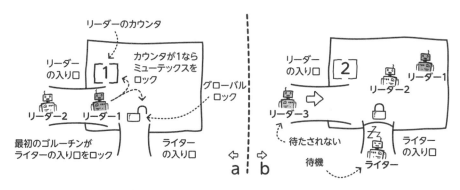

図4.9 リーダー・ライター・ミューテックスのライター側をロックする

ライターは、リーダー・ライター・ロックのライター側を保持するために、このミューテックスを獲得する必要があります。最初のリーダーがこのミューテックスをロックすると、ライター側のロックを要求するすべてのゴルーチンが待たされます。

同時に2つのリーダーゴルーチンが入室してしまって、2つとも最初に入室したと信じることがないようにしたいので、1つのゴルーチンだけがリーダーの入り口を使うことを保証する必要があります。2つとも最初に入室したと信じてしまうと両方がグローバルロックを獲得しようとするものの、成功するのは1つだけになります。したがって、アクセスを同期化し、1つのゴルーチンだけがいつでもリーダーの入室を利用できるようにするのに、別のミューテックスを使えるようにします。リスト4.12では、このミューテックスを `readersLock` と呼びます。リーダーカウンタは `readersCounter` 変数で表し、ライターロックは `globalLock` と呼びます。

◎リスト4.12　リーダー・ライター・ミューテックス用の構造体型

```
package listing4_12

import "sync"

type ReadWriteMutex struct {
    // ↓ 現在クリティカルセクションにあるリーダーゴルーチンの数をカウントする整数変数
    readersCounter int
    readersLock    sync.Mutex // ← リーダーのアクセスを同期するミューテックス
    globalLock     sync.Mutex // ← ライターのアクセスを待たせるミューテックス
}
```

リスト4.13は、これまで説明したロック機構の実装を示しています。リーダー側では、`ReadLock()` メソッドが `readersLock` ミューテックスを使ってアクセスを同期し、一度に1つのゴルーチンだけがこのメソッドを使うことを保証しています。

◎リスト4.13　ReadLock() メソッドと WriteLock() メソッドの実装

```
func (rw *ReadWriteMutex) ReadLock() {
    // ↓ 常に1つのゴルーチンしか許可されないように、アクセスを同期
    rw.readersLock.Lock()
    rw.readersCounter++ // ← リーダーゴルーチンは readersCounter を1つ増やす
    if rw.readersCounter == 1 {
        // ↓ リーダーゴルーチンが最初に入った場合、globalLock をロック
        rw.globalLock.Lock()
    }
    // ↓ 常に1つのゴルーチンしか許可されないように、アクセスを同期
    rw.readersLock.Unlock()
}

func (rw *ReadWriteMutex) WriteLock() {
    rw.globalLock.Lock() // ← ライターのアクセスには globalLock のロックが必要
}
```

　呼び出し元が readersLock を獲得すると、リーダーのカウンタを1だけ増やし、ゴルーチンが共有資源に読み込みアクセスしようとしていることを示します。そのゴルーチンは、自分が最初に読み込みアクセス権を獲得したことを認識すると、globalLock をロックし、ライターゴルーチンからのアクセスを待たせようとします（globalLock は、WriteLock() メソッドがこのミューテックスのライター側を獲得する必要があるときに使われます）。globalLock が解放されている場合、現在そのクリティカルセクションを実行しているライターがいないことを意味します。この場合、最初のリーダーが globalLock を獲得し、readersLock を解放して、リーダーのクリティカルセクションを実行します。

　リーダーゴルーチンがそのクリティカルセクションの実行を終了するというのは、同じ通路から退室すると考えることができます。退室する際にカウンタを1つ減らします。入退出時に同じ通路を使うということは、カウンタを更新するときに readersLock を獲得する必要があることを意味します。最後に部屋から出るゴルーチン（カウンタが0のとき）は、globalLock をアンロックし、ライターゴルーチンが最終的に共有資源にアクセスできるようにします。これは、図4.10 の左側に示されています。

　ライターゴルーチンがそのクリティカルセクションを実行している間、このたとえでは部屋にアクセスしている間、そのゴルーチンは globalLock をロックしています。これには2つの効果があります。まず、ライターはアクセスする前にこのロックを獲得する必要があるため、他のライターゴルーチンを待たせます。次に、最初のリーダーゴルーチンが globalLock を獲得するときにもそのリーダーゴルーチンを待たせます。最初のリーダーゴルーチンは、globalLock が利用可能になるまで待たされます。最初のリーダーゴルーチンは readersLock も保持しているため、待機している間、それに続く他のリーダーゴルーチンのアクセスも待たせます。これは、最初のリーダーゴルーチンが動かないため、リーダーの入り口を閉じて他のゴルーチンが入るのを許さないのに似ています。

　ライターゴルーチンがそのクリティカルセクションの実行を終えると、globalLock を解放します。これによって、最初のリーダーゴルーチンの待ちが解除され、その後に待たされている他のリー

第 4 章　ミューテックスを使った同期

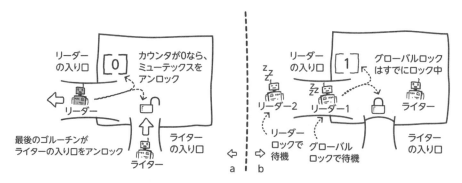

図 4.10　リーダー・ライター・ミューテックスにおける、リーダー側のアンロックとライター側のロック

ダーもアクセスできるようになります。

　この解放ロジックは、2 つのアンロックメソッドに実装できます。リスト 4.14 は、ReadUnlock() メソッドと WriteUnlock() メソッドの両方を示しています。ReadUnlock() メソッドでは再び readersLock を使って、一度に 1 つのゴルーチンだけがこのメソッドを実行するようにし、共有変数 readersCounter を保護しています。リーダーがロックを獲得すると、readersCounter の値を 1 つ減らし、カウンタが 0 になると globalLock も解放します。これにより、ライターがアクセスを得る可能性が生まれます。ライター側では、WriteUnlock() メソッドは単に globalLock を解放し、複数のリーダーまたは単一のライターがアクセスできるようにします。

◎リスト 4.14　ReadUnlock() メソッドと WriteUnlock() メソッドの実装

```
func (rw *ReadWriteMutex) ReadUnlock() {
    // ↓ 一度に 1 つのリーダーゴルーチンだけが許可されるようにアクセスを同期
    rw.readersLock.Lock()
    rw.readersCounter-- // ← リーダーゴルーチンは readersCounter を 1 つ減らす
    if rw.readersCounter == 0 {
        // ↓ リーダーゴルーチンが最後に出ていった場合、globalLock をアンロック
        rw.globalLock.Unlock()
    }
    // ↓ 一度に 1 つのゴルーチンだけが許可されるようにアクセスを同期していたのをアンロック
    rw.readersLock.Unlock()
}

func (rw *ReadWriteMutex) WriteUnlock() {
    // ↓ ライターゴルーチンはクリティカルセクションを終了して、globalLock を解放
    rw.globalLock.Unlock()
}
```

　注記　このリーダー・ライター・ロックの実装は、読み込み優先（read-preferring）です。これは、一定数のリーダー・ゴルーチンがミューテックスのリーダー側を常に使っていると、ライターゴルーチンはミューテックスを獲得できないことを意味します。専門用

語では、リーダーゴルーチンがライターゴルーチンをスターベーション状態（*starving*）にし、共有資源へのアクセスを許さないと言います。次章では、条件変数について議論する際に、ライターゴルーチンがミューテックスを獲得できない問題を改善します。

4.3 練習問題

注記　https://github.com/cutajarj/ConcurrentProgrammingWithGo に、すべての解答コードがあります。

1. リスト 4.15（もともとは第 3 章から）は、共有変数へのアクセスを保護するためのミューテックスを使っていません。これは悪い習慣です。このプログラムを変更して、共有変数 seconds へのアクセスをミューテックスで保護するようにしてください。ヒント：変数をコピーする必要があるかもしれません。

◎リスト 4.15　同期なしで変数を共有しているゴルーチン

```go
package main

import (
    "fmt"
    "time"
)

func countdown(seconds *int) {
    for *seconds > 0 {
        time.Sleep(1 * time.Second)
        *seconds -= 1
    }
}

func main() {
    count := 5
    go countdown(&count)
    for count > 0 {
        time.Sleep(500 * time.Millisecond)
        fmt.Println(count)
    }
}
```

2. リーダー・ライター・ミューテックスの実装に、ノンブロッキングの TryLock() メソッドを追加してください。このメソッドは、ライター側のロックを試みます。ロックが獲得された場合、true を返します。そうではない場合、待つことなく直ちに false を返します。
3. リーダー・ライター・ミューテックスの実装に、ノンブロッキングの TryReadLock() メソッドを追加してください。このメソッドはリーダー側のロックを試みます。練習問題 2 と同様に、このメソッドはロックを獲得できた場合はすぐに true を返し、そうではない場合は false を返すようにします。

4. 前章の練習問題 3.1 では、ダウンロードしたウェブページから単語の出現頻度を出力するプログラムを開発しました。単語の出現頻度を格納するために共有されたメモリマップを使った場合、共有されたマップへのアクセスを保護する必要があります。ミューテックスを使ってマップへの排他的アクセスを保証できるでしょうか。

まとめ

- ミューテックスは、コードのクリティカルセクションを並行実行から保護するために使えます。
- クリティカルセクションの開始時と終了時にそれぞれ Lock() メソッドと Unlock() メソッドを呼び出すことで、ミューテックスを使ってクリティカルセクションを保護できます。
- ミューテックスを長くロックしすぎると、並行コードが逐次実行に変わり、性能を低下させます。
- TryLock() メソッドを呼び出すことで、ミューテックスがすでにロックされているかを検査できます。
- リーダー・ライター・ミューテックスは、読み込みの多いアプリケーションの性能を向上させることができます。
- リーダー・ライター・ミューテックスは、複数のリーダーゴルーチンがクリティカルセクションを並行に実行することを可能にし、単一のライターゴルーチンへ排他的アクセスを提供します。
- カウンタと 2 つの通常のミューテックスを使って、リーダーを優先するリーダー・ライター・ミューテックスを構築できます。

第 5 章

条件変数とセマフォ

本章では、以下の内容を扱います。

- 条件変数による条件待ち
- 書き込み優先のリーダー・ライター・ロックの実装
- カウンティングセマフォによるシグナルの保存

前章では、ミューテックスを使ってコードのクリティカルセクションを保護し、複数のゴルーチンが同時に実行されないようにする方法を説明しました。同期ツールとして利用可能なものはミューテックスだけではありません。**条件変数**（*condition variable*）は、排他的ロックを補完する追加の制御を提供します。条件変数が提供するのは、特定の条件の発生を待って実行のロックが解除されるようにする機能です。**セマフォ**（*semaphore*）は、特定のセクションを同時に実行できる並行ゴルーチンの数を制御できる点で、ミューテックスよりも一歩進んでいます。さらに、セマフォは（発生したイベントの）シグナルを保存して、後で別のゴルーチンがアクセスできるようにするために使うこともできます。

並行アプリケーションで役立つだけではなく、条件変数とセマフォは、より複雑なツールや抽象化を構築するための追加の基本構成要素です。本章では、前章で開発したリーダー・ライター・ロックを再検討し、条件変数を使って改善します。

5.1 条件変数

条件変数は、ミューテックスの上に追加の機能を提供します。この機能は、ゴルーチンが特定の条件が発生するのを待つ必要がある状況で使えます。使い方を理解するために、例を見てみましょう。

5.1.1 ミューテックスと条件変数の組み合わせ

前章では、2つのゴルーチン（Stingy と Spendy）が同じ銀行口座を共有する例を見ました。Stingy のゴルーチンと Spendy のゴルーチンは、それぞれ 10 ドルを稼いだり使ったりしていました。もし、

Stingyが稼ぐスピードよりSpendyが使うスピードのほうが速いという不均衡を作ろうとしたらどうなるでしょうか。以前は、収支の合計が100ドルで均衡していました。今回の例では、総収支のバランスは100ドルのまま変えずに、支出の割合を50ドルに増やし、反復回数を200,000回に減らします。こうすると、収入よりも支出の速度が速くなるため、銀行口座はあっという間にマイナスになります（図5.1参照）。残高がマイナスになると、銀行にも追加コストがかかるかもしれません。理想的には、残高がゼロ以下にならないように、支出を遅らせる方法が必要です。

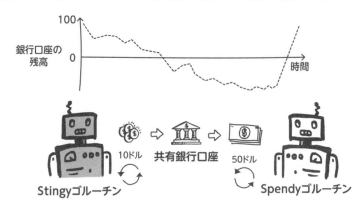

図5.1　SpendyのゴルーチンはStingyが稼ぐのと同じ額を使うが、そのスピードは速い

リスト5.1は、このシナリオを示すために修正されたspendy()関数を示しています。リスト5.1では、銀行口座がマイナスになると、メッセージを表示してプログラムを終了します。リスト内のどちらの関数でも、稼いだ額と使った額は同じであることに注意してください。単に実行時に、Stingyの稼ぐ速度よりもSpendyが速く使っているだけです。もしos.Exit()を省略すれば、spendy()関数が早く完了し、その後stingy()関数が最終的に銀行口座を元の額に戻します。

◎リスト5.1　速いスピードで消費（紙面上では簡潔に示すためにmain()関数は省略）

```go
package main

import (
    "fmt"
    "os"
    "sync"
    "time"
)

func stingy(money *int, mutex *sync.Mutex) {
    for i := 0; i < 1000000; i++ {
        mutex.Lock()
        *money += 10 // ← 50使われる間に10稼ぐ
        mutex.Unlock()
    }
    fmt.Println("Stingy Done")
```

```
}
func spendy(money *int, mutex *sync.Mutex) {
    for i := 0; i < 200000; i++ {
        mutex.Lock()
        *money -= 50   // ← 10 稼いでもらう間に 50 使う
        // ↓ money 変数がマイナスになったら、メッセージを出力し、プログラムを終了する
        if *money < 0 {
            fmt.Println("Money is negative!")
            os.Exit(1)
        }
        mutex.Unlock()
    }
    fmt.Println("Spendy Done")
}
```

第 4 章の main() 関数を使ってリスト 5.1 を実行すると、残高はすぐにマイナスになり、プログラムは終了します。

```
$ go run stingyspendynegative.go
Money is negative!
exit status 1
```

残高がマイナスになるのを防ぐために何かできることはありますか。理想的には、持っていないお金を使わないシステムが欲しいです。spendy() 関数がお金を使う前に、十分なお金があるかを検査するようにできます。十分なお金がない場合、ゴルーチンをしばらくスリープさせてから再び検査できます。この方法を取る spendy() 関数をリスト 5.2 に示します。

◎リスト 5.2　お金がなくなると再試行する Spendy の関数

```
func spendy(money *int, mutex *sync.Mutex) {
    for i := 0; i < 200000; i++ {
        mutex.Lock()
        for *money < 50 {  // ← 十分なお金がなければ、再試行を続ける
            // ↓ ミューテックスを解放し、他のゴルーチンによる money 変数へのアクセスを許す
            mutex.Unlock()
            time.Sleep(10 * time.Millisecond) // ← しばらくの間スリープ
            mutex.Lock() // ← ミューテックスを再獲得し、最新の money 値へアクセスを保証
        }
        *money -= 50
        if *money < 0 {
            fmt.Println("Money is negative!")
            os.Exit(1)
        }
        mutex.Unlock()
    }
    fmt.Println("Spendy Done")
}
```

この解決策は私たちのユースケースには有効ですが、理想的ではありません。この例では、10 ミリ

秒という任意のスリープ値を選んでいますが、最適な数値は何でしょうか。極端な例として、スリープしないという選択も可能です。しかし、それはCPU資源を浪費し、たとえmoney変数が変化しなくても、CPUが無駄にサイクルを回して検査し続けることになります。もう一方の極端な例では、ゴルーチンのスリープが長すぎると、money変数が変化しても待機してしまうため、時間を無駄にしてしまうかもしれません。

ここで条件変数が役立ちます。条件変数はミューテックスと一緒に動作し、特定の条件が変更されたというシグナルを受け取るまで、現在の実行を一時停止する機能を提供します。図5.2は、条件変数をミューテックスと一緒に使う一般的なパターンを示しています。

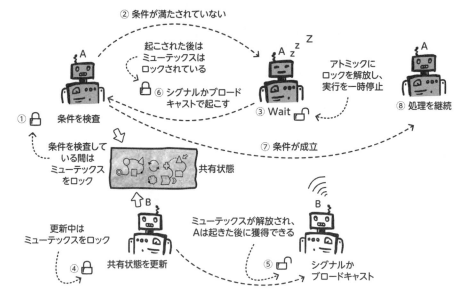

図5.2　条件変数をミューテックスと一緒に使う一般的なパターン

図5.2の各ステップの詳細を以下に説明します。ここで、条件変数を使う一般的なパターンを理解しましょう。

1. ミューテックスを保持している間、ゴルーチンAはある共有状態に対する特定の条件を検査します。この例では、「共有銀行口座（の変数）に十分なお金があるか」という条件です。
2. 条件が満たされない場合、ゴルーチンAは条件変数のWait()メソッドを呼び出します。
3. Wait()メソッドは次の2つの操作をアトミック（*atomically*）に実行します。
    a. ミューテックスを解放します。
    b. 現在の実行を一時停止し、実質的にゴルーチンをスリープさせます。
4. ミューテックスが解放されたので、別のゴルーチン（ゴルーチンB）がそれを獲得し、共有状態を更新します。たとえば、ゴルーチンBは、共有銀行口座変数の利用可能資金を増やします。
5. 共有状態を更新した後、ゴルーチンBは条件変数に対してSignal()メソッドまたは

Broadcast()メソッドを呼び出し、ミューテックスを解放します。
6. Signal()メソッドまたはBroadcast()メソッドからのシグナルを受けると、ゴルーチンAは目を覚まし、自動的にミューテックスを再獲得します。ゴルーチンAは、共有状態の条件を再検査できます。たとえば、共有銀行口座に十分なお金が入っているかを、お金を使う前に検査できます。ステップ2からステップ6までは、条件が満たされるまで繰り返されることがあります。
7. 条件が最終的に満たされます。
8. ゴルーチンAは、銀行口座で現在利用可能なお金を使うというロジックの実行を続けます。

> **注記** 条件変数を理解する鍵は、Wait()メソッドがミューテックスを解放し、アトミック（*atomic*）な方法で実行を一時停止するのを把握することです。つまり、Wait()を呼び出した実行が一時停止される前に、この2つの操作の間に別の実行が割り込んでロックを獲得し、Signal()メソッドを呼び出すことはできません。

Goの条件変数の実装は、sync.Cond型です。この型で利用可能なメソッドは、次のとおりです。

```
type Cond
    func NewCond(l Locker) *Cond
    func (c *Cond) Broadcast()
    func (c *Cond) Signal()
    func (c *Cond) Wait()
```

Goで新たな条件変数を作るにはLockerが必要であり、Lockerは次の2つのメソッドを定義しています。

```
type Locker interface {
    Lock()
    Unlock()
}
```

条件変数を使うには、この2つのメソッドを実装したものが必要であり、ミューテックスはそのような型の1つです。リスト5.3は、新たなミューテックスを作成し、それを条件変数で使うmain()関数を示しています。条件変数をstingy()ゴルーチンとspendy()ゴルーチンに渡します。

◎リスト5.3 ミューテックスで条件変数を作成するmain()関数

```
package main

import (
    "fmt"
    "os"
    "sync"
    "time"
)

func main() {
```

第 5 章 条件変数とセマフォ

```
money := 100
mutex := sync.Mutex{}   // ← 新たなミューテックスの作成
cond := sync.NewCond(&mutex)  // ← ミューテックスを使った新たな条件変数の作成
go stingy(&money, cond)  // ← 両方のゴルーチンへ
go spendy(&money, cond)  //   条件変数を渡す
time.Sleep(2 * time.Second)
mutex.Lock()
fmt.Println("Money in bank account: ", money)
mutex.Unlock()
}
```

図 5.2 で示したパターンを、sync.Cond 型で利用可能なメソッドを使って、stingy() 関数と spendy() 関数に適用できます。図 5.3 は、このパターンを使って両方のゴルーチンを実行した場合のタイミングを示しています[*1]。Spendy のゴルーチンが 50 ドルを引く前に条件を検査することで、残高がマイナスになることを防いでいます。残高が不足している場合、ゴルーチンは待機し、追加の資金が利用可能になるまで実行を一時停止します。Stingy が十分な資金を追加すると、シグナルを送信して、資金の追加を待っている実行が再開できるようにします。

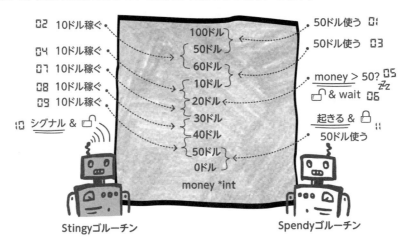

図 5.3　残高がマイナスにならないように条件変数を使う Stingy と Spendy

Stingy のゴルーチンの変更は簡単です。なぜなら、シグナルを送信するだけでよいからです。リスト 5.4 は、このゴルーチンに対する修正を示しています。money 共有変数に資金を追加するたびに、条件変数の Signal() メソッドを呼び出してシグナルを送信します。もう 1 つの変更点は、クリティカルセクションへのアクセスを保護するために、条件変数が保持するミューテックスを使っていることです。

[*1] 訳注：図 5.3 では省略されていますが、Stingy ゴルーチンは 10 ドル稼ぐごとにシグナルを送信しています。

5.1 条件変数

◎リスト 5.4　追加の資金が利用可能なことを通知する Stingy 関数

```go
func stingy(money *int, cond *sync.Cond) {
    for i := 0; i < 1000000; i++ {
        cond.L.Lock()   // ← 条件変数上のミューテックスを使用
        *money += 10
        cond.Signal()   // ← money 共有変数へ追加するごとに条件変数へシグナルを送信
        cond.L.Unlock() // ← 条件変数上のミューテックスを使用
    }
    fmt.Println("Stingy Done")
}
```

次に、spendy() 関数を修正して、money 変数に十分な資金が入るまで待つようにします。この条件検査は、money の金額が 50 ドルを下回るたびに Wait() メソッドを呼び出すループを使って実装できます。リスト 5.5 では、*money が 50 ドル未満である限り繰り返し処理を続ける for ループを使っています。各反復で Wait() を呼び出します。この関数もまた、条件変数型に含まれるミューテックスを使うようになっています。

◎リスト 5.5　追加の資金が利用可能になるのを待つ Spendy

```go
func spendy(money *int, cond *sync.Cond) {
    for i := 0; i < 200000; i++ {
        cond.L.Lock()         // ← 条件変数のミューテックスを使用
        for *money < 50 {     // ← 十分な資金がない間は待機し、
            cond.Wait()       //    ミューテックスを解放して実行を一時停止
        }
        // ↓ Wait() から戻り、ミューテックスを再獲得し、十分なお金があれば資金を引く
        *money -= 50
        if *money < 0 {
            fmt.Println("Money is negative!")
            os.Exit(1)
        }
        cond.L.Unlock()
    }
    fmt.Println("Spendy Done")
}
```

> 注記　待機中のゴルーチンがシグナルやブロードキャストを受信するたびに、そのゴルーチンはミューテックスの再獲得を試みます。他の実行がミューテックスを保持している場合、ゴルーチンはミューテックスが利用可能になるまで一時停止したままになります。

リスト 5.3、リスト 5.4、リスト 5.5 を一緒に実行すると、プログラムが負の残高になって終了することはありません。代わりに、次のような出力が得られます。

```
$ go run stingyspendycond.go
Stingy Done
Spendy Done
Money in bank account: 100
```

第 5 章 条件変数とセマフォ

> 📖 **モニター**
>
> 条件変数とミューテックスの文脈でモニター（*monitor*）という用語を耳にすることがあります。モニターとは、条件変数に関連付けられたミューテックスを持つ同期パターンのことです。本項で行ったように、モニターを使って、待ったり、条件待ちをしている他のスレッドへシグナルを送ったりできます。Java といった一部の言語では、すべてのオブジェクトインスタンスにモニター構造があります[a]。Go では、条件変数を持つミューテックスを使うたびにモニターパターンを使います。
>
> ---
> [a] 訳注：モニターは、C.A.R. Hoare の論文 "Monitors: An Operating System Structuring Concept"（Communications of the ACM, Volume 17, number 10, 1974, pp. 549-557）に由来しており、Xerox PARC で開発された Mesa 言語（1976 年）がモニターを初めて実装し、Mesa から Java へ引き継がれています。

5.1.2 シグナルを失う

ゴルーチンが `Signal()` メソッドまたは `Broadcast()` メソッドを呼び出したとき、シグナルを待っている実行がない場合はどうなるでしょうか。次に `Wait()` メソッドを呼び出すゴルーチンのために、それは保存されるのでしょうか、それとも失われるのでしょうか。その答えを図 5.4 に示します。待機状態のゴルーチンがない場合、`Signal()` メソッドまたは `Broadcast()` メソッドの呼び出しによるシグナルは失われます。このシナリオを、条件変数を使って別の問題、すなわちゴルーチンがタスクを完了するのを待つ問題を解決することで見てみましょう。

図 5.4 `Wait()` メソッドなしで `Signal()` メソッドを呼び出すと、シグナルは失われる

これまでは、ゴルーチンが完了するのを待つために `main()` 関数で `time.Sleep()` を使ってきました。これは、ゴルーチンがどれだけの時間がかかるかを単に推測しているだけなので、あまりよくない方法です。遅いコンピュータでコードを実行する場合、スリープ時間を増やす必要があります。

スリープする代わりに、`main()` 関数を条件変数で待機させ、準備ができたら子ゴルーチンにシグナルを送信させるようにすることができます。リスト 5.6 は、その誤った方法を示しています。

◎リスト 5.6　シグナルの誤った方法

```go
package main

import (
    "fmt"
    "sync"
)

func doWork(cond *sync.Cond) {
    fmt.Println("Work started")
    fmt.Println("Work finished")
    cond.Signal() // ← ゴルーチンは作業が終了したことを知らせる
}

func main() {
    cond := sync.NewCond(&sync.Mutex{})
    cond.L.Lock()
    for i := 0; i < 50000; i++ { // ← 50,000 回繰り返す
        go doWork(cond) // ← ゴルーチンを起動し、何らかの作業をシミュレートする
        fmt.Println("Waiting for child goroutine ")
        cond.Wait() // ← ゴルーチンからの終了シグナルを待つ
        fmt.Println("Child goroutine finished")
    }
    cond.L.Unlock()
}
```

リスト 5.6 を実行すると、次のような出力が得られます。

```
$ go run signalbeforewait.go
Waiting for child goroutine
Work started
Work finished
Child goroutine finished
Waiting for child goroutine
Work started
Work finished
Child goroutine finished
...
Work started
Work finished
Waiting for child goroutine
fatal error: all goroutines are asleep - deadlock!

goroutine 1 [sync.Cond.Wait]:
sync.runtime_notifyListWait(0xc000024090, 0x9a9)
        sema.go:517 +0x152
sync.(*Cond).Wait(0xe4e1c4?)
        cond.go:70 +0x8c
main.main()
        signalbeforewait.go:19 +0xaf
exit status 2
```

助言 リスト 5.6 は、実行するハードウェアやオペレーティングシステムによって動作が異なる可能性があります。上記のエラーが発生する可能性を高めるためには、`main()` 関数の `cond.Wait()` の直前に `runtime.Gosched()` 呼び出しを挿入できます。そうすることで、`main()` ゴルーチンが待機状態になる前に、子ゴルーチンが実行される機会が増えます。

上記の出力の問題は、`main()` ゴルーチンが条件変数を待っていないときにシグナルを送信してしまう可能性があることです。この場合、シグナルは失われてしまいます。Go のランタイムは、シグナルメソッド（`Signal()` あるいは `Broadcast()`）を呼び出す可能性のある他のゴルーチンがないため、ゴルーチンが無駄に待機していることを検出し、致命的なエラーを発生させます。

注記 `Signal()` メソッドまたは `Broadcast()` メソッドを呼び出すときに、それを待っている他のゴルーチンがあることを確認する必要があります。そうしないと、シグナルまたはブロードキャストはどのゴルーチンにも受信されず、失われます。

シグナルやブロードキャストが失われないことを保証するには、ミューテックスと組み合わせて使う必要があります。つまり、関連するミューテックスを保持しているときだけ、これらのメソッドを呼び出すのです。そうすることで、ゴルーチンが `Wait()` メソッドを呼び出したときにのみミューテックスが解放されるため、`main()` ゴルーチンが待ち状態にあることを確実に知ることができます。図 5.5 は、シグナルを失う場合とミューテックスでシグナルを送信する場合の両方のシナリオを示しています。

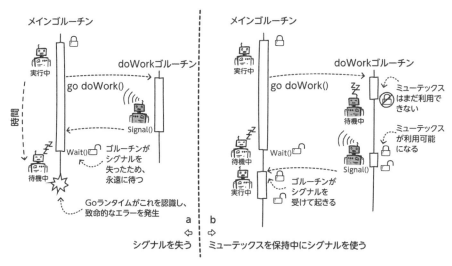

図 5.5 （a）ゴルーチンが待ち状態ではない場合、シグナルは失われる。（b）`doWork()` ゴルーチンでミューテックスを使い、ミューテックスを保持しているときに `Signal()` メソッドを呼ぶ

リスト 5.6 の `doWork()` 関数は、図 5.5 の右側に示すように、`Signal()` メソッドを呼び出す前

にミューテックスをロックするように修正できます。これにより、リスト 5.7 で示すように、main() ゴルーチンが待機状態であることが保証されます。

◎リスト 5.7　ミューテックスを保持して、シグナルを送信

```
func doWork(cond *sync.Cond) {
    fmt.Println("Work started")
    fmt.Println("Work finished")
    cond.L.Lock()    // ← シグナルを送信する前にミューテックスをロック
    cond.Signal()    // ← 条件変数に対してシグナルを送信
    cond.L.Unlock()  // ← シグナルを送信後にミューテックスをアンロック
}
```

> 助言　同期の問題を避けるため、常に、ミューテックスロックを保持しているときに Signal()、Broadcast()、Wait() を使ってください。

5.1.3　ウェイトとブロードキャストによる複数ゴルーチンの同期

これまで、Broadcast() メソッドではなく Signal() メソッドを使う例しか見てきませんでした。条件変数の Wait() メソッドで一時停止しているゴルーチンが複数ある場合、Signal() メソッドはそのうちの 1 つを任意に起こします。一方、Broadcast() メソッドを呼び出すと、Wait() メソッドで一時停止しているすべてのゴルーチンを起こします。

> 注記　ゴルーチンのグループが Wait() メソッドで一時停止しているときに Signal() メソッドを呼び出すと、ゴルーチンの 1 つだけが起こされます。システムがどのゴルーチンを再開させるかは制御できないので、条件変数の Wait() メソッドで待たされている任意のゴルーチンが起こされると考えるべきです。Broadcast() メソッドを使うことは、条件変数で一時停止しているすべてのゴルーチンが再開されることを保証します[*2]。

それでは、Broadcast() メソッドの機能を例で示しましょう。図 5.6 は、すべてのプレーヤーの参加を待って始まるゲームを示しています。これは、オンライン・マルチプレーヤー・ゲームでもゲーム機でもよくあるシナリオです。プログラムには各プレーヤーとのやり取りを処理するゴルーチンがあるとします。すべてのプレーヤーがゲームに参加するまで、各ゴルーチンの実行を一時停止するには、どのようにコードを書けばよいでしょうか。

ゴルーチンが 4 人のプレーヤーを処理し、各プレーヤーが異なる時間にゲームに接続することをシミュレートするには、main() 関数が一定の時間間隔で各ゴルーチンを作成するようにします（リスト 5.8 参照）。main() 関数では、playersRemaining 変数も共有しています。これは、ゲームに

[*2] 訳注：Broadcast() メソッドを使うと Wait() メソッドで一時停止しているすべてのゴルーチンが起こされます。しかし、Wait() メソッドでの待ち状態が解除されてミューテックスを獲得できるゴルーチンは 1 つだけであり、そのゴルーチンがミューテックスを解放するまで、他のゴルーチンはミューテックスの獲得待ちのままであることに注意してください。

第 5 章　条件変数とセマフォ

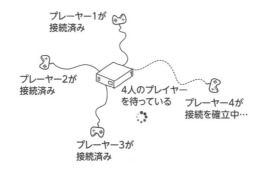

図 5.6　ゲームを開始する前に 4 人のプレーヤーの参加を待つサーバー

参加しているプレーヤーの数をゴルーチンに伝えます。各ゴルーチンは `playerHandler()` 関数を実行します。この関数は後で実装します。

◎リスト 5.8　一定の時間間隔でプレーヤーのハンドラを開始する `main()` 関数

```go
package main

import (
    "fmt"
    "sync"
    "time"
)

func main() {
    cond := sync.NewCond(&sync.Mutex{}) // ← 新たな条件変数を作成
    playersInGame := 4 // ← プレーヤーの合計数を 4 に初期化
    for playerId := 0; playerId < 4; playerId++ {
        // ↓ 条件変数とゲーム中のプレーヤーを共有するゴルーチンを開始
        go playerHandler(cond, &playersInGame, playerId)
        time.Sleep(1 * time.Second) // ← 次のプレーヤーが接続する前に 1 秒間スリープ
    }
}
```

　同じ条件で複数のゴルーチンを待機させることで、条件変数を利用できます。各プレーヤーを処理するゴルーチンがあるので、それぞれのゴルーチンに、すべてのプレーヤーが接続されたことを示す条件を待機させることができます。次に、同じ条件変数を使って、すべてのプレーヤーが接続されているかを検査し、接続されていなければ `Wait()` メソッドを呼び出します。新たなゴルーチンが新たなプレーヤーに接続するたびに、共有変数を 1 減らしていきます。その値が 0 になったら、`Broadcast()` メソッドを呼び出すことで、一時停止しているすべてのゴルーチンを起こします。

　図 5.7 は、4 つの異なるゴルーチンが `playersRemaining` 変数を検査し、最後のプレーヤーが接続してそのゴルーチンが `Broadcast()` メソッドを呼び出すまで待機している様子を示しています。最後のゴルーチンは、`playersRemaining` 共有変数の値が 0 であるため、自分が最後であることがわかります。

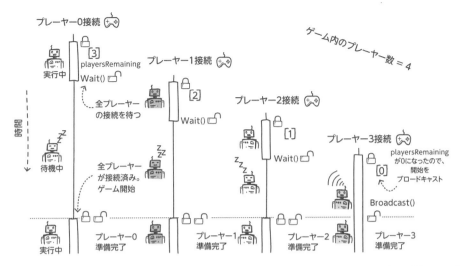

図5.7 4人のプレーヤーの接続を待つためのWait()メソッドとBroadcast()メソッドのパターンの使用

　プレーヤーのハンドラゴルーチンをリスト5.9に示します。各ゴルーチンは同じ条件変数パターンに従います。ミューテックスロックを保持しながら、playersRemaining変数を1つ減らし、さらにプレーヤーが接続する必要があるかを検査します。また、Wait()メソッドを呼び出すときに、ミューテックスをアトミックに解放します。ここでの違いは、接続対象のプレーヤーがもう残っていないことがわかると、ゴルーチンがBroadcast()メソッドを呼び出すことです。ゴルーチンはplayersRemaining変数が0になることから、接続するプレーヤーがもういないことを知ります。

　Broadcast()メソッドの結果、他のすべてのゴルーチンがWait()メソッドでの待ち状態を解除されると、条件検査のループを抜けてミューテックスを解放します。この時点から、もしこれが実際のマルチプレーヤーゲームであれば、ゲームプレイを処理するコードが続くことになります。

◎リスト5.9　プレーヤーのハンドラ関数

```go
func playerHandler(cond *sync.Cond, playersRemaining *int, playerId int) {
    cond.L.Lock() // ← 競合状態を避けるために条件変数のミューテックスをロック
    fmt.Println(playerId, ": Connected")
    *playersRemaining-- // ← 共有された残りのプレーヤー数の変数から1つ減らす
    if *playersRemaining == 0 {
        cond.Broadcast() // ← すべてのプレーヤーが接続した場合、ブロードキャストを送信
    }
    for *playersRemaining > 0 {
        fmt.Println(playerId, ": Waiting for more players")
        cond.Wait() // ← 接続すべきプレーヤーが残っている限り条件変数で待つ
    }
    // ↓ ミューテックスをアンロックし、すべてのゴルーチンが実行を再開しゲームを開始
    cond.L.Unlock()
    fmt.Println("All players connected. Ready player", playerId)
    // ゲームを開始
}
```

リスト 5.8 とリスト 5.9 のコードを一緒に実行すると、すべてのプレーヤーが参加するのを各ゴルーチンが待ち、最後のゴルーチンがブロードキャストを送信してすべてのゴルーチンの待ち状態を解除します。次がその出力です。

```
$ go run gamesync.go
0 : Connected
0 : Waiting for more players
1 : Connected
1 : Waiting for more players
2 : Connected
2 : Waiting for more players
3 : Connected
All players connected. Ready player 3
All players connected. Ready player 2
All players connected. Ready player 1
All players connected. Ready player 0
```

5.1.4 条件変数を使ったリーダー・ライター・ロックの再検討

前章では、ミューテックスを使ってリーダー・ライター・ロックの独自の実装を開発しました。その実装は読み込み優先であり、少なくとも 1 つのリーダーゴルーチンがロックを保持している限り、ライターゴルーチンはクリティカルセクション内の資源にアクセスすることができません。ライターゴルーチンがロックを獲得できるのは、すべてのリーダーゴルーチンがロックを解放した場合のみです。もしリーダーがロックを獲得していないという期間がなければ、ライターは締め出されます。図 5.8 は、2 つのゴルーチンが交互にリーダーのロックを保持し、ライターのロック獲得を妨げるシナリオを示しています。

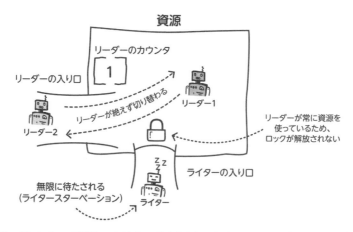

図 5.8　リーダーによって資源へのアクセスが占有されるため、ライターゴルーチンは資源に無期限にアクセスできない

技術用語では、このシナリオをライタースターベーション（writer-starvation）と呼びます。これは、実行のリーダー部分が継続的に共有データ構造にアクセスしているため、ライターのアクセスが待たされ、データを更新できない状態です。リスト 5.10 は、このシナリオをシミュレートしています。

◎リスト 5.10　リーダーゴルーチンがリーダーロックを占有し、書き込みアクセスを待たせる

```
package main

import (
    "fmt"
    "github.com/cutajarj/ConcurrentProgrammingWithGo/chapter4/listing4.12"
    "time"
)

func main() {
    // ↓ 第 4 章で開発したリーダー・ライター・ミューテックスを使う
    rwMutex := listing4_12.ReadWriteMutex{}
    for i := 0; i < 2; i++ {
        go func() { // ← 2 つのゴルーチンを開始
            for { // ← 無限に繰り返し
                rwMutex.ReadLock()
                // ↓ リーダーロックを保持したまま 1 秒間スリープ
                time.Sleep(1 * time.Second)
                fmt.Println("Read done")
                rwMutex.ReadUnlock()
            }
        }()
    }
    time.Sleep(1 * time.Second)
    rwMutex.WriteLock() // ← main() ゴルーチンからライターロックの獲得を試みる
    fmt.Println("Write finished") // ← ライターロックの獲得後、メッセージを出力し終了
}
```

リスト 5.10 では、ゴルーチンに無限ループがあっても、最終的には main() ゴルーチンがライターロックを獲得し、Write finished というメッセージを出力して終了することを期待しています。これは、Go では main() ゴルーチンが終了すると、プロセス全体が終了するからです。しかし、リスト 5.10 を実行すると、次のようになります。

```
$ go run writestarvation.go
Read done
Read done
Read done
Read done
Read done
Read done
Read done
... 無限に続く
```

2 つのゴルーチンが常にミューテックスのリーダー部分を保持しているため、main() ゴルーチン

第 5 章　条件変数とセマフォ

がライター部分のロックを獲得できません。運がよければ、リーダーが同時にリーダーロックを解放し、ライターゴルーチンがそれを獲得できるかもしれません。しかし実際には、両方のリーダーゴルーチンが同時にロックを解放することはまれです。そのため、main() ゴルーチンでライタースターベーションが発生します。

> **定義**　スターベーション（*starvation*）とは、他の貪欲な実行によって資源が長時間（または無期限に）利用できなくなり、共有資源へのアクセスを得ることができない状況を指します。

　読み込み優先ではないリーダー・ライター・ロックには、ライターゴルーチンがスターベーション状態にならないような別の設計が必要です。ライターが WriteLock() メソッドを呼び出すとすぐに、新たなリーダーがリーダーロックを獲得できないように待たせます。これを実現するためには、ゴルーチンをミューテックスで待たせる代わりに、条件変数を使って一時停止させることができます。条件変数を使えば、リーダーとライターを待たせるタイミングを異なる条件で指定することもできます。書き込み優先ロックを設計するには、いくつかのプロパティが必要です。

- リーダーのカウンタ — 最初は 0 に設定され、これは共有資源にアクティブにアクセスしているリーダーゴルーチンの数を示します。
- ライターの待機カウンタ — 最初は 0 に設定され、これは共有資源にアクセスするために待機中のライターゴルーチンの数を示します。
- ライター・アクティブ・インジケータ — 最初は false に設定され、このフラグは資源が現在ライターゴルーチンによって更新されている最中かを示します。
- ミューテックスを持つ条件変数 — これにより、前述のプロパティにさまざまな条件を設定し、条件が満たされない場合に実行を一時停止させることができます。

📖 Go の RWMutex

Go の標準ライブラリの RWMutex は書き込み優先です。これは Go のドキュメントで強調されています（https://pkg.go.dev/sync#RWMutex から引用：Lock() を呼び出すと、ミューテックスのライター側のロックが獲得されます）。

> あるゴルーチンが読み込み用に RWMutex を保持し、他のゴルーチンが Lock を呼び出す可能性がある場合、どのゴルーチンも、最初の読み込みロックが解放されるまでに、読み込みロックを獲得できると期待すべきではありません。特に、再帰的な読み込みロックを禁止しています。これは、ロックが最終的に利用可能になることを保証するためです。待たされた Lock 呼び出しは、新たなリーダーがロックを獲得することを防ぎます。

　実装を理解するために、さまざまなシナリオを見てみましょう。最初のシナリオは、クリティカルセクションへのアクセスが何もなく、書き込みアクセスを要求するゴルーチンもない場合です。この

場合、リーダーゴルーチンが読み込み側のロックを獲得し、共有資源にアクセスできます。このシナリオを図5.9の左側に示しています。

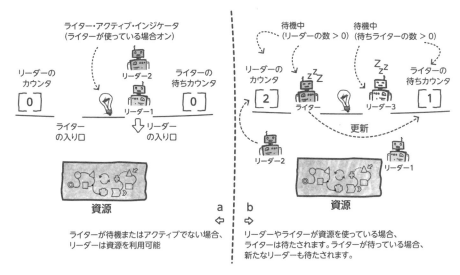

図5.9 （a）ライターがアクティブではないか、あるいは待機していないとき、リーダーは共有資源にアクセスできます。（b）リーダーまたはライターが共有資源を使っているとき、他のライターのアクセスを待たせます。また、ライターが待機しているとき、新たなリーダーも待たせます

ライター・アクティブ・インジケータがオフなので、資源を使っているライターがいないことがわかります。ライター・アクティブ・インジケータをブーリアンフラグとして実装し、ライターがロックへのアクセスを獲得したときに true に設定します。また、ライターの待機カウンタが 0 に設定されているため、ロックの獲得を待っているライターがいないこともわかります。この待機カウンタは整数データ型として実装できます。

図5.9の右側に示す2つ目のシナリオは、リーダーがロックを獲得する場合です。この場合、リーダーのカウンタを1つ増やさなければなりません。これは、その資源の読み込みがビジー状態であることを、ライターロックを獲得したいライターに示します。ライターがこの時点でロックを獲得しようとすると、リーダーが資源を使っている限り、条件変数で待機しなければなりません。また、ライターの待機カウンタを1つ増やして更新しなければなりません。

ライターの待機カウンタは、待機中のライターがいることを新規参入のリーダーが確実に認識できるようにします。リーダーはライターに優先権を与え、ライターの待機カウンタが0に戻るまで待ちます。このようにして、リーダー・ライター・ミューテックスが書き込み優先になります。

これら2つのシナリオを実装するには、まず、先に示したプロパティを作成する必要があります。リスト5.11では、必要なプロパティを持つ新たな構造体と、条件変数とミューテックスを初期化する関数を作成しています。

第 5 章　条件変数とセマフォ

◎リスト 5.11　書き込み優先のリーダー・ライター・ミューテックス型

```go
package main

import (
    "sync"
)

type ReadWriteMutex struct {
    readersCounter int  // ← リーダーロックを現在保持しているリーダーの数を保存
    writersWaiting int  // ← 現在待機しているライターの数を保存
    writerActive   bool // ← ライターがライターロックを保持しているかを示す
    cond *sync.Cond
}

func NewReadWriteMutex() *ReadWriteMutex {
    // ↓ 新たな条件変数と関連するミューテックスで新たな ReadWriteMutex を初期化
    return &ReadWriteMutex{cond: sync.NewCond(&sync.Mutex{})}
}
```

リスト 5.12 は、読み込みロックメソッドの実装を示しています。リーダーロックを獲得する際に、`ReadLock()` メソッドは条件変数のミューテックスを使い、ライターの待機中またはアクティブである限り、条件付きで待機します。`writersWaiting` カウントが 0 になるまで待機することにより、ライターゴルーチンに優先権を与えることを保証します。リーダーがこれら 2 つの条件を検査して待機する必要がなくなった後、`readersCounter` が 1 つ増やされ、ミューテックスを解放します。

◎リスト 5.12　リーダーのロックメソッド

```go
func (rw *ReadWriteMutex) ReadLock() {
    rw.cond.L.Lock() // ← ミューテックスを獲得
    for rw.writersWaiting > 0 || rw.writerActive { // ← ライターが待機中またはア
        rw.cond.Wait()                             //    クティブなら、条件変数で
    }                                              //    待機
    rw.readersCounter++ // ← リーダーのカウンタを 1 つ増やす
    rw.cond.L.Unlock() // ← ミューテックスを解放
}
```

リスト 5.13 に示されている `WriteLock()` メソッドでは、同じミューテックスと条件変数を使い、リーダーまたはライターがアクティブである限り待機します。さらに、このメソッドはライターの待機カウンタ変数を 1 つ増やして、ロックが利用可能になるのを待機していることを示します。ライターのロックを獲得できたら、ライターの待機カウンタを 1 つ減らし、`writeActive` フラグを `true` に設定します。

5.1 条件変数

◎リスト5.13　ライターのロックメソッド

```
func (rw *ReadWriteMutex) WriteLock() {
    rw.cond.L.Lock()  // ← ミューテックスの獲得

    rw.writersWaiting++ // ← ライターの待機カウンタを1つ増やす
    for rw.readersCounter > 0 || rw.writerActive { // ← リーダーまたはライターが
        rw.cond.Wait()                             //    アクティブである限り条件
    }                                              //    変数で待機
    rw.writersWaiting-- // ← 待機が終わったら、ライターの待機カウンタを1つ減らす
    rw.writerActive = true // ← 待機が終わったら、ライターのアクティブフラグを設定

    rw.cond.L.Unlock() // ← ミューテックスを解放
}
```

WriteLock() メソッドを呼び出すゴルーチンは、他のゴルーチンが同時にロックにアクセスしようとすることを回避するために、writeActive フラグを true に設定します。true に設定された writeActive フラグは、リーダーとライターの両方のゴルーチンによるロックの獲得を待たせます。このシナリオは、図5.10 の左側に示されています。

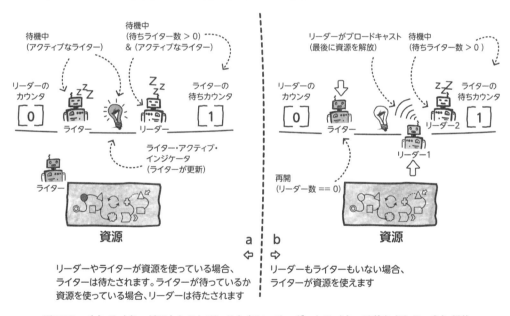

図5.10　(a) ライターがアクセスしているときに、リーダーとライターは待たされる。(b) 最後のリーダーがブロードキャストして、ライターがアクセスできるようにする

最後のシナリオは、ゴルーチンがロックを解放するときに行うことです。最後のリーダーがロックを解放したら、条件変数にブロードキャストすることで、一時停止しているライターに通知できます。ゴルーチンは、リーダーのカウンタを1つ減らすと0になることから、自分が最後のリー

ダーであることを知ります。このシナリオは図 5.10 の右側に示されています。リスト 5.14 に、`ReadUnlock()` メソッドを示しています。

◎リスト 5.14　リーダーのアンロックメソッド

```
func (rw *ReadWriteMutex) ReadUnlock() {
    rw.cond.L.Lock() //  ← ミューテックスの獲得
    rw.readersCounter-- //  ← リーダーのカウンタを 1 つ減らす
    if rw.readersCounter == 0 { //  ← ゴルーチンが最後のリーダーであれば
        rw.cond.Broadcast()     //     ブロードキャストを送信
    }
    rw.cond.L.Unlock() //  ← ミューテックスを解放
}
```

　ライターのアンロックメソッドは、単純です。任意の時点でアクティブなライターは常に 1 つだけなので、アンロックするたびにブロードキャストを送信できます。これにより、現在条件変数で待機中のライターやリーダーが起こされます。リーダーとライターの両方が待機中の場合、ライターの待機カウンタが 0 を超えているとリーダーが一時停止状態に戻るため、ライターのアクセスが優先されます。`WriteUnlock()` メソッドをリスト 5.15 に示しています。

◎リスト 5.15　ライターのアンロックメソッド

```
func (rw *ReadWriteMutex) WriteUnlock() {
    rw.cond.L.Lock() //  ← ミューテックスを獲得
    rw.writerActive = false //  ← ライターのアクティブフラグを解除
    rw.cond.Broadcast() //  ← ブロードキャストを送信
    rw.cond.L.Unlock() //  ← ミューテックスを解放
}
```

　この新たな書き込み優先の実装を使うようにリスト 5.10 を変更して再実行することで、ライタースターベーションが発生しないことを確認できます。予想どおり、書き込みアクセスを要求するゴルーチンが生成されると、リーダーゴルーチンは待機し、ライターに道を譲ります。その後、`main()` ゴルーチンが完了し、プロセスが終了します。

```
$ go run readwritewpref.go
Read done
Read done
Write finished
$
```

5.2　カウンティングセマフォ

　前章では、ミューテックスによって共有資源へのアクセスを 1 つのゴルーチンにのみ許可する方法と、リーダー・ライター・ミューテックスによって複数の並行読み込みと排他的な書き込みを指定する方法について学びました。セマフォ（*semaphore*）は、並行実行の許容数を指定できる点で、異な

る種類の並行実行制御を提供します。セマフォは、さらに複雑な並行処理ツールを開発するための構成要素としても使え、それについては次章で見ていきます。

5.2.1　セマフォとは何か

ミューテックスは、一度に1つの実行のみを可能にする方法を提供します。もし、複数の実行を並行に許可する必要がある場合はどうでしょうか。資源にアクセスできるゴルーチンの数を指定できる仕組みはありますか。並行実行を制限できる仕組みがあれば、システムへの負荷を制限できます。たとえば、同時接続数が制限されている低速なデータベースを考えてみましょう。データベースにアクセスできるゴルーチンの数を固定することで、同時接続数を制限できます。制限に達した場合、ゴルーチンを待機させるか、システムが容量いっぱいであることをクライアントに知らせるエラーメッセージを返せます。

ここで、セマフォ（*semaphore*）が役立ちます。セマフォは、共有資源へのアクセスを並行実行できるようにする固定数の許可を可能にします。すべての許可が使われると、1つの許可が再び解放されるまで、それ以上のアクセス要求は待機する必要があります（図5.11参照）。

図5.11　固定数のゴルーチンがアクセスを許可されている

セマフォを深く理解するために、ミューテックスと比較してみましょう。ミューテックスは、排他的にアクセスできるゴルーチンが1つだけであることを保証するのに対し、セマフォは最大で N 個のゴルーチンがアクセスできることを保証します。実際、ミューテックスは、N の値が1の場合のセマフォと同じ機能を提供します。カウンティングセマフォは、N の値を任意に選択できる柔軟性を提供します。

> **定義**　許可が1つしかないセマフォは、バイナリセマフォ（*binary semaphore*）と呼ばれます。

> **注記**　ミューテックスは、許可が1つのセマフォの特殊なケースですが、その使われ方には若干の違いがあります。ミューテックスを使う場合、ミューテックスを保持してい

第 5 章　条件変数とセマフォ

る実行がミューテックスを解放すべきです。一方、セマフォを使う場合、必ずしもそうではありません。

セマフォの使い方を理解するために、まずセマフォが提供する関数とメソッドを見てみましょう。

- 新たなセマフォの生成関数 — N 個の許可を持つ新たなセマフォを作成します。
- 許可獲得メソッド — 1 つのゴルーチンはセマフォから 1 つの許可を獲得します。許可が利用できない場合、ゴルーチンは一時停止し、許可が利用可能になるまで待機します。
- 許可解放メソッド — 1 つの許可を解放し、1 つのゴルーチンが許可獲得メソッドで再び獲得できるようにします。

5.2.2　セマフォの構築

本項では、セマフォの動作を理解するために、独自のセマフォを実装します。Go の標準ライブラリにはセマフォ型は含まれていませんが、セマフォの実装を含む拡張 sync パッケージが、https://pkg.go.dev/golang.org/x/sync にあります。このパッケージは Go プロジェクトの一部ですが、コアパッケージよりも緩い互換性要件の下で開発されています。

セマフォを構築するには、残りの許可数を記録する必要があります。また、許可が足りない場合には待機するために条件変数を使うこともできます。リスト 5.16 は、許可カウンタと条件変数を含むセマフォの型構造体を示しています。セマフォに含まれる初期許可数を受け取るセマフォ作成関数もあります。

◎リスト 5.16　セマフォの型構造体とセマフォ作成関数

```go
package listing5_16

import (
    "sync"
)

type Semaphore struct {
    permits int   // ← セマフォに残っている許可数
    cond *sync.Cond // ← 許可数が不足している場合に待機するために使う条件変数
}

func NewSemaphore(n int) *Semaphore {
    return &Semaphore{
        permits: n, // ← 新たなセマフォの初期許可数
        // ↓ 新たなセマフォの新たな条件変数と関連するミューテックスの初期化
        cond: sync.NewCond(&sync.Mutex{}),
    }
}
```

次に、Acquire() メソッドを実装するには、許可数が 0（またはそれ以下）であることを確認するたびに、条件変数で Wait() メソッドを呼び出す必要があります。許可数が十分にある場合、単

純にカウンタで許可数を 1 つ減らします。Release() メソッドはこれとは逆の動作をします。つまり、許可数を 1 つ増やして、新たな許可が利用可能になったことを通知します。Broadcast() メソッドではなく Signal() メソッドを使うのは、1 つの許可しか解放されず、1 つのゴルーチンだけを待機から解除したいからです。

◎リスト 5.17　Acquire() メソッドと Release() メソッド

```
func (rw *Semaphore) Acquire() {
    rw.cond.L.Lock()   // ← permits 変数を保護するためにミューテックスを獲得
    for rw.permits <= 0 {
        rw.cond.Wait() // ← 許可が利用可能になるまで待機
    }
    rw.permits--       // ← 利用可能な許可数を 1 つ減らす
    rw.cond.L.Unlock() // ← ミューテックスを解放
}

func (rw *Semaphore) Release() {
    rw.cond.L.Lock()   // ← permits 変数を保護するためにミューテックスを獲得
    rw.permits++       // ← 利用可能な許可数を 1 つ増やす
    rw.cond.Signal()   // ← 1 つ以上の許可が利用可能なことを条件変数で通知
    rw.cond.L.Unlock() // ← ミューテックスを解放
}
```

5.2.3　セマフォで通知を失わない

セマフォを別の視点から見てみると、条件変数の Wait() メソッドおよび Signal() メソッドと同様の機能を提供しており、ゴルーチンが待機していなくてもシグナルを記録できるという利点があります。

名前にどのような意味があるのか

セマフォは、オランダのコンピュータ科学者 Edsger Dijkstra が 1962 年の未発表論文「Over Seinpalen」(「セマフォについて」) の中で考案しました。この名前は、初期の鉄道信号システムからインスピレーションを得たものです。このシステムでは、回転アームを使って列車運転手に合図を送っていました。回転アームの傾斜角度によって合図の意味が異なりました。

リスト 5.6 では、条件変数を使ってゴルーチンがタスクを完了するのを待つ例を見ました。問題は、main() ゴルーチンが Wait() メソッドを呼び出す前に Signal() メソッドを呼び出してしまうと、シグナルを失う可能性があったことでした。

この問題を解決するために、初期許可数を 0 に設定したセマフォを使えます。これにより、Release() メソッドを呼び出すと作業完了のシグナルとして機能するシステムが得られます。そして、Acquire() メソッドが Wait() メソッドとして機能します。このシステムでは、Acquire() メソッドを呼び出すのはタスクが完了する前でも後でも問題ありません。なぜなら、セマフォは許可数を使って、Release() メソッドが何回呼び出されたかを記録しているからです。もしゴルーチン

が先にAcquire()メソッドを呼び出すと、ゴルーチンは待たされてRelease()メソッドからのシグナルを待ちます。もしゴルーチンが後でAcquire()メソッドを呼び出すと、利用可能な許可があるので、そのAcquire()メソッド呼び出しはすぐに戻ってきます。

図5.12は、セマフォを使って並行タスクの完了を待つ例を示しています。これは、doWork()関数を実行するゴルーチンを示しており、タスクが完了するとRelease()メソッドを呼び出します。main()を実行するゴルーチンは、このタスクが完了したかを知りたいのですが、まだビジー状態であり、停止して確認できません。セマフォを使っているため、このRelease()メソッドの呼び出しは許可数を増やすことで記録されます。その後、main()ゴルーチンがAcquire()メソッドを呼び出すと、doWork()ゴルーチンが割り当てられた作業を完了したことが許可数に反映されており、そのAcquire()メソッド呼び出しはすぐに戻ってきます。

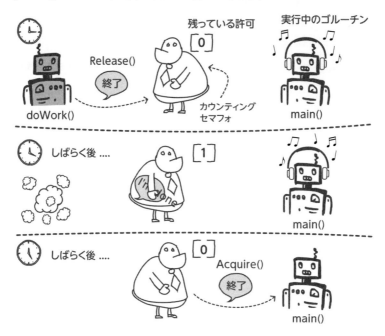

図5.12　ゴルーチンの終了を知るためにセマフォを使う

リスト5.18にその実装を示します。doWork()ゴルーチンを開始する際、図5.12に示すように使われるSemaphoreへのポインタを渡します。この関数では、ゴルーチンが並行して迅速なタスクを実行していることをシミュレートしています。ゴルーチンがタスクを完了すると、完了したことを通知するためにRelease()メソッドを呼び出します。main()関数では、このようなゴルーチンを多数作成し、作成のたびにセマフォのAcquire()メソッドを呼び出して完了を待ちます。

◎リスト 5.18　タスクの完了を通知するためにセマフォを使う

```go
package main

import (
    "fmt"
    "github.com/cutajarj/ConcurrentProgrammingWithGo/chapter5/listing5.16"
)

func main() {
    // ↓ 以前の実装を使い新たなセマフォを作成
    semaphore := listing5_16.NewSemaphore(0)
    for i := 0; i < 50000; i++ { // ← 50,000 回繰り返す
        go doWork(semaphore) // ← セマフォへのポインタを渡してゴルーチンを開始
        fmt.Println("Waiting for child goroutine ")
        // ↓ タスク完了を示すセマフォ内の許可が利用可能になるまで待機
        semaphore.Acquire()
        fmt.Println("Child goroutine finished")
    }
}

func doWork(semaphore *listing5_16.Semaphore) {
    fmt.Println("Work started")
    fmt.Println("Work finished")
    // ↓ ゴルーチンの終了時に、main() ゴルーチンへ通知するために許可を解放
    semaphore.Release()
}
```

最初に Release() メソッドが呼び出された場合、セマフォはこのリリースで解放された許可を保存し、main() ゴルーチンが Acquire() メソッドを呼び出すと、待つことなくすぐに戻ります。もしミューテックスによるロックを行わずに条件変数を使っていた場合、main() ゴルーチンはシグナルを失うことになっていたでしょう。

5.3　練習問題

注記　https://github.com/cutajarj/ConcurrentProgrammingWithGo に、すべての解答コードがあります。

1. リスト 5.4 では、銀行口座にお金を追加するたびに、Stingy のゴルーチンが条件変数にシグナルを送信しています。口座に 50 ドル以上ある場合にのみシグナルを送信するように、関数を変更してください。
2. ゲームの開始時に同期をとるリスト 5.8 とリスト 5.9 を、条件変数を使って、プレーヤーが固定秒数を待つように変更してください。この時間内にすべてのプレーヤーが参加していない場合、ゴルーチンは待機をやめて、すべてのプレーヤーが揃わなくてもゲームを開始するようにします。ヒント：有効期限タイマーを持つ別のゴルーチンの追加を試してみてください。
3. 重み付きセマフォ（*weighted semaphore*）は、複数の許可を同時に獲得および解放する、セマフォの一種です。重み付きセマフォのメソッドのシグニチャは、次のとおりです。

第 5 章　条件変数とセマフォ

```
func (rw *WeightedSemaphore) Acquire(permits int)
func (rw *WeightedSemaphore) Release(permits int)
```

これらのメソッドシグニチャを使って、カウンティングセマフォと同様の機能を持つ重み付きセマフォを実装してください。このセマフォは、複数の許可を獲得または解放できるようにするものです。

まとめ

- ミューテックスと条件変数を合わせて使うことで、条件が満たされるまで処理を一時停止できます。
- 条件変数に対して `Wait()` メソッドを呼び出すと、ミューテックスの解放と現在の実行の一時停止がアトミックに行われます。
- `Signal()` メソッドを呼び出すと、`Wait()` メソッドを呼び出して一時停止したゴルーチンの 1 つの実行が再開されます。
- `Broadcast()` メソッドを呼び出すと、`Wait()` メソッドを呼び出して一時停止したゴルーチンのすべての実行が再開されます。
- `Signal()` メソッドまたは `Broadcast()` メソッドを呼び出した際に、`Wait()` メソッド呼び出しで一時停止中のゴルーチンが存在しない場合、シグナルまたはブロードキャストは失われます。
- 条件変数とミューテックスを構成要素として使うと、セマフォや書き込み優先のリーダー・ライター・ロックといった、複雑な並行処理ツールを構築できます。
- 他の実行によって共有資源が長時間利用されたままとなり、特定の実行がその資源へのアクセスを待たされると、スターベーションが起こります。
- 書き込み優先のリーダー・ライター・ミューテックスは、ライタースターベーションの問題を解決します。
- セマフォにより、共有資源に対する並行実行を、固定数に制限できます。
- 条件変数と同様に、セマフォは別の実行にシグナルを送信するために使えます。
- シグナルの送信に使う場合、セマフォがシグナルの待機状態になっていなくても、シグナルが保存されるという利点があります。

第 6 章

ウェイトグループとバリアを使った同期

本章では、以下の内容を扱います。

- ウェイトグループでタスク完了を待つ
- セマフォを使ってウェイトグループを構築
- 条件変数を使ってウェイトグループを実装
- バリアを使って並行作業を同期

ウェイトグループ（*waitgroup*）とバリア（*barrier*）は、（複数のゴルーチンといった）実行の集まりに対して同期抽象化を提供する 2 つの機能です。通常、タスクの集まりが完了するのを待つためにウェイトグループを使います。また、共通の場所で多くの実行を同期させるためにバリアを使います。

本章の最初では、Go の標準ライブラリに含まれるウェイトグループを、いくつかのアプリケーションを通して調べます。次に、ウェイトグループの 2 つの実装、1 つはセマフォを使って構築したもの、もう 1 つは条件変数を使った機能的に完全な実装について調べます。

Go の標準ライブラリにはバリアが含まれていないので、本章の後半では独自のバリア型を構築します。そして、そのバリア型を単純な並行行列乗算アルゴリズムに採用します。

6.1 Go のウェイトグループ

ウェイトグループを使うと、並行タスクの集まりが完了するまでゴルーチンを待機させることができます。プロジェクトマネージャは、異なる作業者に与えられた一連のタスクを管理する者だとすれば、ウェイトグループは、そのようなプロジェクトマネージャだと考えることができます。タスクがすべて完了すると、プロジェクトマネージャが私たちに知らせてくれます。

6.1.1 ウェイトグループでタスクの完了を待つ

これまでの章では、メインゴルーチンが問題を複数のタスクに分割し、各タスクを別のゴルーチンに渡すという並行パターンを見てきました。ゴルーチンは、これらのタスクを並行に完了させます。

たとえば、第3章「メモリ共有を使ったスレッド間通信」では、文字頻度のプログラムを開発する際にこのパターンを見ました。メインゴルーチンは多くのゴルーチンを生成し、各ゴルーチンは個別のウェブページをダウンロードして処理しました。最初の実装では、すべてのゴルーチンがダウンロードを完了するまで、Sleep()関数を使って数秒間待機するようにしました。ウェイトグループを使うと、すべてのゴルーチンがタスクを完了することを待つのが簡単になります。

図6.1は、ウェイトグループを使う典型的なパターンを示しています。ウェイトグループのサイズを設定し、Wait()とDone()の2つの操作を使います。このパターンでは通常、複数のゴルーチンを使って、いくつかのタスクを並行に完了させる必要があります。ウェイトグループを作成し、そのサイズを、割り当てられたタスクの数と同じに設定します。メインゴルーチンは、新たに作成されたゴルーチンにタスクを引き渡し、Wait()操作を呼び出した後に実行を一時停止します。各ゴルーチンがタスクを完了すると、ウェイトグループのDone()操作を呼び出します（図6.1の左側を参照）。すべてのゴルーチンが割り当てられたすべてのタスクに対してDone()操作を呼び出すと、メインゴルーチンの待ちが解除されます。この時点で、メインゴルーチンはすべてのタスクが完了したことを認識します（図6.1の右側を参照）。

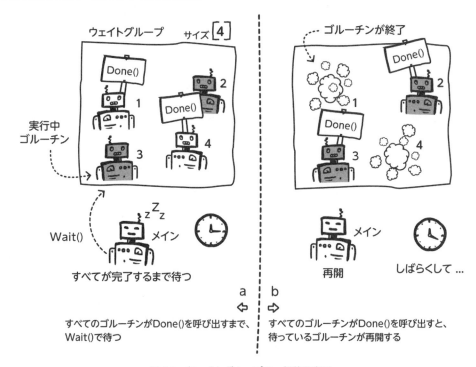

図6.1　ウェイトグループの一般的な利用

Goの標準ライブラリには、syncパッケージにWaitGroup実装があります。それには、図6.1で説明したパターンを使えるようにする3つのメソッドが含まれています。

- `Done()` — ウェイトグループのサイズカウンタを 1 つ減らします。
- `Wait()` — ウェイトグループのサイズカウンタが 0 になるまで待ちます。
- `Add(delta int)` — ウェイトグループのサイズカウンタを `delta` だけ増やします。

リスト 6.1 は、これら 3 つの操作の使い方の簡単な例を示しています。`doWork()` 関数では、ランダムな長さのスリープ時間によってタスクを完了するシミュレーションを行います。処理が完了すると、メッセージを表示し、ウェイトグループに対して `Done()` メソッドを呼び出します。`main()` 関数は、`Add(4)` メソッドを呼び出し、`doWork()` ゴルーチンを 4 つ作成し、ウェイトグループの `Wait()` メソッドを呼び出します。

すべてのゴルーチンが終了を通知すると、`Wait()` での待ちが解除され、`main()` 関数が再開されます。

◎リスト 6.1　ウェイトグループの簡単な使い方

```go
package main

import (
    "fmt"
    "math/rand"
    "sync"
    "time"
)

func main() {
    wg := sync.WaitGroup{} // ← 新たなウェイトグループの作成
    wg.Add(4) // ← 4 つのタスクがあるので、ウェイトグループに 4 を加算
    for i := 1; i <= 4; i++ {
        // ↓ ウェイトグループへのポインタを渡して、4 つのゴルーチンを作成
        go doWork(i, &wg)
    }
    wg.Wait() // ← タスクが完了するのを待機
    fmt.Println("All complete")
}

func doWork(id int, wg *sync.WaitGroup) {
    i := rand.Intn(5)
    // ↓ ランダムな時間（最長 5 秒）だけスリープ
    time.Sleep(time.Duration(i) * time.Second)
    fmt.Println(id, "Done working after", i, "seconds")
    wg.Done() // ← ゴルーチンがタスクを完了したことを通知
}
```

リスト 6.1 を実行すると、すべてのゴルーチンが異なる時間だけスリープした後に完了します。各ゴルーチンはウェイトグループに対して `Done()` メソッドを呼び出し、`main()` ゴルーチンの待ちが解除され、次のような出力が得られます。

```
$ go run waitforgroup.go
1 Done working after 1 seconds
4 Done working after 2 seconds
2 Done working after 2 seconds
3 Done working after 4 seconds
All complete
```

この新たなツールであるウェイトグループを利用し、リスト 4.5 の文字頻度プログラムを修正してウェイトグループを使うようにしてみましょう。main() ゴルーチンでは、Sleep() 関数で 10 秒間スリープする代わりに、既存の CountLetters() 関数を呼び出し、その後ウェイトグループに対して Done() メソッドを呼び出すゴルーチンを作成できます（リスト 6.2）。CountLetters() 関数には、Done() メソッドを呼び出すように修正する必要がないことに注意してください。代わりに、別のゴルーチンで実行される無名関数を使って、両方の関数を呼び出します。

◎リスト 6.2　ウェイトグループを使い頻度を数える

```go
package main

import (
    "fmt"
    "github.com/cutajarj/ConcurrentProgrammingWithGo/chapter4/listing4.5"
    "sync"
)

func main() {
    wg := sync.WaitGroup{} // ← 新たなウェイトグループの作成
    // ↓ 31 の差分を加算 -- 並行にダウンロードされる各ウェブページにつき 1 つ
    wg.Add(31)
    mutex := sync.Mutex{}
    var frequency = make([]int, 26)
    for i := 1000; i <= 1030; i++ {
        url := fmt.Sprintf("https://rfc-editor.org/rfc/rfc%d.txt", i)
        go func() { // ← 無名関数でゴルーチンを生成
            listing4_5.CountLetters(url, frequency, &mutex)
            wg.Done() // ← 文字を数え終えたら Done() の呼び出し
        }()
    }
    wg.Wait() // ← すべてのゴルーチンの完了を待つ
    mutex.Lock()
    for i, c := range listing4_5.AllLetters {
        fmt.Printf("%c-%d ", c, frequency[i])
    }
    mutex.Unlock()
}
```

リスト 6.2 を実行すると、すべてのゴルーチンが完了するまで一定時間待つ必要がなくなり、ウェイトグループでの待ちが解除されるとすぐに main() 関数が結果を出力します。

6.1.2　セマフォを使ったウェイトグループの作成

それでは、Goの標準ライブラリを使うのではなく、自分たちでウェイトグループを実装する方法を見ていきましょう。前章で開発したセマフォ型をもとにするだけで、ウェイトグループの簡易版を作成できます。

Wait()メソッドに、セマフォのAcquire()メソッドを呼び出すロジックを含められます。セマフォでは、利用可能な許可数が0以下の場合、Acquire()メソッドの呼び出しはゴルーチンの実行を一時停止させます。少し工夫をして、許可数が1 - nになるようにセマフォを初期化すれば、サイズnのウェイトグループとして機能します。つまり、許可数が1 - nから1へ、n回追加されるまで、Wait()メソッドは待ちます。図6.2は、サイズ3のウェイトグループの例を示しています。サイズ3のグループの場合、サイズ-2のセマフォを使えます。

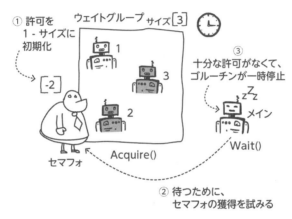

図6.2　負の数の許可数でセマフォを初期化してウェイトグループとして使う

ゴルーチンがウェイトグループのDone()メソッドを呼び出すたびに、セマフォのRelease()操作を呼び出せます。これにより、セマフォで利用可能な許可数が1ずつ増えます。すべてのゴルーチンがタスクを完了し、Done()メソッドをすべて呼び出すと、セマフォの許可数は1になります。このプロセスは、図6.3に示されています。

許可の数が0より多い場合、Acquire()メソッドの呼び出しの待ちは解除され、一時停止していたゴルーチンが再開します。図6.4では、許可がmain()ゴルーチンによって獲得され、許可の数は0に戻ります。すべてのゴルーチンが割り当てられたタスクを完了したことが認識され、main()ゴルーチンが再開されます。

リスト6.3は、セマフォを使ったウェイトグループの実装を示しています。リスト6.3では、第5章「条件変数とセマフォ」で説明したセマフォの実装を使っています。前述のとおり、ウェイトグループを作成する際、1 - sizeの許可を持つセマフォを初期化します。Wait()メソッドを呼び出す際に1つの許可を獲得し、Done()メソッドを呼び出す際に1つの許可を解放します。

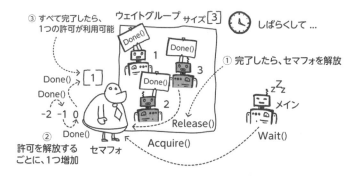

図6.3 ゴルーチンが終了すると、`Acquire()` メソッドが実行され、許可数が1つ増え、最後に利用可能な許可数は 1 になる

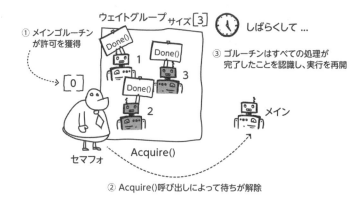

図6.4 許可が利用可能になると、`Acquire()` メソッドによって `main()` ゴルーチンの待ちが解除される

◎リスト6.3　セマフォを使ったウェイトグループの実装

```go
package listing6_3

import (
    "github.com/cutajarj/ConcurrentProgrammingWithGo/chapter5/listing5.16"
)

type WaitGrp struct {
    // ↓ WaitGrp 型に、（前章で開発した）セマフォへのポインタを格納
    sema *listing5_16.Semaphore
}

func NewWaitGrp(size int) *WaitGrp {
    // ↓ 1 - size の許可数で新たなセマフォを初期化
    return &WaitGrp{sema: listing5_16.NewSemaphore(1 - size)}
}
```

```go
func (wg *WaitGrp) Wait() {
    wg.sema.Acquire() // ← Wait() メソッド内でセマフォに対して Acquire() を呼び出す
}

func (wg *WaitGrp) Done() {
    wg.sema.Release() // ← 終了したら、セマフォに対して Release() を呼び出す
}
```

リスト6.4は、今回のセマフォによるウェイトグループの簡単な利用例を示しています。Goの標準ライブラリのウェイトグループとここでの実装の主な違いは、ウェイトグループを使う前の開始時に、そのサイズを指定する必要があることです。Goの sync パッケージのウェイトグループでは、ゴルーチンが処理を完了するのを待っている場合でも、いつでもグループのサイズを増やせます。

◎リスト6.4　セマフォのウェイトグループの簡単な利用例

```go
package main

import (
    "fmt"
    "github.com/cutajarj/ConcurrentProgrammingWithGo/chapter6/listing6.3"
)

func doWork(id int, wg *listing6_3.WaitGrp) {
    fmt.Println(id, "Done working ")
    wg.Done() // ← ゴルーチンが完了すると、ウェイトグループの Done() を呼び出す
}

func main() {
    wg := listing6_3.NewWaitGrp(4) // ← サイズ 4 の新たなウェイトグループの作成
    for i := 1; i <= 4; i++ {
        go doWork(i, wg) // ← ウェイトグループへのポインタを渡して、ゴルーチンを生成
    }
    wg.Wait() // ← 作業の完了をウェイトグループに対して待つ
    fmt.Println("All complete")
}
```

6.1.3　待機中にウェイトグループのサイズを変更

セマフォを使った今回のウェイトグループの実装は、開始時にウェイトグループのサイズを指定しなければならないという制限があります。つまり、ウェイトグループを作成した後にサイズを変更できません。この制限について理解を深めるために、作成後にウェイトグループのサイズを変更する必要があるアプリケーションを見てみましょう。

複数のゴルーチンを使ってファイル名の検索プログラムを作成していると想像してください。このプログラムは、入力で得たディレクトリから始まるファイル名の文字列を再帰的に検索します。このプログラムでは、ディレクトリとファイル名の文字列を2つの入力引数として受け入れるようにします。次のように、一致したファイルの一覧をフルパス付きで出力します。

```
$ go run filesearch.go /home cat
/home/photos/holiday/cat.jpg
/home/art/cat.png
/home/sketches/cat.svg
...
```

複数のゴルーチンを使うことで、特に複数のディレクトリを検索する場合、迅速にファイルを見つけられます。検索時に見つけた各ディレクトリに対して個別のゴルーチンを作成するという方法を取ることができます。図 6.5 にこの概念を示しています。

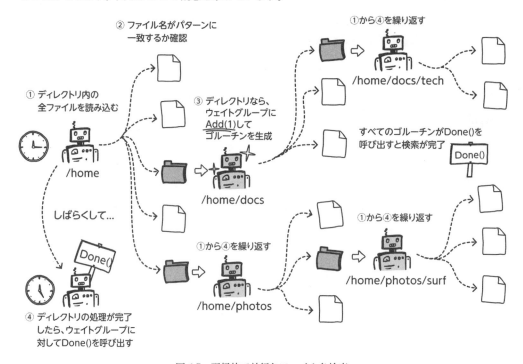

図 6.5　再帰的で並行なファイル名検索

ここでの考え方は、入力文字列に一致するファイルを探すゴルーチンを用意することです。このゴルーチンがディレクトリを見つけた場合、グローバルなウェイトグループに 1 を加え、そのディレクトリに対して同じロジックを実行する新たなゴルーチンを生成します。すべてのゴルーチンがウェイトグループの Done() メソッドを呼び出すと、検索が終了します。つまり、最初の入力ディレクトリのすべてのサブディレクトリが探索されたことになります。リスト 6.5 は、この再帰的検索機能を実装しています。

◎リスト 6.5　再帰的な検索関数（簡潔にするためエラー処理は省略）

```go
package main

import (
    "fmt"
    "os"
    "path/filepath"
    "strings"
    "sync"
)

func fileSearch(dir string, filename string, wg *sync.WaitGroup) {
    // ↓ 関数に渡されたディレクトリ内のすべてのファイルの読み込み
    files, _ := os.ReadDir(dir)
    for _, file := range files {
        // ↓ 各ファイルをディレクトリに結合。'cat.jpg' は '/home/pics/cat.jpg' になる
        fpath := filepath.Join(dir, file.Name())
        if strings.Contains(file.Name(), filename) {
            fmt.Println(fpath) // ← 一致すれば、コンソールにパスを出力
        }
        if file.IsDir() {
            // ↓ ディレクトリの場合、新たなゴルーチンを開始する前にウェイトグループに 1 を加算
            wg.Add(1)
            // ↓ ゴルーチンを再帰的に作成し、新たなディレクトリを検索
            go fileSearch(fpath, filename, wg)
        }
    }
    // ↓ すべてのファイルの処理が完了したら、ウェイトグループに対して Done() を呼ぶ
    wg.Done()
}
```

次に、main() 関数を作成する必要があります。main() 関数はウェイトグループを作成し、それに 1 を加えた後、fileSearch() 関数を呼び出すゴルーチンを開始します。リスト 6.6 に示すように、main() 関数は、検索が完了するまでウェイトグループで待機します。リスト 6.6 では、コマンドライン引数を使って検索ディレクトリと、検索対象のファイル名の文字列を読み取っています。

◎リスト 6.6　ファイル検索関数の呼び出しとウェイトグループでの待機を指定する main() 関数

```go
func main() {
    wg := sync.WaitGroup{} // ← 新たな空のウェイトグループを作成
    wg.Add(1) // ← ウェイトグループに 1 を加算
    // ↓ ウェイトグループへのポインタを渡し、ファイル検索を実行する新たなゴルーチンを作成
    go fileSearch(os.Args[1], os.Args[2], &wg)
    wg.Wait() // ← 検索の完了を待機
}
```

6.1.4 柔軟なウェイトグループの構築

ファイル検索プログラムは、私たちのセマフォによるウェイトグループ実装ではなく、Goの標準ライブラリのウェイトグループを使うことの利点を示しています。開始時に作成するゴルーチンの数がわからないため、進行に合わせてウェイトグループのサイズを変更する必要があります。さらに、セマフォによるウェイトグループ実装には、1つのゴルーチンだけがウェイトグループで待機できるという制限がありました。複数のゴルーチンが Wait() メソッドを呼び出した場合、セマフォの許可カウントを 1 に増やすだけだったので、1つのゴルーチンしか再開されません。Go の標準ライブラリのウェイトグループの機能に合わせて今回の実装を変更できるでしょうか。

実は条件変数を使って、より完全なウェイトグループを実装できます。図 6.6 では、条件変数を使って Add(delta) と Wait() の両方のメソッドを実装する方法を示しています。Add() メソッドは、単にウェイトグループのサイズ変数に値を加えます。この変数をミューテックスで保護することで、他のゴルーチンと同時に変更しないようにできます（図 6.6 の左側を参照）。Wait() 操作を実装するには、ウェイトグループのサイズが 0 よりも大きい間待機する条件変数を用意します（図 6.6 の右側を参照）。

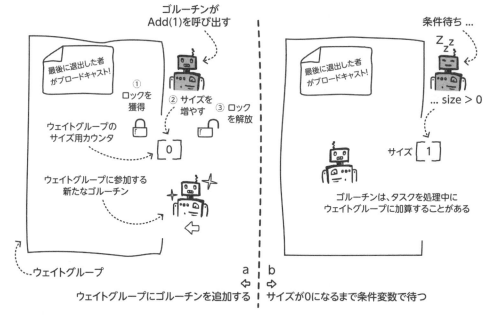

図 6.6　(a) ウェイトグループに対する Add() 操作。(b) Wait() 操作は、条件変数で待機状態になる

リスト 6.7 では、このウェイトグループのサイズ変数と条件変数を含む WaitGrp 型を実装しています。Go では、ウェイトグループのサイズはデフォルトで 0 に初期化されます。リスト 6.7 には、ミューテックスで条件変数を初期化する関数も示されています。

◎リスト 6.7　条件変数を使ってウェイトグループを初期化

```go
package listing6_7

import (
    "sync"
)

type WaitGrp struct {
    groupSize int       // ← ウェイトグループのサイズ属性、デフォルトで 0 に初期化
    cond      *sync.Cond // ← ウェイトグループで使う条件変数
}

func NewWaitGrp() *WaitGrp {
    return &WaitGrp{
        // ↓ 新たなミューテックスで条件変数を初期化
        cond: sync.NewCond(&sync.Mutex{}),
    }
}
```

リスト 6.8 に示すように、Add(delta) 操作では、条件変数のミューテックスを獲得し、groupSize 変数に delta を加算し、最後にミューテックスを解放する必要があります。Wait() 操作では、再びミューテックスの Lock() メソッドと Unlock() メソッドで groupSize 変数を保護する必要があります。また、グループサイズが 0 よりも大きい間は、条件待ちを行います。このロジックはリスト 6.8 に示されています。

◎リスト 6.8　ウェイトグループの Add(delta) 操作と Wait() 操作

```go
func (wg *WaitGrp) Add(delta int) {
    wg.cond.L.Lock()      // ← 条件変数のミューテックスロックで groupSize の更新を保護
    wg.groupSize += delta // ← groupSize を delta だけ増やす
    wg.cond.L.Unlock()
}

func (wg *WaitGrp) Wait() {
    // ↓ 条件変数のミューテックスロックで groupSize 変数の読み込みを保護
    wg.cond.L.Lock()
    for wg.groupSize > 0 {
        // ↓ groupSize が 0 よりも大きい間、待機し、ミューテックスをアトミックに解放
        wg.cond.Wait()
    }
    wg.cond.L.Unlock()
}
```

ゴルーチンは、タスクを完了したことを通知したいときに Done() メソッドを呼び出します。このとき、ウェイトグループの Done() メソッド内で、グループサイズを 1 だけ減らします。また、ウェイトグループ内の最後のゴルーチンが Done() メソッドを呼び出したときに、現在 Wait() 操作で一時停止している他のゴルーチンにブロードキャストするようにロジックを追加する必要があります。ゴルーチンは、グループサイズを 1 だけ減らすとグループサイズが 0 になることから、自分

第 6 章 ウェイトグループとバリアを使った同期

が最後のゴルーチンであることを認識します。

図 6.7 の左側は、ゴルーチンがミューテックスロックを獲得し、グループサイズの値を減らし、ミューテックスロックを解放する方法を示しています。図 6.7 の右側は、グループサイズが 0 に達すると、ゴルーチンは自分が最後であることを認識し、一時停止されたゴルーチンが再開されるように条件変数にブロードキャストすることを示しています。このようにして、ウェイトグループによって行われたすべての作業が完了したことを示します。Wait() 操作で一時停止しているゴルーチンが複数ある可能性があるため、シグナルではなくブロードキャストを使います。

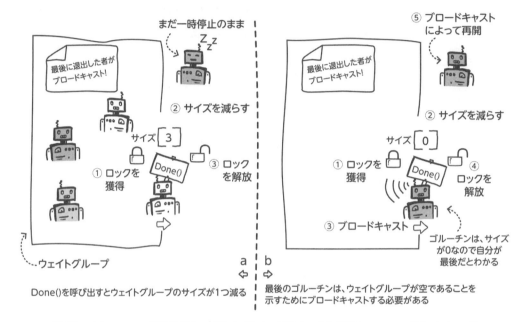

図 6.7　(a) Done() 操作はグループサイズを 1 つ減らす。(b) 最後の Done() 操作でブロードキャストが送信される

リスト 6.9 は、今回のウェイトグループの Done() 操作を実装しています。これまでと同じように、ミューテックスを使って groupSize 変数を保護します。その後、この変数を 1 だけ減らします。最後に、値が 0 かを確認することで、ウェイトグループ内の最後のゴルーチンであるかを検査します。値が 0 の場合、一時停止しているゴルーチンを再開するために、条件変数に対して Broadcast() 操作を呼び出します。

◎リスト 6.9　条件変数を使うウェイトグループの Done() 操作

```
func (wg *WaitGrp) Done() {
    wg.cond.L.Lock()  // ← ミューテックスロックで groupSize 変数の更新を保護
    wg.groupSize--    // ← 1 だけ groupSize を減らす
    if wg.groupSize == 0 {
        // ↓ ウェイトグループ内で最後に完了したゴルーチンの場合、条件変数にブロードキャスト
```

```
        wg.cond.Broadcast()
    }
    wg.cond.L.Unlock()
}
```

この新たな実装は、当初の要件を両方とも満たしています。ウェイトグループを作成した後でもそのサイズを変更でき、Wait() 操作で一時停止している複数のゴルーチンの待ちを解除できます。

6.2　バリア

　ウェイトグループは、タスクが完了した後に同期するのに最適です。しかし、タスクを開始する前にゴルーチンを調整する必要がある場合はどうでしょうか。また、異なる時点での異なる実行を調整する必要があるかもしれません。バリアは、コード内の特定の場所でゴルーチンのグループを同期させる機能を提供します。

　ウェイトグループとバリアを比較するために、簡単なたとえを見てみましょう。プライベートジェット機は、乗客全員が出発ターミナルに到着したときに出発します。これはバリアを表しています。乗客全員がこのバリア（空港ターミナル）に到着するまで、全員が待たなければなりません。全員が到着すると、乗客は飛行機へ進んで搭乗できます。

　同じフライトでは、パイロットは離陸前に、燃料補給、荷物の積み込み、乗客の搭乗など、いくつかの作業が完了するまで待たなければなりません。このたとえでは、それがウェイトグループを表しています。パイロットは、飛行機が離陸する前に、これらの並行タスクが完了するのを待っています。

6.2.1　バリアとは何か

　プログラムのバリアを理解するために、同じ計算の異なる部分に取り組んでいるゴルーチンの集まりについて考えてみましょう。各ゴルーチンが開始する前に、それらすべては入力データを待つ必要があります。計算が完了すると、計算結果を収集し統合するために、再び次の実行を待つ必要があります。計算が必要な入力データがある限り、このサイクルは何度も繰り返されるかもしれません。図 6.8 はこの概念を示しています。

　バリアについて考える場合、ゴルーチンは 2 つの状態のいずれかにあると視覚化できます。すなわち、タスクを実行しているか、一時停止して他のゴルーチンの処理が完了するのを待っているかのいずれかです。たとえば、ゴルーチンが何らかの計算を実行し、他のゴルーチンが計算を完了するのを待つ（Wait() メソッドを呼び出す）場合があります。この Wait() メソッドにより、このバリアグループに参加している他のゴルーチンがすべて Wait() メソッドを呼び出して追いつくまで、ゴルーチンの実行は一時停止されます。すべてのゴルーチンが追いついたら、バリアは一時停止されていたゴルーチンをすべてまとめて解放し（図 6.9 を参照）、ゴルーチンは実行を継続または再開できます。

　バリアはウェイトグループとは異なり、ウェイトグループの Done() 操作および Wait() 操作相当の操作を 1 つのアトミック呼び出しにまとめています。もう 1 つの違いは、実装によってはバリアを複数回、再利用できることです。

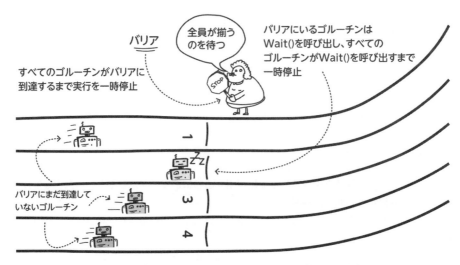

図 6.8　すべてのゴルーチンが追いつくまで、バリアは実行を一時停止させる

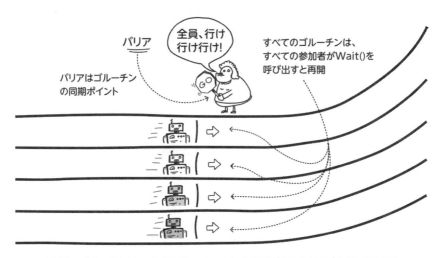

図 6.9　ゴルーチンは、すべてが Wait() 操作を呼び出した後に実行を再開する

定義　再利用可能なバリアは、循環式バリア（*cyclic barrier*）と呼ばれることもあります。

6.2.2　Go でバリアを実装する

残念ながら、Go の標準ライブラリにはバリアの実装がないため、バリアを使いたい場合、自分で実装する必要があります。ウェイトグループと同様に、バリアを実装するために条件変数を使えます。

まず、このバリアを使う実行のグループのサイズを知る必要があります。実装では、これをバリア

サイズ（barrier size）と呼びます。このサイズを使うと、十分な数のゴルーチンがバリアに到達したタイミングを知ることができます。

バリアの実装では、Wait() 操作のみを考慮する必要があります。図 6.10 は、このメソッドを呼び出す 2 つのシナリオを示しています。最初のシナリオは、ゴルーチンがこのメソッドを呼び出し、すべての実行がバリアに到達していない場合です（図 6.10 の左側に示されています）。このシナリオでは、Wait() メソッドを呼び出すと、現在バリアが解放されるのを待っているゴルーチンの数を表す待機カウンタが 1 つ増やされます。待っているゴルーチンの数がバリアのサイズよりも少ない場合、条件変数で待つことによりゴルーチンは一時停止します。

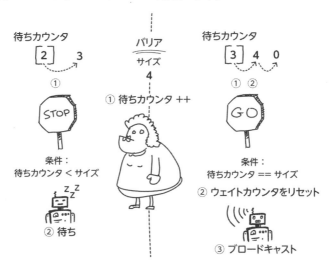

図 6.10　すべてのゴルーチンがバリアに到達していない場合は待機し、すべてのゴルーチンがバリアに到達したらブロードキャストして実行を再開する

待機カウンタがバリアのサイズに達したとき（図 6.10 の右側）、カウンタを 0 にリセットし、条件変数をブロードキャストして一時停止しているゴルーチンを起こす必要があります。これにより、バリアで待機していたゴルーチンは待ちが解除され、実行を再開できます。

リスト 6.10 では、バリア用の構造体型と NewBarrier(size) 構造体作成関数を使っています。構造体型には、バリアのサイズ、待機カウンタ、条件変数のポインタが含まれます。構造体の作成関数では、待機カウンタを 0 に初期化し、新たな条件変数を作成し、バリアのサイズを関数の入力パラメータと同じ値に設定します。

◎リスト 6.10　バリア用の構造体型と NewBarrier() 関数

```go
package listing6_10

import "sync"

type Barrier struct {
```

```
    size       int           // ← バリアへの参加対象数の合計
    waitCount  int           // ← 現在一時停止している実行の数を表すカウンタ変数
    cond       *sync.Cond    // ← バリアで使われる条件変数
}

func NewBarrier(size int) *Barrier {
    condVar := sync.NewCond(&sync.Mutex{})  // ← 新たな条件変数の作成
    return &Barrier{size, 0, condVar}       // ← 新たなバリアを作成してポインタを返す
}
```

リスト 6.11 では、Wait() メソッドを 2 つのシナリオで実装しています。このメソッドでは、条件変数のミューテックスロックを即座に獲得し、待機カウンタを 1 つ増やします。待機カウンタがまだバリアのサイズに達していない場合、条件変数に対して Wait() メソッドを呼び出してゴルーチンの実行を一時停止します。if 文の最初の部分は、図 6.10 の右側を表しています。カウンタがバリアのサイズに達した状態です。この場合、カウンタを 0 にリセットし、条件変数にブロードキャストします。これにより、バリアで待機中のすべての一時停止していたゴルーチンが起こされます。

◎リスト 6.11　バリアの Wait() メソッド

```
func (b *Barrier) Wait() {
    b.cond.L.Lock()    // ← ミューテックスを使って waitCount 変数へのアクセスを保護
    b.waitCount += 1   // ← カウント変数を 1 つだけ増やす

    if b.waitCount == b.size {    // ← waitCount がバリアサイズに到達したら、
        b.waitCount = 0           //    リセットして、
        b.cond.Broadcast()        //    条件変数に対してブロードキャスト
    } else {
        // ↓ waitCount がバリアサイズに達していなければ、条件変数に対して待機
        b.cond.Wait()
    }
    b.cond.L.Unlock()  // ← ミューテックスを使って waitCount へのアクセスを保護
}
```

2 つのゴルーチンに異なる時間だけ処理を実行させるシミュレーションを行うことによって、このバリアをテストできます。リスト 6.12 では、workAndWait() 関数が一定時間処理を行い、その後バリアで待機する処理をシミュレートします。通常どおり、time.Sleep() 関数を使って処理をシミュレートします。ゴルーチンがバリアでの待機から解除されると、同じ時間だけ処理を再開します。バリアで待機する前に、この関数はゴルーチンの開始からの経過時間を秒単位で表示します。

◎リスト 6.12　バリアの簡単な利用例

```
package main

import (
    "fmt"
    "github.com/cutajarj/ConcurrentProgrammingWithGo/chapter6/listing6.10"
    "time"
)
```

6.2 バリア

```go
func workAndWait(name string, timeToWork int, barrier *listing6_10.Barrier) {
    start := time.Now()
    for {
        fmt.Println(time.Since(start), name, "is running")
        // ↓ 指定された秒数だけ作業している状態をシミュレーション
        time.Sleep(time.Duration(timeToWork) * time.Second)
        fmt.Println(time.Since(start), name, "is waiting on barrier")
        barrier.Wait() // ← 他のゴルーチンが追いつくのを待つ
    }
}
```

これで、workAndWait()関数を使う2つのゴルーチンを、それぞれ異なるtimeToWorkで開始できます。これにより、作業を早く完了したゴルーチンの実行はバリアによって一時停止され、遅いゴルーチンを待ってから再び作業を開始します。リスト6.13では、バリアを作成し、2つのゴルーチンを開始し、両方にバリアへのポインタを渡します。2つのゴルーチンをそれぞれRedとBlueと呼び、それぞれ4秒と10秒の作業時間を設定します。

◎リスト6.13　処理が遅いゴルーチンと速いゴルーチンを開始し、バリアを共有する

```go
func main() {
    // ↓ リスト6.10の実装を使って2つのゴルーチンが参加する新たなバリアの作成
    barrier := listing6_10.NewBarrier(2)
    // ↓ 名前がRedでtimeToWork引数が4のゴルーチンを開始
    go workAndWait("Red", 4, barrier)
    // ↓ 名前がBlueでtimeToWork引数が10のゴルーチンを開始
    go workAndWait("Blue", 10, barrier)
    time.Sleep(100 * time.Second) // ← 100秒間スリープ
}
```

リスト6.12とリスト6.13を一緒にして実行すると、プログラムは100秒間実行され、その後main()ゴルーチンが終了します。期待どおり、Redと呼ばれる4秒間の速いゴルーチンは早く終了し、10秒かかるBlueと呼ばれる遅いゴルーチンを待ちます。これは出力のタイムスタンプに反映されています。

```
$ go run simplebarrierexample.go
0s Blue is running
0s Red is running
4.0104152s Red is waiting on barrier
10.0071386s Blue is waiting on barrier
10.0076689s Blue is running
10.0076689s Red is running
14.0145434s Red is waiting on barrier
20.0096403s Blue is waiting on barrier
20.010348s Blue is running
20.010348s Red is running
...
```

それでは、複数の実行を同期させるためにバリアを使う実際のアプリケーションを見てみましょう。

6.2.3 バリアを使った並列行列乗算

行列の乗算は、線形代数における基本的な演算であり、さまざまなコンピュータサイエンスの分野で使われます。グラフ理論、人工知能、コンピュータグラフィックスにおける多くのアルゴリズムは、そのアルゴリズムに行列の乗算を採用しています。残念ながら、この線形代数の演算を計算するのは時間がかかる処理です。

単純な反復方法を用いて 2 つの $n \times n$ 行列を乗算すると、実行時の複雑度は $O(n^3)$ となります。つまり、行列のサイズ n に対して、結果の計算にかかる時間は 3 乗に比例して増加することを意味します。たとえば、100×100 の行列 2 つの乗算を計算するのに 10 秒かかるとすると、行列のサイズを 200×200 に倍増すると、結果の計算に 80 秒かかることになります。入力サイズを倍増すると、かかる時間が 2^3 倍に増加します。

高速な行列乗算アルゴリズム

$O(n^3)$ よりも実行時の複雑度が低い行列乗算アルゴリズムがあります。1969 年、ドイツの数学者の Volker Strassen は、実行時間の複雑度が $O(n^{2.807})$ の高速なアルゴリズムを考案しました。これは単純な方法よりも大きな改善ですが、行列のサイズがとても大きい場合にのみ、速度向上が有意義になります。行列のサイズが小さい場合、単純な方法が最も効果的です。

より新しいいくつかのアルゴリズムは、実行時の複雑性がさらに優れています。しかし、これらのアルゴリズムは、行列の入力サイズが極端に大きい場合にのみ高速に実行されるため、実際には使われていません。そのサイズはあまりにも大きく、現在のコンピュータのメモリに収まりません。これらの解決策は、銀河系アルゴリズム（*galactic algorithms*）と呼ばれるアルゴリズムの分類に属します。それらのアルゴリズムは、実際には使えないほど大きな入力に対して、他のアルゴリズムよりも優れた性能を発揮します。

並列コンピューティングを利用し、行列乗算アルゴリズムの並行バージョンを構築することで、この処理を高速化するにはどうすればよいでしょうか。まずは、行列乗算の仕組みについて確認しましょう。実装を簡単にするため、本項では正方行列（$n \times n$）のみを考えます。たとえば、行列 A と行列 B の積を計算する場合、最初のセル（行 0、列 0）の結果は、A の行 0 と B の列 0 を掛けた結果となります。3×3 行列の乗算の例を図 6.11 に示します。2 つ目のセル（行 0、列 1）を計算するには、A の行 0 と B の列 1 を乗算する必要があります。そして、これを繰り返します。

リスト 6.14 は、この行列乗算を 1 つのゴルーチンで行う関数です。この関数は、3 つのネストされたループを使っており、まず行を反復し、次に列を反復し、最後のループでそれぞれ乗算と加算を行っています。

◎リスト 6.14　簡単な行列乗算関数

```go
package main
const matrixSize = 3
```

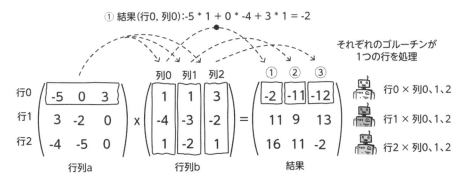

図 6.11 各結果行に個別のゴルーチンを使って並列行列乗算

```
func matrixMultiply(matrixA, matrixB, result *[matrixSize][matrixSize]int) {
    for row := 0; row < matrixSize; row++ { // ← すべての行を反復
        for col := 0; col < matrixSize; col++ { // ← すべての列を反復
            sum := 0
            for i := 0; i < matrixSize; i++ {
                // ↓ Aの行の値とBの列の値を乗算したものを合計
                sum += matrixA[row][i] * matrixB[i][col]
            }
            result[row][col] = sum // ← result 行列を sum で更新
        }
    }
}
```

このアルゴリズムを複数のプロセッサで並列に実行する方法の1つは、行列の乗算を複数の部分に分割し、それぞれの部分をゴルーチンで計算させることです。図 6.11 は、各行に対してゴルーチンを使って各行の結果を個別に計算する方法を示しています。$n \times n$ の結果行列の場合、n 個のゴルーチンを作成し、各行に1つのゴルーチンを割り当てられます。各ゴルーチンは、その行の結果を計算する責任を持ちます。

今回の行列乗算アプリケーションをより現実的にするために次の3つのステップを記述し、この3つのステップを繰り返すことで、長時間にわたる計算をシミュレートできます。

1. 行列 A と B の入力の読み込み
2. 行ごとに1つのゴルーチンを使い、$A \times B$ の結果を並行に計算する
3. 結果をコンソールに出力する

ステップ1の入力行列の読み込みについては、ランダムな整数を使って生成することにします。実際のアプリケーションでは、ネットワーク接続やファイルといったソースからこれらの入力を読み込みます。リスト 6.15 は、ランダムな整数で行列を埋めるために使える関数を示しています。

第 6 章　ウェイトグループとバリアを使った同期

◎リスト 6.15　ランダムな整数を使い行列を生成

```go
package main

import (
    "math/rand"
)

const matrixSize = 3

func generateRandMatrix(matrix *[matrixSize][matrixSize]int) {
    for row := 0; row < matrixSize; row++ {
        for col := 0; col < matrixSize; col++ {
            // ↓ 各行と各列に、-5 から 4 までの間のランダムな数を割り当てる
            matrix[row][col] = rand.Intn(10) - 5
        }
    }
}
```

並行乗算を計算するには（ステップ 2）、結果行列の 1 行ごとに乗算を評価する関数が必要です。考え方としては、この関数を各行ごとに処理する、複数のゴルーチンで実行するということです。ゴルーチンが結果行列のすべての行を計算したら、コンソールに結果行列を出力できます（ステップ 3）。

ステップ 1 から 3 を複数回実行する場合、ステップ間を調整する仕組みも必要です。たとえば、入力行列を読み込む前に乗算は実行できません。また、ゴルーチンがすべての行の計算を完了する前に結果を出力することもできません。

ここで、前項で開発したバリア機能が役立ちます。バリアを使うことで、各ステップ間の適切な同期を確実にできるので、あるステップを完了する前に次のステップを開始してしまうことはありません。図 6.12 は、その方法を示しています。図 6.12 は、3×3 の行列の場合、サイズが 4（行の総数 +1）のバリアを使えることを示しています。これは、main() ゴルーチンを含めると、私たちの Go プログラム内のゴルーチンの総数です。

図 6.12 に示されている並行行列乗算プログラムの各ステップを見ていきましょう。

1. 最初に、main() ゴルーチンが入力行列を読み込む間、行ごとのゴルーチンがバリアで待機します。このアプリケーションでは、リスト 6.15 で開発した関数を使って、行列をランダムに生成します。
2. 読み込みが完了すると、main() ゴルーチンは最後の Wait() 操作を呼び出し、すべてのゴルーチンを解放します。
3. ここで main() ゴルーチンは、行ごとのゴルーチンが行の乗算を完了するのを待つためにバリアで待機します。
4. 行ごとのゴルーチンが自身の行の結果を計算すると、バリアに対して再び Wait() メソッドを呼び出します。
5. すべての行ごとのゴルーチンが完了して、バリアに対して Wait() メソッドを呼び出すと、すべてのゴルーチンの待ちが解除され、main() ゴルーチンが結果を出力し、次の入力行列を

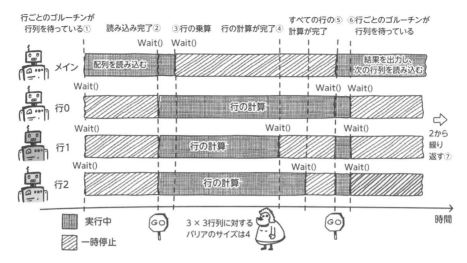

図 6.12　行列の乗算でバリアを使った同期

読み込みます。
6. 行ごとのゴルーチンは、`main()` ゴルーチンからの読み込みが完了するまで、バリアに対して `Wait()` メソッドを呼び出して待機します。
7. 乗算する行列がなくなるまで、ステップ 2 から繰り返します。

リスト 6.16 は、1 つの行の乗算を実装する方法を示しています。この関数は、2 つの入力行列、計算結果の行列を格納する領域、バリア、どの行を計算するのかを表す行番号を受け取ります。すべての行を反復するのではなく、パラメータとして渡された行番号の行のみを処理します。リスト 6.14 と同じ実装ですが、外側の行のループがありません。並列処理に関しては、空いているプロセッサの数に応じて、Go のランタイムは利用可能な CPU 資源に行の計算をバランスよく分散するはずです。理想的なシナリオでは、各行の計算を実行するゴルーチンごとに 1 つの CPU が利用可能になります。

◎リスト 6.16　各ゴルーチン用の行列の単一行乗算関数

```go
package main

import (
    "fmt"
    "github.com/cutajarj/ConcurrentProgrammingWithGo/chapter6/listing6.10"
)

const matrixSize = 3

func rowMultiply(matrixA, matrixB, result *[matrixSize][matrixSize]int,
    row int, barrier *listing6_10.Barrier) {
    for { // ← 無限ループを開始
        barrier.Wait() // ← main() ゴルーチンが行列を読み込むまでバリアで待機
        for col := 0; col < matrixSize; col++ {
```

```
            sum := 0
            for i := 0; i < matrixSize; i++ {
                // ↓ このゴルーチンの行の結果を計算
                sum += matrixA[row][i] * matrixB[i][col]
            }
            // ↓ このゴルーチンでの行の結果を正しい行と列に代入
            result[row][col] = sum
        }
        barrier.Wait()// ← すべての行の計算が終わるまでバリアで待機
    }
}
```

リスト 6.16 の `rowMultiply()` 関数は、バリアを 2 回使っています。1 回目は、`main()` ゴルーチンが 2 つの入力行列を読み込むまで待機するためです。2 回目は、ループの最後に、他のすべてのゴルーチンがそれぞれの行の計算を完了するまで待機するためです。これにより、`main()` ゴルーチンおよび他のゴルーチンは同期を保てます。

これで、行列の読み込み、バリアでの待機、結果の出力を行う `main()` 関数を書けます。`main()` 関数は、リスト 6.17 に示すように、サイズが `matrixSize + 1` のバリアを初期化し、最初にゴルーチンを起動します。

◎リスト 6.17　行列乗算用の `main()` 関数

```
func main() {
    var matrixA, matrixB, result [matrixSize][matrixSize]int
    // ↓ 行ごとのゴルーチンと main() ゴルーチンを足した数をサイズとする新たなバリアの作成
    barrier := listing6_10.NewBarrier(matrixSize + 1)
    for row := 0; row < matrixSize; row++ {
        // ↓ 行ごとにゴルーチンを作成して、正しい行番号を渡す
        go rowMultiply(&matrixA, &matrixB, &result, row, barrier)
    }

    for i := 0; i < 4; i++ {
        generateRandMatrix(&matrixA) // ← 両方の行列をランダムに生成して
        generateRandMatrix(&matrixB) //    読み込む
        barrier.Wait() // ← ゴルーチンが計算を開始できるようにバリアを開放
        barrier.Wait() // ← ゴルーチンが計算を完了するまで待機
        for i := 0; i < matrixSize; i++ {
            // ↓ 結果をコンソールへ出力
            fmt.Println(matrixA[i], matrixB[i], result[i])
        }
        fmt.Println()
    }
}
```

リスト 6.15、6.16、6.17 を一緒にして実行すると、コンソールに次の結果が表示されます。

```
$ go run matrixmultiplysimple.go
[-4 2 2] [-5 -1 -4] [12 4 22]
[4 -4 3] [-3 4 3] [-11 -32 -28]
```

```
[0 -5 1]  [-1 -4 0]  [14 -24 -15]
...
[-5 0 3]  [1 1 3]    [-2 -11 -12]
[3 -2 0]  [-4 -3 -2] [11 9 13]
[-4 -5 0] [1 -2 1]   [16 11 -2]
```

> **バリアを使うかどうか**
>
> バリアは、行列乗算アプリケーションで見たように、コードの特定の場所で実行を同期させるのに役立つ並行処理ツールです。作業をロードし、完了を待ち、結果を収集するというパターンは、バリアの典型的な用途です。カーネルレベルスレッドを使う場合など、新たな実行の作成にかなりのコストがかかる操作である場合、このパターンが特に役立ちます。このパターンを使うと、ロードサイクルごとに新たなスレッドを作成するのにかかる時間を節約できます。
>
> Go ではゴルーチンの作成は安価で高速なので、このパターンにバリアを使っても性能の大幅な改善は見込めません。通常、単に作業をロードし、ワーカーゴルーチンを作成し、ウェイトグループを使って完了を待ち、その後結果を収集するほうが簡単です。それでも、多数のゴルーチンの同期が必要なシナリオでは、バリアが性能面の利点をもたらす場合があります。

6.3 練習問題

注記　https://github.com/cutajarj/ConcurrentProgrammingWithGo
に、すべての解答コードがあります。

1. リスト 6.5 とリスト 6.6 では、再帰的な並行ファイル検索を開発しました。ゴルーチンがファイルの一致を見つけた場合、コンソールに出力します。このファイル検索の実装を変更し、検索完了結果のすべてのファイルの一致を、アルファベット順でソートして出力するようにしてください。ヒント：ゴルーチンからコンソールに出力するのではなく、結果を共有データ構造に収集してみてください。
2. 前章では、ミューテックスに対する `TryLock()` 操作を見ました。これは、待機せずにすぐに戻るノンブロッキング呼び出しです。ロックが利用可能ではない場合、メソッドは `false` を返し、そうではない場合はミューテックスをロックして `true` を返します。リスト 6.8 のウェイトグループ（WaitGrp）の実装に `TryWait()` という同様のノンブロッキングメソッドを追加してください。そのメソッドは、ウェイトグループが完了していない場合はすぐに `false` を返し、完了している場合は `true` を返します。
3. リスト 6.14 とリスト 6.15、そしてリスト 6.16 とリスト 6.17 では、シングルスレッドとマルチスレッドの行列乗算プログラムを実装しました。1000 × 1000 以上の大きな行列の乗算に要する時間を測定してください。正確な時間測定を行うには、`Println()` 呼び出しを削除する必要があります。なぜなら、大きな行列をコンソールに出力するには長い時間がかかるためで

す。システムに複数のコアがある場合のみ、違いがわかるかもしれません。
4. リスト 6.16 とリスト 6.17 の並行行列乗算では、新たな行で作業を開始する必要があるときにゴルーチンを再利用するためにバリアを使いました。Go では新たなゴルーチンを簡単に素早く作成できるため、バリアを使わないようにこの実装を変更してください。代わりに、新たな行列を生成するたびにゴルーチン（1 行につき 1 つ）の集まりを作成できます。ヒント：すべての行の計算が完了したことを main() ゴルーチンに通知する方法が必要です。

まとめ

- ウェイトグループにより、ゴルーチンの集まりが処理を完了するまで待機できます。
- ウェイトグループを使う場合、ゴルーチンはタスクを完了した後、Done() メソッドを呼び出します。
- ウェイトグループを使ってすべてのタスクが完了するのを待つには、Wait() メソッドを呼び出します。
- 固定サイズのウェイトグループを実装するために、許可数をマイナスに設定したセマフォを使えます。
- Go の標準ライブラリのウェイトグループでは、Add() メソッドを使ってウェイトグループを作成した後、グループのサイズを動的に変えられます。
- 条件変数を使って、動的にサイズ変更可能なウェイトグループを実装できます。
- バリアは、ゴルーチンの実行中の特定の場所で同期を取ることを可能にします。
- バリアは、バリアに参加しているすべてのゴルーチンが Wait() メソッドを呼び出すまで、ゴルーチンが Wait() メソッドを呼び出すたびに実行を一時停止させます。
- バリアに参加しているすべてのゴルーチンが Wait() メソッドを呼び出したとき、バリアで一時停止していたすべての実行が再開されます。
- バリアは何度でも再利用できます。
- 条件変数を使ってもバリアを実装できます。

第2部 メッセージパッシング

　本書の第1部では、並行プログラミングにおいて実行のスレッド間の通信を可能にする、メモリ共有の使い方について説明しました。この第2部では、実行間の通信の別の方法であるメッセージパッシングについて見ていきます。メッセージパッシングでは、実行のスレッドは、通信が必要なときにメッセージのコピーを互いに渡します。これらの実行はメモリを共有していないため、多くの種類の競合状態が発生するリスクが排除されます。

　Goは、CSP（communicating sequential processes）と呼ばれる並行処理モデルから着想を得ています。CSPは、並行プログラムの相互作用を記述するための形式言語です。このモデルでは、プロセスは同期的なメッセージパッシングの通信によって互いに接続します。同様の手法として、Goはチャネルの概念を提供しており、ゴルーチン同士が接続し、同期し、メッセージを共有することを可能にします。

　本書の第2部では、メッセージパッシングと、この形式のコミュニケーションを管理するために使えるさまざまなツールやプログラミングパターンについて見ていきます。

第 7 章

メッセージパッシングを使った通信

本章では、以下の内容を扱います。

- スレッド間通信のためのメッセージのやり取り
- Go のチャネルをメッセージパッシングに採用
- チャネルを使って非同期結果を収集
- 独自のチャネルを構築

これまで、ゴルーチンがメモリを共有し、同期制御を使ってゴルーチン同士が干渉しないようにすることで、問題を解決する方法について説明してきました。メッセージパッシングは、ゴルーチンが他のゴルーチンにメッセージを送信したり、他のゴルーチンからのメッセージを受信したりするスレッド間通信（*inter-thread communication*）を可能にする別の方法です。

本章では、ゴルーチン間でメッセージを送受信するための Go のチャネルを見ていきます。本章は、CSP（*communicating sequential processes*）と呼ばれる形式言語の概念を取り入れた抽象化を使って並行処理をプログラミングするための入門編となります。CSP については、第 9 章「チャネルを使ったプログラミング」でさらに詳しく説明します。

7.1 メッセージの送受信

私たちが友人、家族、同僚と会話やコミュニケーションを取るときは、互いにメッセージを送り合うことで行います。会話では、何かを話し、通常、相手からの返答や反応を期待します。手紙、電子メール、電話でのコミュニケーションでも、この期待は変わりません。ゴルーチン間のメッセージパッシングもこれに似ています。Go では、2 つ以上のゴルーチン間でチャネルを開き、メッセージを送受信するようにゴルーチンをプログラムできます（図 7.1 参照）。

第 7 章　メッセージパッシングを使った通信

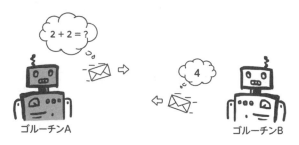

図 7.1　互いにメッセージを送受信するゴルーチン

> 📖 メッセージパッシングと分散システム
>
> 複数のマシンで分散アプリケーションを実行している場合、メッセージパッシングが主な通信手段となります。アプリケーションはそれぞれ別のマシン上で実行されており、メモリを共有していないため、HTTP といった共通プロトコルを使ってメッセージを送信することで情報を共有します。

メッセージパッシングを使うことの利点は、誤ったプログラミングによる競合状態を引き起こすリスクを大幅に低減できることです。共有メモリの内容を変更しないため、ゴルーチンはメモリ上で互いに干渉することはありません。メッセージパッシングを使うことで、各ゴルーチンは独自の隔離されたメモリで動作します。

7.1.1　チャネルでメッセージの送受信

Go のチャネルは、2 つ以上のゴルーチン間でメッセージを交換することを可能にします。概念的には、チャネルはゴルーチン間の直通電話のようなものと考えられます（図 7.2 参照）。ゴルーチンは、チャネルの両端を使ってメッセージの送受信ができます。

図 7.2　チャネルは、ゴルーチン間の直通電話

チャネルを使うには、まず make() 組み込み関数を使ってチャネルを作成します。ゴルーチンを作成する際に、引数としてチャネルを渡せます。メッセージの送信には、<- 演算子を使います。リスト 7.1 では、string 型のチャネルを初期化しています。指定されたチャネルの型により、同じ型のメッセージを送信できます。リスト 7.1 で示すように、string 型のチャネルでは文字列のみ送信できます。このチャネルを作成した後、receiver() という新たに作成したゴルーチンにチャネル

を渡します。そして、チャネルを介して3つの文字列メッセージを送信しています。

◎リスト7.1　チャネルの作成と利用

```go
package main

import "fmt"

func main() {
    msgChannel := make(chan string) // ← string型の新たなチャネルの作成
    go receiver(msgChannel) // ← チャネルへの参照を渡して新たなゴルーチンを開始
    fmt.Println("Sending HELLO...")
    msgChannel <- "HELLO" // ← チャネルに対して1つ目の文字列を送信
    fmt.Println("Sending THERE...")
    msgChannel <- "THERE" // ← チャネルに対して2つ目の文字列を送信
    fmt.Println("Sending STOP...")
    msgChannel <- "STOP" // ← チャネルに対して3つ目の文字列を送信
}
```

チャネルからメッセージを受信するには、同じ <- 演算子を使います。ただし、演算子の左ではなく右にチャネルを配置します。これは、メッセージ "STOP" を受信するまでチャネルからメッセージを読み込み続ける receiver() ゴルーチンの実装（リスト7.2）で示されています。

◎リスト7.2　チャネルからのメッセージの読み込み

```go
func receiver(messages chan string) {
    msg := ""
    for msg != "STOP" { // ← 受信したメッセージがSTOPではない間は繰り返す
        msg = <-messages // ← チャネルから次のメッセージを読み込む
        fmt.Println("Received:", msg) // ← メッセージをコンソールへ出力
    }
}
```

リスト7.1とリスト7.2を組み合わせると、main() ゴルーチンが共通チャネルにメッセージを送信し、receiver() ゴルーチンがメッセージを受信するという結果になります。main() ゴルーチンが "STOP" メッセージを送信すると、receiver() ゴルーチンは for ループの実行を終了します。次が出力です。

```
$ go run messagepassing.go
Sending HELLO...
Sending THERE...
Received: HELLO
Received: THERE
Sending STOP...
```

この出力において、receiver() ゴルーチンからの最後の "STOP" メッセージが欠けていることに注意してください。これは、main() ゴルーチンが "STOP" メッセージを送信した後、すぐに終了するためです。main() ゴルーチンが終了すると、プロセス全体が終了し、コンソールに "STOP" メッセージが表示されることはありません。

第7章　メッセージパッシングを使った通信

もしゴルーチンがメッセージをチャネルに書き込む際に、そのメッセージを読む別のゴルーチンが存在しない場合はどうなるでしょうか。Goのチャネルはデフォルトで同期的であるため、送信側ゴルーチンは、メッセージを読み込む準備ができた受信側ゴルーチンが現れるまで待たされます。図7.3では、受信側ゴルーチンが存在しないため、送信側ゴルーチンが待たされる様子を示しています。

図7.3　受信側ゴルーチンがいないチャネルへのメッセージ送信

これを試すために、リスト7.2の receiver() をリスト7.3のように変更できます。この receiver() では、チャネルからのメッセージを受信せずに5秒間スリープしてから終了します。

◎リスト7.3　メッセージを受信しない receiver()

```go
func receiver(messages chan string) {
    // ↓ チャネルからメッセージを読み込まずに、5秒間スリープ
    time.Sleep(5 * time.Second)
    fmt.Println("Receiver slept for 5 seconds")
}
```

リスト7.3をリスト7.1の main() 関数と一緒に実行すると、main() ゴルーチンは5秒間待たされます。これは、main() ゴルーチンがチャネルに送信しようとしているメッセージを受信するゴルーチンがいないためです。

```
$ go run noreceiver.go
Sending HELLO...
Receiver slept for 5 seconds
fatal error: all goroutines are asleep - deadlock!

goroutine 1 [chan send]:
main.main()
        /chapter7/listing7.3/noreceiver.go:12 +0xb9
exit status 2
```

receiver() ゴルーチンは5秒後に終了するため、チャネルからのメッセージを受信できる他のゴルーチンはありません。Goのランタイムはこれを認識し、致命的なエラーを発生させます。このエラーがなければ、プログラムは手動で終了するまで待たされたままになります。エラーメッセージには、デッドロックが発生したと表示されています。第11章「デッドロックを回避」で、デッドロックへの対処方法について説明します。

同じ状況は、メッセージを待っている受信ゴルーチンが存在し、送信ゴルーチンがいない場合にも発生します。受信ゴルーチンはメッセージが利用可能になるまで一時停止させられます（図7.4参照）。

7.1 メッセージの送受信

図7.4　メッセージが利用可能になるまで受信ゴルーチンは待たされる

リスト7.4 では、チャネルにメッセージを書き込むのではなく、5 秒間スリープする `sender()` ゴルーチンがあります。`main()` ゴルーチンは同じチャネルからメッセージを読み込もうとしますが、誰もメッセージを送信していないため待たされます。

◎リスト7.4　送信側が何もメッセージを送信しないため、受信側は待たされる

```go
package main

import (
    "fmt"
    "time"
)

func main() {
    msgChannel := make(chan string) // ← string型の新たなチャネルの作成
    go sender(msgChannel)
    fmt.Println("Reading message from channel...")
    msg := <-msgChannel // ← チャネルからメッセージを読み込む
    fmt.Println("Received:", msg)
}

func sender(messages chan string) {
    time.Sleep(5 * time.Second) // ← メッセージの送信の代わりに、5秒間スリープ
    fmt.Println("Sender slept for 5 seconds")
}
```

リスト7.4 を実行すると、リスト7.3 と同様の結果になります。受信側がメッセージを待っており、`sender()` ゴルーチンが終了すると、Go のランタイムがエラーを出力します。次がコンソールの出力です。

```
$ go run nosender.go
Reading message from channel...
Sender slept for 5 seconds
fatal error: all goroutines are asleep - deadlock!

goroutine 1 [chan receive]:
main.main()
        /chapter7/listing7.4/nosender.go:12 +0xbd
exit status 2
```

ここで重要なのは、Go のチャネルはデフォルトで同期的であるということです。送信側は、その

メッセージを受け取るゴルーチンが存在しない場合、待たされます。同様に、受信側もメッセージを送信するゴルーチンが存在しない場合、待たされます。

7.1.2 チャネルを使ったメッセージのバッファリング

チャネルは同期的ですが、送信または受信を待つ前に複数のメッセージを保存するように設定できます（図7.5参照）。バッファありチャネルを使う場合、バッファに空き容量がある限り、送信側ゴルーチンは待たされません。

図7.5　ゴルーチン間でバッファありチャネルを使う

チャネルを作成するときに、バッファ容量を指定できます。そして、送信側ゴルーチンがメッセージを書き込んだ際にメッセージを読み込む受信側がいない場合、チャネルはそのメッセージを保存します（図7.6）。つまり、バッファに空き容量がある限り、送信側が一時停止して、受信側によるメッセージ読み込みを待つ必要がないということです。

図7.6　メッセージを読み込む受信側がいない場合、メッセージはバッファに保存されます

チャネルは、バッファに容量がある限りメッセージを保存し続けます。バッファがいっぱいになると、図7.7に示すように、送信側は再び待たされます。受信側が低速で、送信側の速度に十分追いつけるだけのメッセージを読み込めない場合も、このメッセージバッファの蓄積が起こります。

受信側ゴルーチンがメッセージの読み込みができるようになると、メッセージは送信された順序で受信側ゴルーチンに提供されます。このように保存されたメッセージの読み込みは、送信ゴルーチンが新たなメッセージを送信しなくなっても起こります（図7.8）。バッファにメッセージがある限り、受信側ゴルーチンは待たされません。

受信側ゴルーチンがすべてのメッセージを読み込んで、バッファが空になると、受信側ゴルーチンは再び待たされます。バッファが空になると、送信側が存在しない場合、または受信側が読み込める速度よりも遅い速度で送信側がメッセージを生成している場合、受信側は待たされます。これは、図7.9に示されています。

それでは、実際に試してみましょう。リスト7.5は、1秒に1つの割合で整数チャネルからのメッ

図7.7　いっぱいになったバッファは、送信側を待たせます

図7.8　受信側は、送信側が存在しなくなっても、バッファに保存されているメッセージを読み込みます

図7.9　送信側がいない空のバッファは、受信側を待たせます

セージを受信する、読み込みが遅いメッセージ受信側を示しています。ゴルーチンの速度を遅くするために、time.Sleep() を使っています。receiver() ゴルーチンが -1 の値を受信すると、メッセージの受信を停止し、ウェイトグループに対して Done() メソッドを呼び出します。

◎リスト 7.5　1秒ごとにメッセージを読み込む受信側

```go
package main

import (
    "fmt"
    "sync"
    "time"
)

func receiver(messages chan int, wGroup *sync.WaitGroup) {
    msg := 0
    for msg != -1 { // ← -1 を受信するまでチャネルからメッセージを読み込み続ける
        time.Sleep(1 * time.Second) // ← 1秒間スリープ
        msg = <-messages // ← チャネルから次のメッセージを読み込む
        fmt.Println("Received:", msg)
    }
    // ↓ すべてのメッセージを読み終えたらウェイトグループに対して Done() を呼び出す
```

```
        wGroup.Done()
}
```

これで、バッファありチャネルを作成し、受信側が読み込む速度よりも速い速度でメッセージをチャネルに送信する main() 関数を記述できます。リスト 7.6 では、3 つのメッセージの容量を持つバッファありチャネルを作成します。次に、このチャネルを使って、1 から 6 までの番号をそれぞれ含む 6 つのメッセージを素早く送信します。その後、-1 の値を含む最後のメッセージを送信します。最後に、receiver() ゴルーチンがウェイトグループで完了するのを待ちます。

◎リスト 7.6　バッファありチャネルにメッセージを送信する main() 関数

```
func main() {
    // ↓ 3 つのメッセージのバッファ容量を持つ新たなチャネルを作成
    msgChannel := make(chan int, 3)
    wGroup := sync.WaitGroup{} // ← ウェイトグループを作成し、
    wGroup.Add(1)              //    サイズを 1 に設定
    // ↓ バッファありチャネルとウェイトグループで受信側ゴルーチンを開始
    go receiver(msgChannel, &wGroup)
    for i := 1; i <= 6; i++ {
        size := len(msgChannel) // ← バッファありチャネルからメッセージ数を読み込む
        fmt.Printf("%s Sending: %d. Buffer Size: %d\n",
            time.Now().Format("15:04:05"), i, size)
        msgChannel <- i // ← 1 から 6 までの 6 つの整数メッセージを送信
    }
    msgChannel <- -1 // ← -1 のメッセージを送信
    wGroup.Wait()    // ← 受信側ゴルーチンの終了をウェイトグループで待つ
}
```

注記　len(buffer) 関数を使ってバッファ上のメッセージ数を調べられます。

リスト 7.5 とリスト 7.6 を組み合わせると、6 つのメッセージを送信しようとする高速な送信側が得られます。受信側がはるかに遅いので、main() ゴルーチンはチャネルのバッファに 3 つのメッセージを書き込み、その後待ちます。受信側は 1 秒ごとにメッセージを読み込み、バッファ内の領域を解放しますが、送信側はまたすぐにその領域を埋めます。各送信および受信操作のタイムスタンプを示す出力は、次のとおりです。

```
11:09:15 Sending: 1. Buffer Size: 0
11:09:15 Sending: 2. Buffer Size: 1
11:09:15 Sending: 3. Buffer Size: 2
11:09:15 Sending: 4. Buffer Size: 3
11:09:16 Received: 1
11:09:16 Sending: 5. Buffer Size: 3
11:09:17 Received: 2
11:09:17 Sending: 6. Buffer Size: 3
11:09:18 Received: 3
11:09:19 Received: 4
11:09:20 Received: 5
```

```
11:09:21 Received: 6
11:09:22 Received: -1
```

7.1.3　チャネルに方向を与える

Goのチャネルはデフォルトで双方向（*bidirectional*）です。つまり、ゴルーチンはメッセージの受信側としても送信側としても動作します。しかし、チャネルには方向を設定でき、そのチャネルを使うゴルーチンがメッセージの送信または受信のみを行うようにできます。

たとえば、関数のパラメータを宣言する際に、チャネルの方向を指定できます。リスト7.7では、メッセージが一方向にしか進まないようにする`receiver()`関数と`sender()`関数を宣言しています。`receiver()`関数で、チャネルを`messages <-chan int`と宣言すると、そのチャネルは受信専用チャネルであることを意味します。`sender()`関数で、チャネルを`messages chan<- int`と宣言すると、その反対を表しており、チャネルはメッセージ送信専用チャネルであることを意味します。

◎リスト7.7　方向を持つチャネルの宣言

```go
package main

import (
    "fmt"
    "time"
)

func receiver(messages <-chan int) { // ← 受信専用チャネルを宣言
    for {
        msg := <-messages // ← チャネルからメッセージを受信
        fmt.Println(time.Now().Format("15:04:05"), "Received:", msg)
    }
}

func sender(messages chan<- int) { // ← 送信専用チャネルを宣言
    for i := 1; ; i++ {
        fmt.Println(time.Now().Format("15:04:05"), "Sending:", i)
        messages <- i                   // ← 1秒ごとにチャネルに
        time.Sleep(1 * time.Second) //    メッセージを送信
    }
}

func main() {
    msgChannel := make(chan int)
    go receiver(msgChannel)
    go sender(msgChannel)
    time.Sleep(5 * time.Second)
}
```

リスト7.7では、受信側のチャネルを使ってメッセージを送信しようとすると、コンパイルエラーが発生します。たとえば、`receiver()`関数内で次のことを行うとします。

```
messages <- 99
```

コンパイルすると、次のエラーメッセージが表示されます。

```
$ go build directional.go
# command-line-arguments
.\directional.go:11:9: invalid operation: cannot send to receive-only channel
 messages (variable of type <-chan int)
```

7.1.4　チャネルをクローズする

ここまで、チャネルにこれ以上のデータがないことを示すために特別な値メッセージを使ってきました。たとえば、リスト 7.5 では、受信側はチャネルに -1 の値が現れるのを待っています。この値が通知されると、受信側はメッセージの読み込みを停止できます。この通知メッセージは、いわゆるセンチネル値（*sentinel value*）として知られる値を含んでいます。

> **定義**　ソフトウェア開発において、センチネル値（*sentinel value*）とは、実行、プロセス、またはアルゴリズムに終了を指示する、あらかじめ定義された値のことです。マルチスレッドおよび分散システムでは、これはポイズンピル（*poison pill*）メッセージと呼ばれることもあります。

このセンチネル値メッセージを使う代わりに、Go ではチャネルをクローズできます。コードで、`close(channel)` 組み込み関数を呼び出すことでクローズします。いったんチャネルをクローズしたら、そのチャネルにメッセージを送信すべきではありません。なぜなら、送信しようとするとエラーが発生するためです。それとは反対に、クローズされたチャネルからメッセージを受信しようとすると、チャネルのデータ型のデフォルト値を含むメッセージを受け取ります。たとえば、チャネルが整数型の場合、クローズされたチャネルから読み込むと、読み込み操作は 0 の値を返します。これは図 7.10 に示されています。

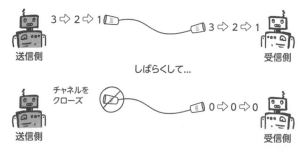

図 7.10　チャネルをクローズして、メッセージを読み込み続ける

チャネルをクローズした後もメッセージを常に読み込み続ける受信側を実装することで、これを証明できます。リスト 7.8 は、チャネルからメッセージを 1 秒ごとに読み込んで、コンソールに出力す

るループを持つ receiver() 関数です。

◎リスト 7.8　無限にチャネルから受信

```
package main

import (
    "fmt"
    "time"
)

func receiver(messages <-chan int) { // ← 受信専用チャネルを宣言
    for {
        msg := <-messages // ← チャネルから1つのメッセージを読み込む
        fmt.Println(time.Now().Format("15:04:05"), "Received:", msg)
        time.Sleep(1 * time.Second) // ← 1秒間スリープ
    }
}
```

次に、チャネル上でいくつかのメッセージを送信し、その後チャネルをクローズする main() 関数を実装しましょう。リスト 7.9 では、1 秒ごとに 3 つのメッセージを送信し、その後チャネルをクローズします。また、receiver() ゴルーチンがクローズされたチャネルから読み込む内容を表示するために、3 秒間のスリープも追加しました。

◎リスト 7.9　メッセージを送信し、チャネルをクローズする main() 関数

```
func main() {
    msgChannel := make(chan int)
    go receiver(msgChannel)
    for i := 1; i <= 3 ; i++ {
        fmt.Println(time.Now().Format("15:04:05"), "Sending:", i)
        msgChannel <- i
        time.Sleep(1 * time.Second)
    }
    close(msgChannel)
    time.Sleep(3 * time.Second)
}
```

リスト 7.8 とリスト 7.9 を一緒に実行すると、受信側はまず 1 から 3 までのメッセージを出力し、次に 0 を 3 秒間読み込みます。

```
$ go run closing.go
17:19:50 Sending: 1
17:19:50 Received: 1
17:19:51 Sending: 2
17:19:51 Received: 2
17:19:52 Sending: 3
17:19:52 Received: 3
17:19:53 Received: 0
17:19:54 Received: 0
```

```
17:19:55 Received: 0
```

このデフォルト値を使って、チャネルがクローズされたことを受信側に知らせることはできるでしょうか。実際には、デフォルト値を使うことは理想的ではありません。なぜなら、そのデフォルト値を示す数値は私たちのユースケースにとって有効な値かもしれないからです。たとえば、天気予報アプリケーションがチャネル経由で気温を送信するとします。このシナリオでは、気温が 0 になるたびに受信側はチャネルがクローズされたと思ってしまうでしょう。

幸運なことに、Go にはクローズされたチャネルを処理するためのいくつかの方法があります。たとえば、チャネルから読み込むたびに、チャネルの状態を示す追加のフラグが返されます。このフラグはチャネルがクローズされたときだけ `false` に設定されます。次のリスト 7.10 では、リスト 7.8 の `receiver()` 関数を変更して、このフラグを読み込む方法を示します。このフラグを使うことで、チャネルからの読み込みを停止するかを決定できます。

◎リスト 7.10　チャネルのクローズが示されると終了する `receiver()` 関数

```go
func receiver(messages <-chan int) {
    for {
        // ↓ メッセージと、チャネルがクローズされたら false に設定される
        //     オープン・チャネル・フラグを読み込む
        msg, more := <-messages
        fmt.Println(time.Now().Format("15:04:05"), "Received:", msg, more)
        time.Sleep(1 * time.Second)
        if !more { // ← メッセージがなくなれば、
            return //     チャネルからの読み込みを停止
        }
    }
}
```

リスト 7.9 の `main()` 関数でリスト 7.10 を実行すると、期待どおり、チャネルがクローズされるまでメッセージが読み込まれます。チャネルがクローズされるとオープン・チャネル・フラグが `false` に設定されることもわかります。

```
$ go run closingFlag.go
08:07:41 Sending: 1
08:07:41 Received: 1 true
08:07:42 Sending: 2
08:07:42 Received: 2 true
08:07:43 Sending: 3
08:07:43 Received: 3 true
08:07:44 Received: 0 false
```

次の第 8 章「チャネルをセレクト」で説明するように、この構文は、`select` 文と組み合わせた場合など、特定の状況においては役立ちます。しかし、受信側が、クローズされたチャネルでの読み込みを停止できるようにする、もっとすっきりした構文があります。チャネルがクローズされるまですべてのメッセージを読み込みたい場合、次のような `for` ループ構文を使えます。

```
for msg := range messages
```

ここでは messages 変数がチャネルです。この方法で、送信側が最終的にチャネルをクローズするまで繰り返し処理を続けられます。次のリスト 7.11 は、リスト 7.9 の receiver() 関数を変更して、この新たな構文を使う方法を示しています。

◎リスト 7.11　チャネルからのメッセージを反復処理する receiver() 関数

```go
func receiver(messages <-chan int) {
    // ↓ チャネルがクローズされるまで、チャネルからメッセージを読み込み、msg 変数へ代入
    for msg := range messages {
        fmt.Println(time.Now().Format("15:04:05"), "Received:", msg)
        time.Sleep(1 * time.Second)
    }
    fmt.Println("Receiver finished.")
}
```

リスト 7.9 と同じ main() 関数でリスト 7.11 を実行すると、main() ゴルーチンがチャネルをクローズするまで、main() ゴルーチンから送信されたすべてのメッセージを読み込みます。次のように出力されます。

```
$ go run forchannel.go
09:52:11 Sending: 1
09:52:11 Received: 1
09:52:12 Sending: 2
09:52:12 Received: 2
09:52:13 Sending: 3
09:52:13 Received: 3
Receiver finished.
```

7.1.5　チャネル経由で関数の結果を受け取る

バックグラウンドで関数を並行に実行し、終了したらチャネル経由でその結果を収集するように記述できます。通常の逐次プログラミングでは、関数を呼び出し、その関数が結果を返すことを期待します。並行プログラミングでは、別々のゴルーチンで関数を呼び出し、後でその戻り値を出力チャネルから受け取れます。

これを簡単な例で調べてみましょう。次のリスト 7.12 は、入力された数値の因数を求める関数を示しています。因数とは、対象の数を割って余りが残らない数のことです。たとえば、findFactors(6) を呼び出すと、[1 2 3 6] という値が返されます。

◎リスト 7.12　特定の数値のすべての因数を求める関数

```go
package main

import (
    "fmt"
```

第 7 章　メッセージパッシングを使った通信

```go
)
func findFactors(number int) []int {  // ← 入力された数値のすべての因子を求める
    result := make([]int, 0)
    for i := 1; i <= number; i++ {
        if number%i == 0 {
            result = append(result, i)
        }
    }
    return result
}
```

2つの異なる数値に対して `findFactors()` 関数を2回呼び出す場合、逐次プログラミングでは、2つの呼び出しが順番に行われます。たとえば、次のようになります。

```go
fmt.Println(findFactors(3419110721))
fmt.Println(findFactors(4033836233))
```

しかし、1つ目の数値で関数を呼び出し、その関数が因数を計算している間に、2つ目の数値で2回目の関数を呼び出したい場合はどうでしょうか。もし複数のコアが利用可能であれば、1回目の `findFactors()` と2回目の `findFactors()` を並列に実行することで、プログラムを高速化できるはずです。大きな数値の因数を求めるのは時間がかかるので、複数の処理コアで処理するのがよいでしょう。

もちろん、1つ目の呼び出しのためにゴルーチンを起動し、それから2つ目の呼び出しを行うこともできます。

```go
go findFactors(3419110721)
fmt.Println(findFactors(4033836233))
```

しかし、1つ目の呼び出しの結果を簡単に待って収集するにはどうすればよいでしょうか。共有変数やウェイトグループのようなものを使うこともできますが、もっと簡単な方法があります。それは、チャネルを使うことです。次のリスト 7.13 では、ゴルーチンとして実行され、1つ目の `findFactors()` 呼び出しを行う無名関数を使っています。

◎リスト 7.13　チャネルを使って結果を収集

```go
func main() {
    resultCh := make(chan []int)  // ← int 型のスライスの新たなチャネルの生成
    go func() {
        // ↓ 無名関数のゴルーチン内で関数を呼び出して、結果をチャネルへ書き込む
        resultCh <- findFactors(3419110721)
    }()
    fmt.Println(findFactors(4033836233))
    fmt.Println(<- resultCh)  // ← チャネルから結果を収集
}
```

この無名ゴルーチンを使って、findFactors()関数の結果を収集し、チャネルに書き込みます。後で、main()ゴルーチンで2つ目の呼び出しが終了した後、チャネルから結果を読み込めます。1つ目のfindFactors()呼び出しがまだ完了していない場合、チャネルからの読み込みは結果が得られるまでmain()ゴルーチンを待たせます。次が、すべての因子を示す出力です。

```
$ go run collectresults.go
[1 7 131 917 4398949 30792643 576262319 4033836233]
[1 13 113 1469 2327509 30257617 263008517 3419110721]
```

7.2 チャネルを実装する

チャネルの内部ロジックはどのようになっているのでしょうか。基本的な形では、バッファありチャネルは固定サイズのキューのデータ構造に似ています。違いは、複数の並行ゴルーチンから安全に使えることです。さらに、チャネルは、バッファが空の場合は受信側ゴルーチンを待たせ、バッファがいっぱいの場合は送信側ゴルーチンを待たせる必要があります。本節では、ここまでの各章で構築した並行処理の基本操作を使ってチャネルの送受信メソッドを構築し、チャネルの内部動作を理解できるようにします。

7.2.1 セマフォでチャネルを作成する

チャネルの機能を構築するには、いくつかの要素が必要です。

- 送信側と受信側間のメッセージを格納するバッファのように動作する共有キューのデータ構造
- 複数の送信側と受信側が互いに干渉しないように、共有データ構造に対する並行アクセス保護
- バッファが空の場合に受信側の実行を待たせるアクセス制御
- バッファがいっぱいの場合に送信側の実行を待たせるアクセス制御

メッセージを格納する共有データ構造を実装するための選択肢はいくつかあります。たとえば、配列上にキュー構造を構築しスライスを使ったり、あるいはリンクリストを使ったりできます。どのツールを選択するにしても、キューのセマンティクス、つまり先入れ先出しができる必要があります。

共有データ構造を並行アクセスから保護するために、単純なミューテックスを使えます。キューにメッセージを追加したり削除したりする際には、キューへの並行な更新が干渉しないようにする必要があります。

キューがいっぱいか、空になったときに実行が待たされるようにアクセスを制御するには、セマフォを使えます。この場合、セマフォは特定の数の並行実行に対して並行アクセスを許可するので、優れた基本操作です。受信側から見ると、セマフォを使うことは、共有キュー内のメッセージの数だけ利用許可を持つことと考えることができます。キューが空になると、セマフォの利用許可数が0になるため、セマフォはメッセージを読み込もうとする次のリクエストを待たせます。同じ方法が送信側でも使えます。キューがいっぱいになると0になる別のセマフォを使えます。0になると、セマフォは次の送信要求を待たせます。

第 7 章　メッセージパッシングを使った通信

　これらの 4 つの要素が、図 7.11 のバッファサイズ 10 のチャネルを構成しています。2 つのセマフォである容量セマフォとバッファ・サイズ・セマフォを使って、容量に到達したときやバッファが空のときにそれぞれ、ゴルーチンを待たせます。図では、バッファに 3 つのメッセージがあり、バッファ・サイズ・セマフォは 3 を示しています。これは、バッファがいっぱいになるまでに 7 つの空き領域が残っていることを意味し、容量セマフォはこの値に設定されています。

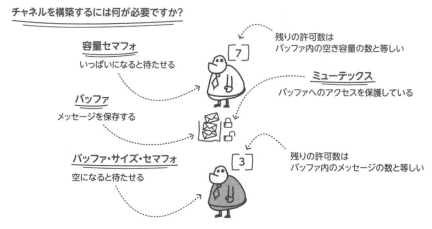

図 7.11　チャネル構築に必要な構造とツール

　リスト 7.14 に示すように、これら 4 つの要素を持つ channel 構造体型のコードを作成できます。バッファには、container パッケージのリンクリスト実装を使います。リンクリストは、常にリンクリストの先頭または末尾にメッセージを追加したり削除したりするため、キューの実装には理想的な構造です。Channel 構造体では、さまざまなデータ型でチャネル実装を簡単に使えるように、ジェネリクスも使っています。

◎リスト 7.14　独自のチャネル実装用の構造体型

```go
package listing7_14

import (
    "container/list"
    "github.com/cutajarj/ConcurrentProgrammingWithGo/chapter5/listing5.16"
    "sync"
)

type Channel[M any] struct {
    // ↓ バッファがいっぱいになったときに送信側を待たせる容量セマフォ
    capacitySema *listing5_16.Semaphore
    // ↓ バッファが空になったときに受信側を待たせるバッファ・サイズ・セマフォ
    sizeSema     *listing5_16.Semaphore
    mutex        sync.Mutex // ← 共有リストデータ構造を保護するミューテックス
    buffer       *list.List // ← キューデータ構造として使うリンクリスト
}
```

次に、構造体型の要素をデフォルトの空の値で初期化する関数が必要です。新たなチャネルを作成する際には、バッファを空にし、バッファ・サイズ・セマフォの許可数を 0 にし、容量セマフォの許可数を入力容量に等しくする必要があります。これにより、送信側はメッセージを追加できますが、バッファが空であるため受信側を待たせられます。リスト 7.15 の `NewChannel()` 関数がこの初期化を行います。

◎リスト 7.15　新たなチャネルを作成する関数

```
func NewChannel[M any](capacity int) *Channel[M] {
    return &Channel[M]{
        // ↓ 入力容量に等しい許可数を持つ新たなセマフォを作成
        capacitySema: listing5_16.NewSemaphore(capacity),
        // ↓ 許可数が 0 に等しい新たなセマフォを作成
        sizeSema:     listing5_16.NewSemaphore(0),
        buffer:       list.New(), // ← 新たな空のリンクリストを作成
    }
}
```

7.2.2　独自のチャネルに `Send()` メソッドを実装する

では、セマフォ、バッファ、およびミューテックスがどのように連携してチャネルの送信機能を提供するかを見ていきましょう。`Send(message)` メソッドは次の 3 つの要件を満たす必要があります。

- バッファがいっぱいになったらゴルーチンを待たせる
- そうでなければ、安全にメッセージをバッファに追加する
- 複数の受信側ゴルーチンがメッセージを待っている場合、そのうちの 1 つを再開する

図 7.12 で示される 3 つのステップを実行することで、これらの要件をすべて満たせます。

1. 送信側は、容量セマフォから許可を獲得し、許可数を 1 つ減らします。これにより、最初の要件が満たされます。バッファがいっぱいの場合、ゴルーチンは利用可能な許可がないため待たされます。
2. 送信側はメッセージをバッファデータ構造にプッシュします。今回の実装では、このデータ構造はリンクリストキューです。並行な更新からキューを保護するために、ミューテックスを使ってアクセスを同期します。
3. 送信側ゴルーチンは、バッファ・サイズ・セマフォに対して `Release()` メソッドを呼び出すことで許可を解放します。これは最後の要件を満たすもので、メッセージを待っているゴルーチンがある場合、そのゴルーチンは再開されます。

リスト 7.16 は、送信側の実装を示しています。`Send(message)` メソッドは、容量セマフォの許可を減らし、メッセージをキューにプッシュし、バッファ・サイズ・セマフォの許可を増やすという 3 つのステップを含んでいます。

第7章 メッセージパッシングを使った通信

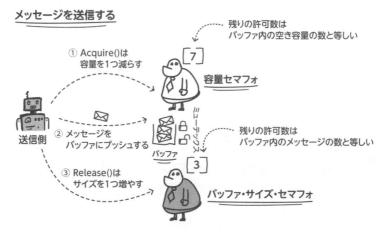

図7.12 チャネルへメッセージを送信する

◎リスト 7.16　チャネル実装用の `Send()` メソッド

```
func (c *Channel[M]) Send(message M) {
    c.capacitySema.Acquire() // ← 容量セマフォから 1 つの許可を獲得

    c.mutex.Lock()              // ← ミューテックスを使い競合状態から保護しながら、メッ
    c.buffer.PushBack(message)  //    セージをバッファキューへ追加
    c.mutex.Unlock()            //

    c.sizeSema.Release() // ← バッファ・サイズ・セマフォから 1 つの許可を解放
}
```

バッファがいっぱいの場合、容量セマフォには許可が残っていないため、送信側ゴルーチンは最初のステップで待たされます（図7.13 参照）。また、初期容量 0 のチャネルが使われて、受信側が存在しない場合も、送信側は待たされます。こうして Go のチャネルと同じ同期機能を提供します。

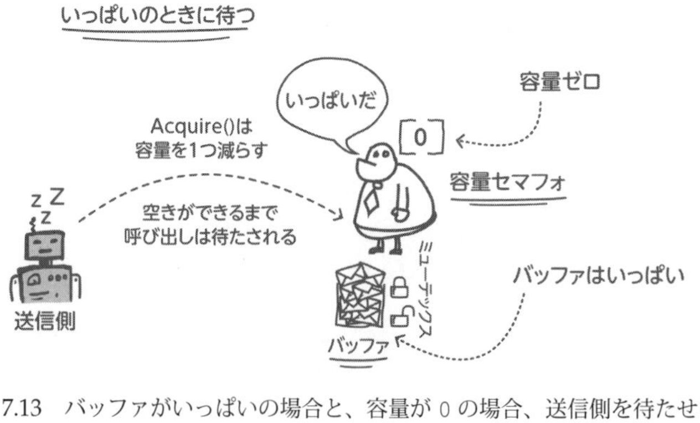

図7.13　バッファがいっぱいの場合と、容量が 0 の場合、送信側を待たせる

7.2.3 独自のチャネルに Receive() メソッドを実装する

では、チャネル実装の受信側を見ていきましょう。Receive() メソッドは、次の要件を満たす必要があります。

- 容量待ちの送信側の待ちを解除する
- バッファが空の場合、受信側を待たせる
- 空でなければ、バッファから安全に次のメッセージを読み込む

これらすべての要件を満たすために必要なステップを、図 7.14 に示しています。

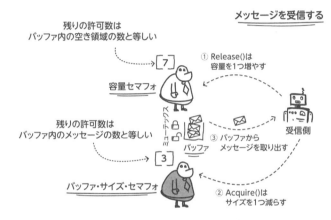

図 7.14　チャネルからメッセージを受信する

1. 受信側は容量セマフォの許可を解放します。これにより、メッセージをプッシュするために容量を待っている送信側の待ちが解除されます。
2. 受信側はバッファ・サイズ・セマフォから許可を得ようとします。これは、バッファのメッセージが空の場合、受信側ゴルーチンを待たせる効果があり、2 つ目の要件を満たします。
3. セマフォが受信側の待ちを解除すると、ゴルーチンはバッファから次のメッセージを読み込み、削除します。ここで、並行実行が互いに干渉しないよう共有バッファを保護するために、送信側メソッドで使ったのと同じミューテックスを使う必要があります。

　　注記　容量セマフォの許可を最初に解放する理由は、バッファサイズがゼロのチャネルであっても動作するように実装したいからです。これは、送信側と受信側がともに利用可能になるまで待つ場合です。

リスト 7.17 は Receive() メソッドの実装を示しており、図 7.14 で説明した 3 つのステップを実行します。このメソッドは容量セマフォを解放し、バッファ・サイズ・セマフォを獲得してから、キューバッファを実装するリンクリストから最初のメッセージを取り出します。このメソッドは、Send() メソッドと同じミューテックスを使って、リンクリストを並行実行の干渉から保護しています。

第 7 章　メッセージパッシングを使った通信

◎リスト 7.17　チャネル実装用の Receive() メソッド

```
func (c *Channel[M]) Receive() M {
    c.capacitySema.Release() // ← 容量セマフォから 1 つの許可を解放

    c.sizeSema.Acquire() // ← バッファ・サイズ・セマフォから 1 つの許可を獲得

    c.mutex.Lock()                                      // ← ミューテックスで競合状態から
    v := c.buffer.Remove(c.buffer.Front()).(M) //    保護しながら、バッファからメッ
    c.mutex.Unlock()                                    //    セージを 1 つ削除

    return v // ← メッセージの値を返す
}
```

バッファが空の場合、バッファ・サイズ・セマフォで利用可能な許可は 0 です。このシナリオでは、受信側ゴルーチンが許可を獲得しようとすると、バッファ・サイズ・セマフォは、送信側がメッセージをプッシュして同じセマフォ上で Release() メソッドを呼び出すまで待たせます。図 7.15 は、許可数が 0 のバッファ・サイズ・セマフォで受信側ゴルーチンが待たされている様子を示しています。

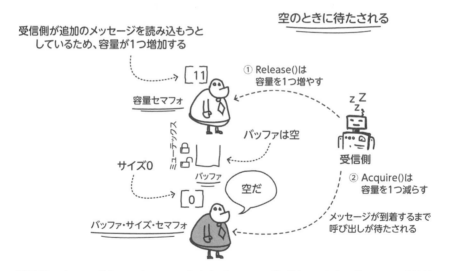

図 7.15　バッファが空で、バッファ・サイズ・セマフォの許可が 0 のときに待っている受信側

このセマフォを使った待ちのロジックは、図 7.16 に示すように、チャネル容量が 0 に設定されているときにも機能します。これは Go のチャネルのデフォルトの動作です。このような場合、受信側は容量セマフォの許可を解放し、バッファ・サイズ・セマフォを獲得しようとして待ちます。送信側が現れると、送信側は容量セマフォから許可を獲得し、メッセージをバッファにプッシュしてから、バッファ・サイズ・セマフォを解放します。これは受信ゴルーチンの待ちを解除する効果があります。その後、受信側はバッファからメッセージを取り出します。

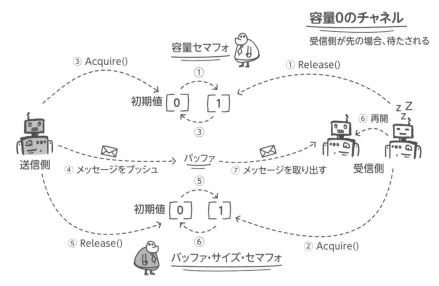

図7.16 容量ゼロのチャネルは、送信側がメッセージをプッシュするまで受信側を待たせます

送信側が容量ゼロのチャネルで受信側より先に到着した場合、送信側は、受信側がやってきて同じセマフォの許可を解放するまで、容量セマフォを獲得しようとする際に待たされます。

Goのチャネルはどのように実装されているのか

Goのチャネルの実際の実装は、性能を向上させるためにランタイムスケジューラと統合されています。本章の実装とは異なり、2つのセマフォシステムを使ってゴルーチンを一時停止させることはしません。その代わりに、一時停止された受信側ゴルーチンと送信側ゴルーチンへの参照を格納する、2つのリンクリストを使っています。

Goの実装には、保留中のメッセージを格納するバッファもあります。このバッファがいっぱいになるかチャネルが同期的（すなわちバッファなしチャネル）であれば、新たな送信側ゴルーチンは一時停止され、送信側リストにキューイングされます。逆に、バッファが空になると、新たな受信側ゴルーチンは一時停止され、受信側リストにキューイングされます。

これらのリストは、ゴルーチンを再開する必要があるときに使われます。メッセージが利用可能になると、受信側リストの先頭のゴルーチンが選択され、再開されます。新たな受信側が利用可能になると、送信側リストの先頭のゴルーチンが再開されます（存在する場合）。本章の実装とは異なり、このシステムは一時停止されたゴルーチン間の公平性を保証します。最初に一時停止されたゴルーチンが最初に再開されることになります。

チャネルのソースコードは、GoのGitHubプロジェクトのruntimeパッケージ（https://github.com/golang/go/blob/master/src/runtime/chan.go）にあります。

7.3 練習問題

注記　https://github.com/cutajarj/ConcurrentProgrammingWithGo に、すべての解答コードがあります。

1. リスト7.1とリスト7.2では、受信側は最後のメッセージ"STOP"を出力していません。これは、receiver()ゴルーチンが最後のメッセージを出力する前に、main()ゴルーチンが終了してしまうからです。追加の並行処理ツールやSleep()関数を使わずに、最後のメッセージが出力されるようにロジックを変更してください。
2. リスト7.8では、チャネルがクローズされた場合、受信側は0を読み込みます。異なるデータ型で試してみてください。チャネルがstring型の場合はどうなりますか。スライス型の場合はどうでしょうか。
3. リスト7.13では、子ゴルーチンを使って1つの数値の因数を計算し、main()ゴルーチンを使ってもう1つの数値の因数を計算しています。リスト7.13を修正して、複数のゴルーチンを使って10個の乱数の因数を集めるようにしてください。
4. リスト7.14からリスト7.17までを修正し、セマフォの代わりに条件変数を使い、チャネルを実装してください。この実装では、サイズがゼロのバッファを持つチャネルもサポートする必要があります。

まとめ

- メッセージパッシングは、並行な実行が通信するもう1つの方法です。
- メッセージパッシングは、メッセージを渡してアクションや返事を期待する、私たちの日常的なコミュニケーション方法に似ています。
- Goでは、チャネルを使ってゴルーチン間でメッセージを受け渡しできます。
- Goのチャネルは同期的です。デフォルトでは、受信側がいない場合には送信側は待たされ、送信側がいない場合には受信側が待たされます。
- 受信側が待機していなくても、送信側がN個のメッセージを送信できるようにしたい場合、チャネルにメッセージを格納するバッファを設定できます。
- バッファありチャネルでは、バッファに十分な容量があれば、送信側は受信側がいなくてもチャネルにメッセージの書き込みを続けられます。バッファがいっぱいになると、送信側は待たされます。
- バッファありチャネルでは、受信側は、バッファが空でなければチャネルからのメッセージの読み込みを続けられます。バッファが空になると、受信側は待たされます。
- チャネル宣言に方向を割り当てることで、チャネルから受信したり、チャネルに送信したりできますが、両方向の通信はできないようになります。
- チャネルをクローズするにはclose()関数を使います。
- チャネルからの読み込み操作は、チャネルがまだオープンされているかを示すフラグを返します。

- `for range` ループを使うことで、チャネルがクローズされるまで、チャネルからのメッセージの読み込みを続けられます。
- チャネルを使って並行ゴルーチンの実行結果を収集できます。
- チャネルの機能は、キュー、2つのセマフォ、ミューテックスを使うことで実装できます。

memo

第8章

チャネルをセレクト

本章では、以下の内容を扱います。
- 複数チャネルからのセレクト
- セレクトのケースを無効化
- メッセージパッシングかメモリ共有かの選択

前章では、チャネルを使って2つのゴルーチン間のメッセージパッシングを実装しました。本章では、Goのselect文を使って複数のチャネルでメッセージを読み書きし、タイムアウトとノンブロッキングチャネルを実装する方法を説明します。また、クローズされたチャネルを除外し、残りのオープンされているチャネルからだけ読み込む手法も検討します。最後に、メモリ共有とメッセージパッシングを比較し、どのような場合にどちらを選択すべきかについて説明します。

8.1 複数のチャネルを組み合わせる

1つのゴルーチンが、複数のチャネルの異なるゴルーチンからのメッセージに応答するにはどうすればよいでしょうか。select文を使えば、複数のチャネル操作を別々のケースとして指定し、どのチャネルが準備できたかに応じてそれぞれケースを実行できます。

8.1.1 複数チャネルから読み込む

ゴルーチンが別々のチャネルからのメッセージを受け取ることを期待しているが、次のメッセージがどのチャネルで受信されるかわからないという単純なシナリオを考えてみましょう。select文を使えば、複数のチャネルの読み込み操作をまとめてグループ化し、いずれかのチャネルにメッセージが到着するまでゴルーチンを待たせられます（図8.1参照）。

いずれかのチャネルにメッセージが到着すると、ゴルーチンは待ちを解除され、そのチャネル用のコードが実行されます（図8.2参照）。その後、実行を続けるか、再びselect文を使って次のメッセージを待つかを決定できます。

第 8 章 チャネルをセレクト

図 8.1　チャネルが利用可能になるまで select は待たせます

図 8.2　チャネルが利用可能になったら、select は待ちを解除します

　では、これをコードにどのように変換するか見てみましょう。リスト 8.1 では、チャネルに定期的にメッセージを送信する無名ゴルーチンを作成する関数があります。周期は入力変数 seconds で指定します。本章の後半で説明するように、関数が出力専用のチャネルを返すコードを記述することで、より複雑な動作を可能にするための構成要素としてこれらの関数を再利用できます。このようにできるのは、Go のチャネルがファーストクラス・オブジェクト（*first-class object*）だからです。

◎リスト 8.1　チャネルにメッセージを定期的に出力する関数

```
package main

import (
    "fmt"
    "time"
)

func writeEvery(msg string, seconds time.Duration) <-chan string {
    messages := make(chan string) // ← string 型の新たなチャネルを作成
    go func() { // ← 新たな無名ゴルーチンを作成
        for {
            time.Sleep(seconds) // ← 指定された期間だけスリープ
            messages <- msg // ← 指定されたメッセージをチャネルへ送信
        }
    }()
    return messages // ← 新たに作成されたメッセージのチャネルを返す
}
```

8.1 複数のチャネルを組み合わせる

> **定義** チャネルはファーストクラス・オブジェクト（*first-class object*）として、変数として格納したり、関数へ渡したり、関数から返したり、さらにはチャネルへ送信することもできます。

リスト 8.1 で示した writeEvery() 関数を 2 回呼び出すことで、select 文のデモを行えます。異なるメッセージと異なるスリープ秒数を指定すると、2 つのチャネルと 2 つのゴルーチンが異なる時間にメッセージを送信することになります。リスト 8.2 では、select 文でこれら 2 つのチャネルから読み込み、それぞれのチャネルを select 文の別々のケースとして扱います。

◎リスト 8.2　select を使って複数チャネルから読み込む

```
func main() {
    // ↓ チャネルAに対して1秒ごとにメッセージを送信するゴルーチンを作成
    messagesFromA := writeEvery("Tick", 1 * time.Second)
    // ↓ チャネルBに対して3秒ごとにメッセージを送信するゴルーチンを作成
    messagesFromB := writeEvery("Tock", 3 * time.Second)

    for { // ← 無限ループ
        select {
        case msg1 := <-messagesFromA:  // ← 利用可能であれば、チャネルAからのメッ
            fmt.Println(msg1)          //    セージを出力
        case msg2 := <-messagesFromB:  // ← 利用可能であれば、チャネルBからのメッ
            fmt.Println(msg2)          //    セージを出力
        }
    }
}
```

リスト 8.1 とリスト 8.2 を一緒に実行すると、main() ゴルーチンがいずれかのチャネルからメッセージが届くまで、毎回ループして待ちます。メッセージを受信すると、main() ゴルーチンは case の下のコードを実行します。この例では、コードはメッセージをコンソールに出力するだけです。

```
$ go run selectmanychannels.go
Tick
Tick
Tock
Tick
Tick
Tick
Tock
Tick
Tick
...
```

> **注記**　select を使う場合、複数のケースでデータが利用可能なら、ケースがランダムに選択されます。ケースのコードは、指定される順序に依存するように記述すべきではありません。

> **`select` 文の起源**
>
> UNIX オペレーティングシステムには、`select()` という名前のシステムコールが含まれています。このシステムコールは、ファイルやネットワークソケットといったファイル記述子の集まりを受け取り、そのうちの1つ以上が I/O 操作の準備ができるまで待ちます。このシステムコールは、単一のカーネルレベルスレッドから、複数のファイルやソケットを監視したい場合に便利です。
>
> Go の `select` 文は、プログラミング言語 Newsqueak の `select` コマンドに由来する名前です。Newsqueak（George Orwell の小説にある架空の言語 Newspeak と混同しないように）は、Go と同様に C.A.R. Hoare の CSP 形式言語から並行処理モデルを採用した言語です。Newsqueak の `select` 文自体は、1983 年に Blit グラフィックス端末用の多重 I/O を提供するために開発された `select` システムコールにちなんで名付けられた可能性があります。
>
> Go の `select` 文の命名に UNIX システムコールが影響を与えたかどうかは不明です。しかし、UNIX の `select()` システムコールは、複数のブロッキング操作を1つの実行に多重化するという点で、Go の `select` 文と類似していると言えます。

8.1.2　ノンブロッキングチャネル操作に `select` を使う

`select` のもう1つのユースケースは、チャネルをノンブロッキングで使う必要がある場合です。ミューテックスについて議論していたとき、Go にはノンブロッキングの `TryLock()` 操作があることを説明しました。このメソッドの呼び出しはロックの獲得を試みますが、ロックが使用中の場合はすぐに戻り値として `false` を返します。このパターンをチャネル操作に採用できないでしょうか。たとえば、チャネルからメッセージを読み込むように試みることは可能でしょうか。そして、メッセージが利用できない場合、待つのではなく、デフォルトの一連の命令をそのまま実行するようにできるでしょうか（図 8.3 を参照）。

図 8.3　default ケースの指示は、利用可能なチャネルがない場合に実行されます

`select` 文は、まさにこのようなシナリオに最適な **default** ケース（*default case*）を提供します。他のどのケースも利用できない場合、default ケースの指示が実行されます。これにより、1

つ以上のチャネルにアクセスを試みることができますが、いずれのチャネルも準備できていない場合、別の処理を行えます。次のリスト 8.3 には、default ケースを持つ select 文があります。リスト 8.3 では、チャネルからメッセージを読み込もうとしていますが、メッセージが後で到着するため、default ケースの内容が実行されます。

◎リスト 8.3　チャネルからのノンブロッキング読み込み

```go
package main

import (
    "fmt"
    "time"
)

func sendMsgAfter(seconds time.Duration) <-chan string {
    messages := make(chan string)
    go func() {
        time.Sleep(seconds)
        messages <- "Hello"
    }()
    return messages
}

func main() {
    // ↓ 3秒後にメッセージが送信されるチャネル
    messages := sendMsgAfter(3 * time.Second)
    for {
        select {
        case msg := <-messages: // ← メッセージがあればチャネルから読み込む
            fmt.Println("Message received:", msg)
            return // ← メッセージがあれば、実行を終了
        default: // ← メッセージがなければ、default ケースを実行
            fmt.Println("No messages waiting")
            time.Sleep(1 * time.Second)
        }
    }
}
```

リスト 8.3 では、select 文がループ内にあるため、メッセージを受信するまで default ケースが何度も実行されます。メッセージを受信すると、メッセージを出力して main() 関数から戻り、プログラムを終了します。出力は、次のとおりです。

```
$ go run nonblocking.go
No messages waiting
No messages waiting
No messages waiting
Message received: Hello
```

8.1.3　default ケースで並行計算を実行する

便利なシナリオとしては、select 文の default ケースを並行計算に使い、停止する必要がある場合にチャネルで通知することが考えられます。この概念を説明するために、ブルートフォース攻撃でパスワードを復元するサンプルアプリケーションがあるとします。簡単にするために、6 文字以下のパスワードで保護されたファイルがあり、そのパスワードは小文字の a から z およびスペースのみを使っていることを覚えているとします。

"a"から"zzzzzz"までの、スペースを含む文字列は、$27^6 - 1$（387,420,488）通りあります。リスト 8.4 の関数は、整数 1 から 387,420,488 までを文字列に変換する方法を示しています。たとえば、toBase27(1) を呼び出すと"a"が得られ、2 では"b"、28 では"aa"となります。

◎リスト 8.4　文字列のすべての可能な組み合わせを列挙する

```go
package main

import (
    "fmt"
    "time"
)

const (
    passwordToGuess = "go far" // ← 推測する必要があるパスワードを設定
    // ↓ パスワードを構成するすべての可能な文字を定義
    alphabet = " abcdefghijklmnopqrstuvwxyz"
)

func toBase27(n int) string {
    result := ""
    for n > 0 {
        result = string(alphabet[n%27]) + result  // ← 10 進整数から 27 進数への
        n /= 27                                    //    変換をアルファベット定数を
    }                                              //    使って行うアルゴリズム
    return result
}
```

ブルートフォースの方法を逐次プログラムで使う場合、"a"から"zzzzzz"までのすべての文字列を列挙するループを作成し、毎回、それが変数 passwordToGuess と一致するかを検査します。現実のシナリオでは、パスワードの値はわかりません。その代わりに、各文字列の列挙をパスワードとして使い、資源（ファイルなど）へのアクセスを試みる必要があるでしょう。

パスワードを早く見つけるために、推測する範囲を複数のゴルーチンに分割できます。たとえば、ゴルーチン A は文字列の列挙 1 から 1000 万までの推測を試み、ゴルーチン B は 1000 万から 2000 万までの推測を試みます（図 8.4 を参照）。この方法で、問題空間の異なる部分をそれぞれ担当する多くのゴルーチンを用意できます。

不要な計算を避けるために、いずれかのゴルーチンが正しい推測を行った時点で、すべてのゴルーチンの実行を停止したいです。これを実現するには、図 8.4 に示すように、あるゴルーチンの実行でパスワードを見つけた場合、そのためのチャネルを使って他のすべてのゴルーチンに通知します。つ

8.1 複数のチャネルを組み合わせる

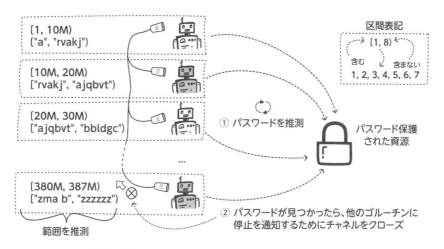

図8.4 作業を実行間で分割し、停止させるためにチャネルをクローズする

まり、ゴルーチンが一致するパスワードを見つけたら、共通のチャネルをクローズします。これにより、参加しているすべてのゴルーチンの処理を中断し、処理を停止させる効果があります。

> 注記　チャネルに対する`close()`操作は、すべての受信側にブロードキャストされるシグナルのように機能します。

共通チャネルがクローズされた後、すべてのゴルーチンで処理を停止するロジックをどのように実装すればよいでしょうか。1つの解決策は、`select`文の`default`ケースで必要な計算を実行し、共通チャネルで待機する別のケースを用意することです。今回の例では、`default`ケースで`toBase27()`関数を呼び出してパスワードを推測することで、毎回1つのパスワードだけを推測できます。共通チャネルがクローズされたときに実行される`select`文の別のケースで、パスワードの生成と試行を停止するロジックを用意できます。

リスト8.5は、`stop`と呼ばれるこの共通チャネルを受け取る関数を示しています。関数では、`from`と`upto`の整数変数で表される与えられた範囲から、すべてのパスワード推測を生成します。次のパスワード推測を生成するたびに、それを`passwordToGuess`定数と照合しようとします。これは、パスワードで保護された資源にアクセスしようとするプログラムをシミュレートしています。パスワードが一致すると、関数はチャネルをクローズし、その結果、すべてのゴルーチンが自身の`select`文のケースでクローズのメッセージを受信し、`return`文により処理を停止します。

◎リスト8.5　ブルートフォースによるパスワード発見ゴルーチン

```
func guessPassword(from int, upto int, stop chan int, result chan string) {
    // ↓ fromとuptoを始点と終点として、すべてのパスワードの組み合わせをループ
    for guessN := from; guessN < upto; guessN += 1 {
        select {
        // ↓ stopチャネルでメッセージを受信すると、メッセージを出力し、処理を停止
```

第8章 チャネルをセレクト

```
        case <-stop:
            fmt.Printf("Stopped at %d [%d,%d]\n", guessN, from, upto)
            return
        default:
            // ↓ パスワードの一致を確認（実際のシステムでは、保護された資源にアクセス）
            if toBase27(guessN) == passwordToGuess {
                // ↓ 一致するパスワードを result チャネルに送信
                result <- toBase27(guessN)
                close(stop)  // ← 他のゴルーチンが処理を中止するようチャネルをクローズ
                return
            }
        }
    }
    fmt.Printf("Not found between [%d,%d]\n", from, upto)
}
```

これで、リスト 8.5 を実行する複数のゴルーチンを作成できます。各ゴルーチンは、特定の範囲内で正しいパスワードを見つけようとします。次のリスト 8.6 では、main() 関数で必要なチャネルを作成し、入力範囲を 1000 万ずつのステップで指定してすべてのゴルーチンを開始しています。

◎リスト 8.6　それぞれのパスワード範囲を持つ複数のゴルーチンを生成する main() 関数

```
func main() {
    // ↓ パスワードが発見されたことを通知する、対象ゴルーチンで使われる共通のチャネルを作成
    finished := make(chan int)
    // ↓ 発見されたパスワードを格納するチャネルを作成
    passwordFound := make(chan string)

    // ↓ 入力範囲 [1, 1000万)、[1000万, 2000万)、... [38000万, 39000万) を持つ
    //    ゴルーチンを生成
    for i := 1; i <= 387_420_488; i += 10_000_000 {
        go guessPassword(i, i+10_000_000, finished, passwordFound)
    }

    // ↓ パスワードが見つかるまで待機
    fmt.Println("password found:", <-passwordFound)
    close(passwordFound)
    // ↓ 資源へのアクセスにパスワードを使うプログラムをシミュレート
    time.Sleep(5 * time.Second)
}
```

すべてのゴルーチンを開始した後、main() 関数では、passwordFound チャネル上の出力メッセージを待ちます。ゴルーチンが正しいパスワードを発見すると、そのパスワードを result チャネルに送信し、main() 関数に通知します。すべてのリストを一緒に実行すると、次のような出力が得られます。

```
Not found between [1,10000001]
Stopped at 277339743 [270000001,280000001]
Stopped at 267741962 [260000001,270000001]
Stopped at 147629035 [140000001,150000001]
```

```
...
password found: go far
Stopped at 378056611 [370000001,380000001)
Stopped at 217938567 [210000001,220000001)
Stopped at 357806660 [350000001,360000001)
Stopped at 287976025 [280000001,290000001)
```

8.1.4 チャネルでのタイムアウト

もう1つの有用なシナリオは、チャネルでの操作を待つために、指定された時間だけ待機できるようにすることです。前の2つの例と同様に、チャネルにメッセージが届いたかを確認したいのですが、すぐに待ちを解除して他の作業を行うのではなく、数秒間待ってメッセージが届くかを確認したい場合があります。これは、チャネル操作に時間的制約がある場合、多くの場面で役立ちます。たとえば、金融取引アプリケーションの場合、株価の更新を一定時間内に受信しないと、アラートを発生させる必要があります。

この動作は、指定したタイムアウト後に追加のチャネルにメッセージを送信する別のゴルーチンを使うことで実装できます。そして、この追加のチャネルを他のチャネルとともに select 文で使います。これにより、いずれかのチャネルが利用可能になるかタイムアウトが発生するまで select 文で待機する効果が得られます（図 8.5 参照）。

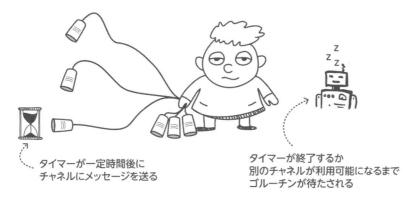

図 8.5 タイマーを使ってチャネルへメッセージを送信すると、タイムアウトによる待ちを実装できる

幸いなことに、Go の time.Timer 型はこの機能を提供しており、独自のタイマーゴルーチンを実装する必要はありません。time.After(duration) を呼び出すことで、このようなタイマーを作成できます。これにより、指定した時間が経過した後にメッセージが送信されるチャネルが返されます。リスト 8.7 は、select 文と一緒にこの機能を使って、タイムアウト付きのチャネル待ちを実装する方法を示しています。

第 8 章　チャネルをセレクト

◎リスト 8.7　タイムアウトを伴うチャネル待ちを実装

```go
package main

import (
    "fmt"
    "os"
    "strconv"
    "time"
)

// ↓ 指定された秒数後、返したチャネルへ"Hello"メッセージを送信
func sendMsgAfter(seconds time.Duration) <-chan string {
    messages := make(chan string)
    go func() {
        time.Sleep(seconds)
        messages <- "Hello"
    }()
    return messages
}

func main() {
    t, _ := strconv.Atoi(os.Args[1]) // ← プログラム引数からタイムアウト値を読み込む
    // ↓ 返したチャネルに 3 秒後にメッセージを送信するゴルーチンを開始
    messages := sendMsgAfter(3 * time.Second)
    timeoutDuration := time.Duration(t) * time.Second
    fmt.Printf("Waiting for message for %d seconds...\n", t)
    select {
    case msg := <-messages: // ← メッセージチャネルにメッセージがあれば、それを読み込む
        fmt.Println("Message received:", msg)
    // ↓ チャネルとタイマーを作成し、指定された時間後にメッセージを受信
    case tNow := <-time.After(timeoutDuration):
        fmt.Println("Timed out. Waited until:", tNow.Format("15:04:05"))
    }
}
```

リスト 8.7 では、タイムアウト値をプログラムの引数として受け取ります。このタイムアウト値を使って、`messages` チャネルにメッセージが到着するのを待ちます。メッセージは 3 秒後に到着します。タイムアウトを 3 秒未満に設定した場合、このプログラムの出力は次のとおりです。

```
$ go run selecttimer.go 2
Waiting for message for 2 seconds...
Timed out. Waited until: 16:31:50
```

タイムアウトを 3 秒より長く指定すると、次のようにメッセージは期待どおりに到着します。

```
$ go run selecttimer.go 4
Waiting for message for 4 seconds...
Message received: Hello
```

`time.After(duration)` 呼び出しを使うと、返されたチャネルに、メッセージが送信された時

8.1.5 　select でチャネルに書き込む

チャネルからメッセージを読み込む場合だけではなく、チャネルにメッセージを書き込む必要がある場合にも select 文を使えます。select 文は、チャネルからの読み込みまたは書き込みの待ち操作を組み合わせて、最初に待ちが解除されるケースを選択します。前のシナリオと同様に、select 文を使って、チャネルへのノンブロッキング送信やタイムアウト付きチャネルへの送信を実装できます。ここでは、チャネルへの書き込みと読み込みを 1 つの select 文で組み合わせるシナリオを示します。

100 個のランダムな素数を見つける必要があるとしましょう。実際には、中に大量の数字が入った袋からランダムに数字を選び、その数が素数である場合のみ保持するようにできます（図 8.6 参照）。

図 8.6　乱数から素数を抽出する

プログラミングでは、ランダムな数のストリームを受け取り、見つけた素数を選び出して別のストリームに出力する素数フィルタを使えます。次のリスト 8.8 では、primesOnly() 関数がまさにこれを行います。この関数は、入力数値のチャネルを受け取り、素数をフィルタリングします。素数は、返されたチャネルに出力されます。

ある数 C が素数ではないことを証明するには、2 から C の平方根までの範囲に含まれる素数の中で、C の因数（*factor*）となるものを見つければ十分です。因数とは、対象の数を割って余りが残らない数のことです。そのような因数が存在しない場合、C は素数です。primesOnly() 関数の実装を簡単にするために、すべての素数を検査するのではなく、この範囲に含まれるすべての整数を検査します。

◎リスト 8.8　素数をフィルタリングするゴルーチン

```go
package main

import (
    "fmt"
    "math"
    "math/rand"
```

```go
)
// ↓ 入力チャネルの数値を受け入れ、素数のみを含むチャネルを返す
func primesOnly(inputs <-chan int) <-chan int {
    results := make(chan int)
    go func() { // ← 素数のみをフィルタリングする無名ゴルーチンを生成
        for c := range inputs {
            isPrime := c != 1 // ← 1は素数ではないため、cが1ではないことを確認
            // ↓ cが2からcの平方根までの範囲に因数を持つかを確認
            for i := 2; i <= int(math.Sqrt(float64(c))); i++ {
                if c%i == 0 {
                    isPrime = false
                    break
                }
            }
            if isPrime {        // ← cが素数なら、
                results <- c // resultsチャネルへcを出力
            }
        }
    }()
    return results
}
```

リスト8.8では、ゴルーチンが入力チャネルで受け取った数の一部が出力されることに注意してください。多くの場合、ゴルーチンは、捨てられるべき非素数を受け取ります。つまり、数は標準出力されません。どうすれば1つのゴルーチンで1つのチャネルから返された素数を読みながら、ランダムな数のストリームを書き込めるでしょうか。答えは、select 文を使ってランダムな数を書き込み、素数を読み込むことです。この実装はリスト8.9に示されています。main() ゴルーチンは select で2つのケースを使っています。1つは乱数を書き込み、もう1つは素数を読み込みます。

◎リスト8.9　乱数を書き込み、100個の素数を収集する

```go
func main() {
    numbersChannel := make(chan int)
    primes := primesOnly(numbersChannel)
    for i := 0; i < 100; { // ← 100個の素数を収集するまで繰り返す
        select {
        // ↓ 1から10億までの乱数を入力numbersChannelに書き込む
        case numbersChannel <- rand.Intn(1000000000) + 1:
        case p := <-primes: // ← 返された素数を読み込む
            fmt.Println("Found prime:", p)
            i++
        }
    }
}
```

リスト8.9では、100個の素数を収集するまで実行を継続します。これを実行すると、次のような出力が得られます。

```
$ go run selectsender.go
Found prime: 646203301
Found prime: 288845803
Found prime: 265690541
Found prime: 263958077
Found prime: 280061603
Found prime: 214167823
...
```

8.1.6　nil チャネルで select のケースを無効化する

　Go では、チャネルに nil 値を割り当てられます。これは、チャネルへの送信や受信を停止する効果があります。リスト 8.10 で示されているように、main() ゴルーチンは nil チャネルに文字列を送信しようとしますが、操作は停止され、以降の文の実行が行われません。

◎リスト 8.10　　nil チャネルで停止する

```go
package main

import "fmt"

func main() {
    var ch chan string = nil // ← 新たな nil チャネルを作成
    ch <- "message" // ← nil チャネルへメッセージを送信しようとして実行が停止される
    fmt.Println("This is never printed")
}
```

　リスト 8.10 を実行すると、メッセージ送信で実行が停止されるため、Println() が実行されることはありません。Go にはデッドロック検出機能があるため、プログラムが回復の見込みなく停止していることを認識すると、次のようなメッセージが表示されます。

```
$ go run blockingnils.go
fatal error: all goroutines are asleep - deadlock!

goroutine 1 [chan send (nil chan)]:
main.main()
  /ConcurrentProgrammingWithGo/chapter8/listing8.10/blockingnils.go:7 +0x28
exit status 2
```

　同じロジックが select 文にも適用されます。select 文で nil チャネルに対して送信または受信を試みると、そのチャネルを使うケースが選択されなくなるのと同じ効果があります（図 8.7 参照）。

　nil チャネルを 1 つだけ含む select 文を使うのはあまり有用ではありませんが、select 文の 1 つのケースを無効にするためにチャネルに nil を割り当てるパターンを使えます。2 つの別々のゴルーチンが 2 つの別々のチャネルからメッセージを受信し、ゴルーチンが異なる時点でチャネルをクローズするシナリオを考えてみましょう。

第8章　チャネルをセレクト

図8.7　nil チャネルで停止する

　たとえば、さまざまなデータ元から売上と経費の金額を受け取る会計ソフトウェアを開発しているとします。営業終了時には、その日の利益または損失の合計を出力したいと考えています。これをモデル化するために、あるチャネルで売上の詳細を出力するゴルーチンと、別のチャネルで経費の詳細を出力する別のゴルーチンを持てます。そして、また別のゴルーチンで2つのデータ元を集計し、両方のチャネルがクローズされると、ユーザーにその日の終わりの残高を出力します（図8.8 参照）。

図8.8　2つのデータ元から売上と経費を読み込む会計アプリケーション

　リスト8.11は、経費と売上のアプリケーションをシミュレートしています。generateAmounts()関数により、n個のランダムな取引額が作成され、出力チャネルへ送信されます。この関数を2回呼び出すことで、1つ目は売上用、2つ目は経費用となり、main()ゴルーチンで両方のチャネルを組み合わせられます。
　ループ内には短いスリープがあるので、売上と経費の両方のゴルーチンを交互に実行できます。

◎リスト8.11　売上と経費を生成する generateAmounts() 関数

```go
package main

import (
    "fmt"
    "math/rand"
    "time"
)

func generateAmounts(n int) <-chan int {
```

8.1 複数のチャネルを組み合わせる

```
amounts := make(chan int) // ← 出力チャネルを作成
go func() {
    defer close(amounts) // ← 終わったら出力チャネルをクローズ
    for i := 0; i < n; i++ {          // ← 100ミリ秒ごとに出力チャネル
        amounts <- rand.Intn(100) + 1 //   に1から100の範囲のランダム
        time.Sleep(100 * time.Millisecond) //   な値をn個書き込む
    }
}()
return amounts // ← 出力チャネルを返す
```

通常の select 文を使って、売上と経費の両方のゴルーチンからのデータを読み込む場合、一方のゴルーチンがもう一方よりも早くチャネルをクローズすると、クローズされたチャネルのケースが常に実行されることになります。チャネルがクローズされた場合、そのチャネルからデータを読み込むと、待つことなくデータ型のデフォルト値が返されます。これは select 文でのケースにも適用されます。今回の単純な会計アプリケーションで、select 文を使って両方のデータ元からデータを読み込む場合、クローズされたチャネルの select 文のケースで不必要にループし、毎回 0 を読み込むことになります（図 8.9 参照）。

図 8.9 select 文のケースでクローズされたチャネルを使うと、そのケースが常に実行されます

警告 クローズされたチャネルに対して select 文のケースを使うと、そのケースは常に実行されます。

この問題に対する解決策の 1 つは、売上と経費の両方のゴルーチンを同じチャネルに出力し、両方のゴルーチンが終了したときにのみチャネルをクローズすることです。しかし、これは必ずしも可能とは限りません。なぜなら、ゴルーチンのシグニチャを変更し、両方のデータ元に同じ出力チャネルを渡せるようにする必要があるためです。たとえばサードパーティのライブラリを使っている場合のように、シグニチャの変更ができないことがあります。

別の解決策は、チャネルがクローズされたときにそのチャネルを nil チャネルに変更することです。チャネルからの読み込みは常に、メッセージと、チャネルがまだオープンされているかを示すフラグの 2 つの値が返されます。フラグを読み込んで、そのチャネルがクローズされていることを示している場合、チャネル参照を nil に設定できます（図 8.10 参照）。

受信側がチャネルのクローズを検知した後、チャネル変数に nil 値を代入することで、そのケースを無効にする効果があります。これにより、受信側ゴルーチンは、残りのオープンされているチャ

図8.10 チャネルがクローズされた際に select 文のケースを無効にするために、nil チャネルを割り当てます

ネルから読み込めます。

リスト 8.12 は、この nil チャネルパターンを今回の会計アプリケーションでどのように使うかを示しています。main() ゴルーチンでは、売上と経費のデータ元を初期化し、その後 select 文を使って両方から読み込みます。いずれかのチャネルが、チャネルがクローズされたことを示すフラグを返した場合、select 文のケースを無効にするためにチャネルを nil に設定します。nil 以外のチャネルがある限り、チャネルからの選択を続けます。

◎リスト 8.12　nil チャネルパターンを使う main() ゴルーチン

```go
func main() {
    sales := generateAmounts(50) // ← sales チャネルへ 50 個の売上を生成
    expenses := generateAmounts(40) // ← expenses チャネルへ 40 個の経費を生成
    endOfDayAmount := 0
    // ↓ nil ではないチャネルがある間、ループを続ける
    for sales != nil || expenses != nil {
        select {
        // ↓ sales チャネルから次の売上とチャネルのオープンフラグを読み込む
        case sale, moreData := <-sales:
            if moreData {
                fmt.Println("Sale of:", sale)
                endOfDayAmount += sale // ← 売上額を 1 日の残高へ加算
            } else {
                // ↓ チャネルがクローズされていたら、チャネルに nil を設定し、ケースを無効化
                sales = nil
            }
        // ↓ expenses チャネルから次の経費とチャネルのオープンフラグを読み込む
        case expense, moreData := <-expenses:
            if moreData {
                fmt.Println("Expense of:", expense)
                endOfDayAmount -= expense // ← 経費額を 1 日の残高から減算
            } else {
                // ↓ チャネルがクローズされていたら、チャネルに nil を設定し、ケースを無効化
                expenses = nil
            }
        }
    }
    fmt.Println("End of day profit and loss:", endOfDayAmount)
}
```

リスト 8.12 では、両方のチャネルがクローズされて nil に設定されると、select のループを終了し、その日の終わりの残高を出力します。リスト 8.11 と 8.12 を一緒に実行すると、すべての経費を読み込んでそのチャネルがクローズされるまで、売上と経費の金額が順繰りに出力されます。クローズ後、select 文は売上チャネルから残りの売り上げを読み込み、ループを終了して合計残高を出力します。

```
$ go run selectwithnil.go
Expense of: 82
Sale of: 88
Sale of: 48
Expense of: 60
Sale of: 82
. . .
Sale of: 34
Sale of: 44
Sale of: 92
Sale of: 3
End of day profit and loss: 387
```

注記　このようにチャネルデータを 1 つのストリームに統合するパターンを、ファンイン（*fan-in*）パターンと呼びます。select 文を使って異なるデータチャネルを統合する方法は、データチャネルの数が変化しない場合にのみ機能します。次章では、データ元の数が動的に変化するファンインパターンについて見ていきます。

8.2　メッセージパッシングとメモリ共有のどちらかの選択

並行アプリケーションにおいて、メモリ共有またはメッセージパッシングのどちらを使うかは、実装しようとしている解決策の種類によって決定できます。本節では、どちらの方法を採用するかを決定する際に考慮すべき要因と影響について見ていきます。

8.2.1　コードの簡素性を保つ

今日の複雑なビジネス要件と大規模な開発チームにおいて、簡潔で読みやすく、保守が容易なソフトウェアコードを作成することは、これまで以上に重要になっています。メッセージパッシングを使った並行プログラミングでは、明確に定義されたモジュールを含むコードを作成する傾向があります。それぞれのモジュールでは、他の実行にメッセージを渡す独自の並行実行を記述します。これにより、コードが簡潔になり、理解しやすくなります。さらに、並行実行への明確な入力チャネルおよび出力チャネルを持つことで、プログラムのデータフローを把握しやすくなり、必要に応じて修正することも容易になります。

対照的に、メモリ共有では、より原始的な方法で並行性を管理する必要があります。低レベル言語を読むのと同じように、（ミューテックスやセマフォといった）並行の基本操作を使うコードは、理解するのが難しい傾向があります。通常、コードは冗長になり、保護されたクリティカルセクションが

散在します。メッセージパッシングとは異なり、アプリケーション内のデータの流れを把握するのが難しくなります（図8.11）。

図8.11　コードの簡潔さと性能の適切なバランスを実現する

8.2.2　密結合システムと疎結合システムの設計

密（*tightly*）結合ソフトウェアと疎（*loosely*）結合ソフトウェアという用語は、異なるモジュールが互いにどれだけ依存しているかを指します。密結合ソフトウェアとは、あるコンポーネントを変更すると、ソフトウェアの他の多くの部分にも影響が及び、通常、それらの部分にも変更が必要になることを意味します。一方、疎結合ソフトウェアでは、コンポーネント間の境界が明確で、他のモジュールへの依存がほとんどない傾向があります。疎結合ソフトウェアでは、あるコンポーネントに変更を加える際に、他のコンポーネントに変更を加える必要はほとんどないか、まったくありません（図8.12参照）。疎結合は通常、ソフトウェア設計上の目標であり、望ましいコード特性です。つまり、ソフトウェアのテストが容易になり、保守性も高まるため、新たな機能を追加する際に必要な作業量が少なくて済むようになります。

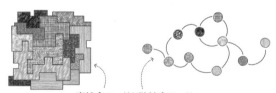

図8.12　密結合コードと疎結合コードの違い

メモリ共有を使った並行プログラミングは、通常、密結合ソフトウェアを生成します。スレッド間の通信は共通のメモリ領域を使っており、各実行の境界は明確に定義されていません。どの実行も、同じメモリ領域に読み書きできます。メモリ共有を使いながら疎結合ソフトウェアを記述することは、メッセージパッシングを使う場合よりも困難です。なぜなら、ある実行で共有メモリの更新方法を変更すると、アプリケーションの他の部分にも大きな影響を与えるからです。

8.2 メッセージパッシングとメモリ共有のどちらかの選択

対照的に、メッセージパッシングでは、実行には明確に定義された入力と出力の契約があるため、ある実行の変更が別の実行にどのような影響を与えるかを正確に把握できます。たとえば、チャネルを介した入力と出力の契約が維持されている場合、ゴルーチンの内部ロジックを簡単に変更できます。これにより、疎結合システムを簡単に構築でき、あるモジュールのロジックをリファクタリングしても、アプリケーションの他の部分に大きな影響を与えることはありません。

> 注記　これは、メッセージパッシングを使うコードがすべて疎結合であるという意味ではありません。また、メモリ共有を使うソフトウェアがすべて密結合であるという意味でもありません。メッセージパッシングを使うことで、並行実行ごとに明確な入力チャネルと出力チャネルを持つ明確な境界を定義できるため、疎結合の設計を考えやすくなるということです。

8.2.3　メモリ消費を最適化する

メッセージパッシングでは、各ゴルーチンはメモリ内に隔離された独自の状態を保持します。あるゴルーチンから別のゴルーチンにメッセージを送信する際、各ゴルーチンはメモリ内のデータを整理し、処理しているタスクの計算を行います。多くの場合、複数のゴルーチン間で同じデータの複製が存在することがあります。

たとえば、第3章で実装した文字頻度アプリケーションを考えてみましょう。その実装では、ゴルーチン間で共有されるスライスを使いました。プログラムは、並行ゴルーチンを使ってウェブページをダウンロードし、この共有スライスを使って、ダウンロードしたドキュメント内の英字アルファベットの各文字の出現頻度を保存しました（図8.13の左側）。このプログラムを、各ゴルーチンがウェブページのダウンロード中に遭遇した各文字の出現頻度のスライスのローカルインスタンスを構築するように変更することで、メッセージパッシングを使うように変更できます。文字の出現頻度をカウントした後、各ゴルーチンは結果を格納したスライスを出力チャネルにメッセージとして送信します。`main()`関数で、結果を収集し、それらをマージできます（図8.13の右側）。

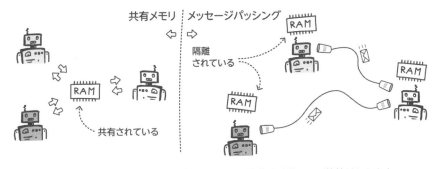

図8.13　メッセージパッシングでは、メモリ消費量が増える可能性があります

リスト8.13は、ウェブドキュメントをダウンロードし、アルファベットの各文字の出現頻度をカ

第8章 チャネルをセレクト

ウントするゴルーチンを実装する方法を示しています。共有データ構造ではなく、独自のローカルなスライスデータ構造を使っています。

処理が完了すると、結果を出力チャネルに送信します。

◎リスト8.13　メッセージパッシングを使った文字頻度関数（`import`は省略）

```go
package main

import (...)

const allLetters = "abcdefghijklmnopqrstuvwxyz"

func countLetters(url string) <-chan []int {
    result := make(chan []int) // ← int型スライスの出力チャネルを作成
    go func() {
        defer close(result)
        frequency := make([]int, 26) // ← ローカルな出現頻度スライスを作成
        resp, _ := http.Get(url)
        defer resp.Body.Close()
        if resp.StatusCode != 200 {
            panic("Server returning error code: " + resp.Status)
        }
        body, _ := io.ReadAll(resp.Body)
        for _, b := range body {
            c := strings.ToLower(string(b))
            cIndex := strings.Index(allLetters, c)
            if cIndex >= 0 {
                // ↓ ローカルな頻度スライス内の各文字カウントを更新
                frequency[cIndex] += 1
            }
        }
        fmt.Println("Completed:", url)
        result <- frequency // ← 完了したら、頻度スライスをチャネルへ送信
    }()
    return result
}
```

これで次に、各ウェブページ用のゴルーチンを起動し、各出力チャネルからのメッセージを受信する`main()`関数を作成できます。スライスを含むメッセージを受信し始めたら、それらを最終的なスライスにマージできます。リスト8.14では、各スライスを`totalFrequencies`スライスにマージする方法を示しています。

◎リスト8.14　メッセージパッシングの文字頻度プログラム用`main()`関数

```go
func main() {
    results := make([]<-chan []int, 0) // ← すべての出力チャネルを含むスライスを作成
    // ↓ 英語アルファベットの各文字の頻度を保存するためのスライスを作成
    totalFrequencies := make([]int, 26)
    for i := 1000; i <= 1030; i++ {
        url := fmt.Sprintf("https://rfc-editor.org/rfc/rfc%d.txt", i)
```

```
            // ↓ 各ウェブページ用のゴルーチンを作成し、出力チャネルを results スライスに格納
            results = append(results, countLetters(url))
        }
    for _, c := range results { // ← 各出力チャネルを反復
        // ↓ 各出力チャネルから、1つのウェブページの頻度を含むメッセージを受信
        frequencyResult := <-c
        for i := 0; i < 26; i++ {                              // ← 各文字の合計頻度に、
            totalFrequencies[i] += frequencyResult[i] //    頻度数を加算
        }
    }
    for i, c := range allLetters {
        fmt.Printf("%c-%d ", c, totalFrequencies[i])
    }
}
```

メッセージパッシングを使うようにプログラムを変更し、各ゴルーチンが自身のデータのみを取り扱うようになったので、共有メモリへのアクセスを管理するためのミューテックスを使わなくてよくなりました。しかし、その一方で、各ウェブページにスライスを割り当てたため、メモリ量が増加しました。この単純なアプリケーションでは、サイズが 26 の小さなスライスしか使っていないため、メモリの増加は最小限です。多くのデータを含む構造体を渡すアプリケーションでは、メモリ消費量を減らすためにメモリ共有を使ったほうがよいかもしれません。

8.2.4 効率的なコミュニケーション

メッセージの送受信に多くの時間を費やしていると、メッセージパッシングはアプリケーションの性能を低下させます。ゴルーチン間でメッセージのコピーを受け渡すため、メッセージ内のデータをコピーするのに費やす時間という性能上のペナルティがあります。メッセージのサイズが大きい場合やメッセージの数が多い場合、この追加の性能コストは顕著になります。

1つのシナリオとして、メッセージサイズが大きすぎる場合が考えられます。たとえば、画像やビデオ処理アプリケーションで、画像にさまざまなフィルタを並行に適用する場合を考えてみましょう。画像やビデオを含む巨大なメモリ領域をチャネルに渡すだけで、性能が大幅に低下する可能性があります。共有するデータ量が大きく、性能の制約がある場合、メモリ共有を使ったほうがよいでしょう。

もう 1 つのシナリオは、実行が頻繁に通信を行う場合です。つまり並行実行が互いに多くのメッセージを送信する必要がある場合です。たとえば、並行プログラミングを使って天気の計算を高速化する天気予報アプリケーションを想像できます。図 8.14 は、天気予報領域をグリッド区画に分割し、各グリッドの天気予報の計算作業を個別のゴルーチンに分散する方法を示しています。

各グリッド区画の天気予報を計算するには、ゴルーチンが他のグリッドのすべての計算結果の情報を必要とするかもしれません。各ゴルーチンは、他のすべてのゴルーチンから計算結果の一部を受け取り、送信する必要があるかもしれません。そして、この処理は、予報計算が収束するまで、複数回繰り返す必要があるかもしれません。各ゴルーチンで実行される、アルゴリズムは次のようなものだとします。

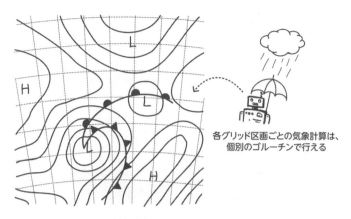

図 8.14　並行実行を利用して気象予報の高速化

1. ゴルーチンのグリッド区画の部分的な結果を計算する。
2. 部分的な結果を他のすべてのゴルーチンに送信し、各ゴルーチンはそれぞれ独自のグリッド区画で動作する。
3. 他のすべてのゴルーチンから部分的な結果を受信し、それらを次の計算に含める。
4. 計算が完了するまで、1 から繰り返す。

　このようなシナリオにメッセージパッシングを使うと、各反復で膨大な数のメッセージを送信することになります。各ゴルーチンは、その部分的な結果を他のすべてのゴルーチンに送信し、その後、すべてのゴルーチンから他のグリッドの結果を受け取らなければなりません。このシナリオでは、アプリケーションは、値をコピーして受け渡すために多くの時間とメモリを消費することになります。

　このようなシナリオでは、メモリ共有を使うほうが望ましいでしょう。たとえば、共有の二次元配列領域を割り当て、リーダー・ライター・ロックといった適切な同期ツールを使って、ゴルーチンが互いのグリッド結果を読み込むように設計できます。

8.3　練習問題

　注記　`https://github.com/cutajarj/ConcurrentProgrammingWithGo` に、すべての解答コードがあります。

1. リスト 8.15 では、2 つのゴルーチンがあります。`generateTemp()` 関数は、200 ミリ秒ごとにチャネルの温度を読み込み、送信することをシミュレートします。`outputTemp()` 関数は、2 秒ごとにチャネル上のメッセージを単純に出力します。`select` 文を使って、`generateTemp()` ゴルーチンから送信されるメッセージを読み込み、最新の温度のみを `outputTemp()` チャネルに送信する `main()` 関数を作成してください。`generateTemp()` 関数は `outputTemp()` 関数よりも速く値を出力するため、最新の温度のみを表示するには、一部の値を破棄する必要があります。

◎リスト 8.15　最新温度の問題

```go
package main

import (
    "fmt"
    "math/rand"
    "time"
)

func generateTemp() chan int {
    output := make(chan int)
    go func() {
        temp := 50 // 華氏
        for {
            output <- temp
            temp += rand.Intn(3) - 1
            time.Sleep(200 * time.Millisecond)
        }
    }()
    return output
}

func outputTemp(input chan int) {
    go func() {
        for {
            fmt.Println("Current temp:", <-input)
            time.Sleep(2 * time.Second)
        }
    }()
}
```

2. リスト 8.16 では、generateNumbers() 関数にゴルーチンがあり、ランダムな数字を出力します。select 文を使って、出力チャネルから継続的にデータを読み込み、プログラムの開始から 5 秒が経過するまでコンソールに出力を続ける main() 関数を書いてください。5 秒後、関数は出力チャネルからのデータの読み込みを停止し、プログラムは終了してください。

◎リスト 8.16　5 秒間の実行後に読み込みを停止する問題

```go
package main

import (
    "math/rand"
    "time"
)

func generateNumbers() chan int {
    output := make(chan int)
    go func() {
        for {
            output <- rand.Intn(10)
            time.Sleep(200 * time.Millisecond)
```

```
        }
    }()
    return output
}
```

3. リスト 8.17 には、player() 関数が含まれています。この関数は、二次元平面上を移動するゲーム内のプレーヤーをシミュレートするゴルーチンを作成します。ゴルーチンは、出力チャネルに UP、DOWN、LEFT、RIGHT を書き込むことで、ランダムなタイミングで動きを返します。4 つのプレーヤーゴルーチンを作成し、4 人のプレーヤーの動きをすべてコンソールに出力する main() 関数を作成してください。main() 関数は、ゲームに 1 人のプレーヤーが残っている場合にのみ終了するようにします。次は、出力の例です。

```
Player 1: DOWN
Player 0: LEFT
Player 3: DOWN
Player 2 left the game. Remaining players: 3
Player 1: UP
...
Player 0: LEFT
Player 3 left the game. Remaining players: 2
Player 1: RIGHT
...
Player 1: RIGHT
Player 0 left the game. Remaining players: 1
Game finished
```

◎リスト 8.17　ゲームプレーヤーをシミュレート

```go
package main

import (
    "fmt"
    "math/rand"
    "time"
)

func player() chan string {
    output := make(chan string)
    count := rand.Intn(100)
    move := []string{"UP", "DOWN", "LEFT", "RIGHT"}
    go func() {
        defer close(output)
        for i := 0; i < count; i++ {
            output <- move[rand.Intn(4)]
            d := time.Duration(rand.Intn(200))
            time.Sleep(d * time.Millisecond)
        }
    }()
    return output
}
```

まとめ

- `select` 文を使って複数のチャネル操作を組み合わせた場合、最初に待ちが解除された操作が実行されます。
- `select` 文の `default` ケースを使うことで、待ちが起こっていたチャネルに対して、待たないように動作させることができます。
- `select` 文で送信または受信チャネル操作を `Timer` のチャネルと組み合わせると、指定したタイムアウト時間までチャネルで待たされます。
- `select` 文は、メッセージの受信だけではなく送信にも使えます。
- `nil` チャネルに送信しようとしたり、受信しようとしたりすると、実行が停止されます。
- `nil` チャネルを使った場合、`select` 文のケースを無効にできます。
- メッセージパッシングにより、簡単で理解しやすいコードになります。
- 密結合コードは、新たな機能の追加が難しいアプリケーションになります。
- 疎結合的に記述されたコードは、保守が容易です。
- メッセージパッシングによる疎結合ソフトウェアは、メモリ共有を使うよりも簡潔で読みやすい傾向があります。
- メッセージパッシングを使う並行アプリケーションは、各実行が共有状態ではなく独自の隔離された状態を持つため、多くのメモリを消費する場合があります。
- 大量のデータをやり取りする必要がある並行アプリケーションでは、メッセージパッシングのためにデータをコピーすると性能が大幅に低下する可能性があるため、メモリ共有を使ったほうがよいでしょう。
- メッセージパッシングを使った場合に膨大な数のメッセージをやり取りすると想定されるアプリケーションに対しては、メモリ共有が適しています。

memo

第9章 チャネルを使ったプログラミング

本章では、以下の内容を扱います。

- CSP（*communicating sequential processes*）の紹介
- 一般的なチャネルパターンを再利用
- チャネルをファーストクラス・オブジェクトとして活用

　チャネルを使う場合、メモリ共有を使う場合とは異なるプログラミングの方法が求められます。その方法では、それぞれ独自の内部状態を持つゴルーチンの集まりが、チャネル上でメッセージをやり取りして他のゴルーチンと情報を交換します。これにより、各ゴルーチンの状態は他の実行による直接的な干渉から隔離され、競合状態のリスクが低減されます。

　Goの基本理念は、共有メモリによる通信ではなく、通信によってメモリを共有するというものです。メモリ共有は競合状態が発生しやすく、複雑な同期技術が必要であるため、可能な限り避け、代わりにメッセージパッシングを使うべきです。

　本章では、まずCSP（*communicating sequential processes*）について説明し、次にメッセージパッシングでチャネルを活用する一般的なパターンについて説明します。最後に、チャネルをファーストクラス・オブジェクトとして扱うことの価値を説明します。ファーストクラス・オブジェクトであるというのは、チャネルを関数の引数として渡すことも、関数の戻り値型として受け取ることもできるということです。

9.1　CSP（*communicating sequential processes*）

　これまでの章では、ゴルーチン、共有メモリに加え、ミューテックス、条件変数、セマフォといった基本操作を使った並行処理のモデルについて説明しました。これは並行処理をモデル化する古典的な方法です。このモデルに対する主な批判は、多くのアプリケーションにとって低レベル（低水準）すぎるという点です。

第9章　チャネルを使ったプログラミング

> **📖 SRC モデル**
>
> ミューテックスといった並行の基本操作で共有メモリを使うことは、**SRC** モデル（*SRC model*）と呼ばれることがあります。この名称は、Andrew D. Birrell による論文「An Introduction to Programming with Threads」（Systems Research Center、1989 年）に由来しています。この論文は、共有メモリでスレッドを使い、並行の基本操作で同期する並行プログラミングへの入門として広く知られています。

　低レベルの並行処理モデルでのプログラミングでは、プログラマとしてはソフトウェアの複雑性を管理し、バグを減らすために多くの努力をする必要があります。オペレーティングシステムによっていつ実行のスレッドがスケジュールされるかはわからないため、非決定的な環境が生まれます。つまり、実行順序を事前に把握できないまま命令が交互に実行されるのです。この非決定性とメモリ共有の組み合わせにより、競合状態が発生する可能性があります。競合状態を避けるには、どの実行が他の実行と同じメモリに同時にアクセスしているかを把握し、ミューテックスやセマフォなどの同期基本操作を使ってアクセスを制限する必要があります。

　並行処理のためのこのような低レベルのツールを使ってプログラミングする場合、今日のソフトウェア開発チームそして常に複雑化するビジネスが組み合わされると、バグが多く、複雑で保守コストの高いコードが作成されることになります。競合状態を含むソフトウェアのデバッグは困難です。なぜなら、競合状態は再現やテストが難しいためです。医療や社会基盤のためのソフトウェアなど、業界やアプリケーションによっては、コードの信頼性がとても重要になります（図 9.1 参照）。このようなアプリケーションでは、非決定論的性質により、低レベルのツールを使って書かれた並行コードが正しいことを証明するのは難しいことです。

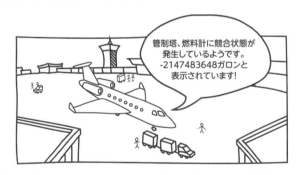

図 9.1　重要なアプリケーションでは、ソフトウェアが正しいことを証明することは必須です

9.1.1　不変性で干渉を避ける

　競合状態のリスクを大幅に減らす 1 つの方法は、複数の並行実行から同じメモリを変更できないようにすることです。メモリを共有する際に不変（*immutable*）の概念を利用することで、変更を制限

できます。

> **定義** 不変（*immutable*）は文字どおり、変更不可能（*unchangeable*）という意味です。コンピュータプログラミングでは、構造体を変更する手段を与えずに初期化するときに、不変性を使っていることになります。プログラミングでこれらの構造体に変更が必要になった場合、必要な変更を含む構造体の新たなコピーを作成し、古いコピーはそのままにしておきます。

実行のスレッドが、更新されることのないデータを含むメモリだけを共有するなら、データ競合の心配はありません。結局のところ、ほとんどの競合状態は、複数の実行が同時に同じメモリ位置に書き込むために起こります。変数といった共有データを変更する必要がある場合、必要な更新を行った別のローカルなコピーを作成することで対処できます。

しかし、共有データを更新する必要があるときにコピーを作成すると、問題が生じます。メモリの別の場所にある新たな更新データをどのように共有するのかという問題です。メモリの別の場所にある、新たに更新されたデータを管理し共有するためのモデルが必要です。ここで、メッセージパッシングと CSP が役立ちます。

9.1.2 CSP で並行プログラミング

C.A.R Hoare は、1978 年の論文「Communicating Sequential Processes」[*1]で、異なる高水準の並行モデルを提案しました。CSP は *communicating sequential processes* の略で、並行システムを記述するのに使われる形式言語です。メモリ共有を用いる代わりに、チャネルを介したメッセージパッシングに基づいています。CSP の考えや概念は、Erlang、Occam、Go、Scala の Akka フレームワーク、Clojure の core.async、その他多くのプログラミング言語やフレームワークの並行処理モデルに採用されています。

CSP では、プロセスは値のコピーを交換することで互いに通信します。通信は名前付きバッファなしチャネルを介して行われます。CSP プロセスを、OS プロセス（第 2 章「スレッドを扱う」で説明したプロセス）と混同しないでください。むしろ、CSP プロセスは、図 9.2 に示すように、それ自身の隔離された状態を持つ逐次実行です。

低レベルの並行処理モデルと比較して、CSP モデルを使う場合の重要な違いは、実行がメモリを共有しないことです。その代わり、データのコピーを互いに渡します。不変性を使う場合と同様に、各実行が共有データを変更しない場合、干渉のリスクがないため、ほとんどの競合状態を避けられます。各実行がそれぞれ隔離された状態を持っていれば、ミューテックス、セマフォ、条件変数を使った複雑な同期ロジックを使わずに、データ競合状態を排除できます。

Go は、ゴルーチンとチャネルを使ってこのモデルを実装しています。CSP モデルと同様に、Go のチャネルはデフォルトで同期され、バッファもありません。CSP モデルと Go の実装の重要な違いの 1 つは、Go ではチャネルがファーストクラス・オブジェクトであるということです。つまり、チャネルを関数や、さらに他のチャネルへも渡せます。これにより、プログラミングの柔軟性が向上

[*1] https://www.cs.cmu.edu/~crary/819-f09/Hoare78.pdf

第 9 章　チャネルを使ったプログラミング

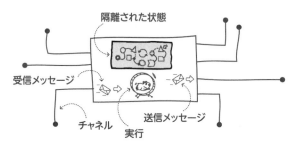

図 9.2　他のプロセスと通信する CSP プロセス

します。接続された CSP プロセスの静的なトポロジーを作成する代わりに、ロジックの必要性に応じて、実行時にチャネルを作成したり削除したりできます。

> **他の言語での CSP**
>
> 他の多くの言語も CSP モデルのある側面を実装しています。たとえば、Erlang ではプロセスはメッセージを送ることで互いに通信します。しかし、Erlang にはチャネルの概念がなく、送信されるメッセージは同期的ではありません。Java と Scala では、Akka フレームワークが Actor モデルを使います。これはメッセージパッシングのフレームワークで、実行の単位はアクター（*actor*）と呼ばれます。アクターはそれぞれ独自の隔離されたメモリ空間を持ち、互いにメッセージを送信します。CSP とは異なり、チャネルの概念はなく、メッセージパッシングは同期的ではありません。

9.2　チャネルで一般的なパターンを再利用

Go でチャネルを使ってメッセージパッシングを行う場合、従うべき 2 つの主なガイドラインがあります。

- チャネルに対してデータのコピーだけを渡す。これは、ほとんどの場合、チャネルに直接ポインタを渡すべきではないことを意味します。ポインタを渡すと、複数のゴルーチンがメモリを共有することになり、競合状態が発生する可能性があります。ポインタを渡さなければならない場合には、データ構造を不変な形式で使うようにします。つまり、一度作成したら更新しないようにします。あるいは、チャネル経由でポインタを渡し、送信元からは二度とそのポインタを使わないようにします。
- できるだけ、メッセージパッシング・パターンとメモリ共有を混在させない。メモリ共有とメッセージパッシングを併用すると、問題の解決策で採用されている方法に混乱が生じるかもしれません。

9.2 チャネルで一般的なパターンを再利用

では、CSP の考えをどのように自分たちのアプリケーションに適用できるかを理解するために、一般的な並行処理パターン、ベストプラクティス、再利用可能なコンポーネントの例を見てみましょう。

9.2.1 quit チャネル

最初に検討するパターンは、ゴルーチンにメッセージ処理の停止を指示する共通チャネルを持つことです。前章では、Go の close(channel) 呼び出しを使ってゴルーチンにこれ以上メッセージが来ないことを通知する方法を見ました。これでゴルーチンは実行を終了できます。しかし、ゴルーチンが複数のチャネルからメッセージを読み取っている場合はどうすればよいでしょうか。最初の close() 呼び出しを受信した時点で実行を終了すべきなのか、それともすべてのチャネルがクローズされた時点で終了すべきでしょうか。

1つの解決策は、select 文と一緒に quit チャネルを使うことです。図 9.3 は、別の quit チャネルで停止を指示されるまで数値を生成するゴルーチンの例を示しています。右のゴルーチンはこれらの数値を 10 個受信し、quit チャネルを引数として close(channel) を呼び出し、数値生成の停止を指示しています。

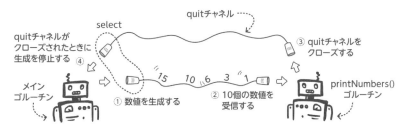

図 9.3 ゴルーチンの実行を停止するために quit チャネルを使う

数値を受け取って表示するゴルーチンを実装することから始めましょう。リスト 9.1 は、入力 numbers チャネルと quit チャネルの両方を受け取る関数を示しています。この関数は numbers チャネルから 10 個のデータを受け取り、quit チャネルをクローズするだけです。quit チャネルに使うデータ型は、クローズ通知以外ではデータが送信されないので、あまり重要ではありません[*2]。

◎リスト 9.1　10 個の数値を表示して、quit チャネルをクローズする

```go
package main

import "fmt"

func printNumbers(numbers <-chan int, quit chan int) {
    go func() {
        for i := 0; i < 10; i++ { // ← numbers チャネルから数値を 10 個読み込む
            fmt.Println(<-numbers) //
        }
```

[*2] 訳注：このように値に意味がない場合、Go では慣用的に struct{} 型のチャネルが使われます。

```
        close(quit) // ← quit チャネルをクローズ
    }()
}
```

次に、先ほどの関数が読み込む数値のストリームをチャネル上に生成する方法を見てみましょう。数値ストリームでは、図9.4に示す三角数列を生成できます。

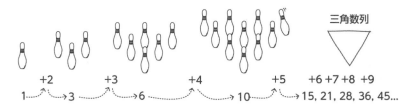

図9.4　三角数列を生成する

リスト9.2では、main() ゴルーチンが numbers チャネルと quit チャネルを作成し、printNumbers() 関数を呼び出しています。そして、quit チャネルの待ちが解除されたことを select 文が教えてくれるまで、数値の生成と numbers チャネルへの数値の送信が続けられます。quit チャネルの待ちが解除されたら、main() ゴルーチンを終了できます。

◎リスト9.2　quit チャネルがクローズされるまで数値を生成する

```
func main() {
    numbers := make(chan int) // ← numbers チャネルと
    quit := make(chan int)    //    quit チャネルを生成
    printNumbers(numbers, quit) // ← チャネルを渡して printNumbers() を呼び出す
    next := 0
    for i := 1; ; i++ {
        next += i // ← 次の三角数列を生成
        select {
        case numbers <- next: // ← numbers チャネルへ数値を送信
        case <-quit:
            // ↓ quit チャネルの待ちが解除されたら、メッセージを出力して実行を終了
            fmt.Println("Quitting number generation")
            return
        }
    }
}
```

注記　チャネル上で数値のコピーを渡しています。ゴルーチンは独自の隔離されたメモリ空間を持っているので、メモリを共有していません。

ゴルーチンで使われている変数は共有されていません。たとえば、リスト9.2では、next 変数は main() 関数のスタックにローカルに保持されています。リスト9.1 と 9.2 を一緒に実行すると、次の結果になります。

```
$ go run closingchannel.go
1
3
6
10
15
21
28
36
45
55
Quitting number generation
```

9.2.2 チャネルとゴルーチンによるパイプライン化

ここで、ゴルーチンを接続して実行パイプラインを形成するパターンを見てみましょう。ウェブページのテキスト内容を処理するアプリケーションで、そのパターンを示せます。第3章「メモリ共有を使ったスレッド間通信」と第4章「ミューテックスを使った同期」では、インターネットからテキスト文書をダウンロードし、文字頻度を数える並行メモリ共有アプリケーションを使いました。本節の後半では、メモリ共有の代わりにチャネルを介したメッセージパッシングを使う、同様のアプリケーションを開発します。

ここでのアプリケーションの最初のステップは、後でダウンロードするウェブページのURLを生成することです。ゴルーチンに複数のURLを生成させ、チャネルに送信してmain()ゴルーチンに読み込ませます（図9.5参照）。最初は、main()ゴルーチンからコンソールにURLを出力するだけです。処理が終わったら、URLを生成するゴルーチンは出力チャネルをクローズして、処理するウェブページがもうないことをmain()ゴルーチンに通知します。

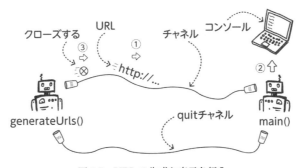

図9.5 URLの生成と表示を行う

リスト9.3は、generateUrls()関数の実装を示しています。これは、出力チャネルにURL文字列を生成するゴルーチンの作成関数です。出力チャネルは関数によって返されます。この関数はquitチャネルも受け付けますが、これはURLの生成を早めに止める必要がある場合を監視します。入力チャネルを関数の引数として渡し、出力チャネルを返すという一般的なパターンを採用します

第 9 章　チャネルを使ったプログラミング

（generateUrls() 関数は入力チャネルを持ちません）。このパターンによって、ゴルーチンをパイプライン形式で簡単に接続できます。ここでの実装では、第 3 章「メモリ共有を使ったスレッド間通信」と同様に、https://rfc-editor.org から取得した文書を使っています。これにより、予測可能なウェブアドレスを持つ静的なオンラインテキスト文書が得られます。

◎リスト 9.3　ゴルーチンから URL を生成する

```go
package main

import "fmt"

// ↓ quit チャネルを受け取り、出力チャネルを返す
func generateUrls(quit <-chan int) <-chan string {
    urls := make(chan string) // ← 出力チャネルを生成
    go func() {
        defer close(urls) // ← 完了したら、出力チャネルをクローズ
        for i := 100; i <= 130; i++ {
            url := fmt.Sprintf("https://rfc-editor.org/rfc/rfc%d.txt", i)
            select {
            case urls <- url: // ← 出力チャネルへ 31 個の URL を書き込む
            case <-quit:
                return
            }
        }
    }()
    return urls // ← 出力チャネルを返す
}
```

次に、リスト 9.4 に示す main() 関数を書いて、単純なアプリケーションを完成させましょう。main() 関数では、quit チャネルを作成し、generateUrls() を呼び出してゴルーチンの出力チャネル（この例では results と呼びます）を受け取ります。そして、generateUrls() 関数では、出力チャネルへの書き込みと quit チャネルの監視を行います。main() 関数では、出力チャネルがクローズされるまで、出力チャネルからのメッセージをコンソールに書き続け、出力チャネルがクローズされると、main() 関数から戻ることでアプリケーションが終了します。

◎リスト 9.4　出力を行う main() 関数

```go
func main() {
    quit := make(chan int) // ← quit チャネルを作成
    defer close(quit)
    // ↓ 出力チャネルで URL を返すゴルーチンの関数を呼び出し
    results := generateUrls(quit)
    for result := range results { // ← 出力チャネルからすべてのメッセージを読み込む
        fmt.Println(result) // ← 結果を出力
    }
}
```

リスト 8.7 と 8.8 を一緒に実行すると、次のような出力となります。

```
$ go run generateurls.go
https://rfc-editor.org/rfc/rfc100.txt
https://rfc-editor.org/rfc/rfc101.txt
https://rfc-editor.org/rfc/rfc102.txt
https://rfc-editor.org/rfc/rfc103.txt
https://rfc-editor.org/rfc/rfc104.txt
...
```

次に、これらのページの内容をダウンロードするロジックを書きましょう。このタスクには、URLのストリームを受け取り、テキストの内容を別の出力ストリームに出力するゴルーチンが必要です。このゴルーチンは、図9.6に示すように、`generateUrls()`ゴルーチンの出力と`main()`ゴルーチンの入力に接続できます。

図9.6 ウェブページをダウンロードするゴルーチンをパイプラインに追加する

リスト9.5は、`downloadPages()`関数の実装を示しています。`quit`チャネルと`urls`チャネルの両方を受け取り、ダウンロードしたページを含む出力チャネルを返します。この関数は、`urls`チャネルまたは`quit`チャネルがクローズされるまで、`select`文を使って各ページをダウンロードするゴルーチンを作成します。ゴルーチンは、次のメッセージを読み込む際に返される`moreData`ブーリアンフラグを読み込むことで、入力チャネルがまだオープンされているかを確認します。そのフラグが`false`を返した場合、チャネルがクローズされたことを意味するので、`select`文の反復を停止します。

◎リスト9.5 ページをダウンロードするためのゴルーチン（`import`は省略）

```go
func downloadPages(quit <-chan int, urls <-chan string) <-chan string {
    // ↓ ダウンロードされたウェブページを格納する出力チャネルを作成
    pages := make(chan string)
    go func() {
        defer close(pages) // ← 終了したら出力チャネルをクローズ
        moreData, url := true, ""
        for moreData { // ← 入力チャネルにデータがあれば、selectを継続
            select {
            // ↓ 新たなメッセージとデータの有無を示すフラグで変数を更新
```

```
            case url, moreData = <-urls:
                if moreData {
                    // ↓ 新たな URL メッセージが届いたら、そのページをダウンロードして
                    //   テキストを pages チャネルへ送信
                    resp, _ := http.Get(url)
                    if resp.StatusCode != 200 {
                        panic("Server's error: " + resp.Status)
                    }
                    body, _ := io.ReadAll(resp.Body)
                    pages <- string(body)
                    resp.Body.Close()
                }
            case <-quit: // ← quit チャネルへメッセージが届いたら、ゴルーチンを終了
                return
            }
        }
    }()
    return pages // ← 出力チャネルを返す
}
```

警告 リスト 9.5 では、チャネル上でウェブ文書のコピーを渡しています。ここではウェブページは数 KB の大きさであり、さらにここでコピーされるのは string 型の変数なので、このようなことができます[3]。画像や動画といった大きなオブジェクトをこのような方法でメッセージパッシングすると、性能に悪影響を及ぼす可能性があります。大量のデータを共有し、高い性能が求められるアプリケーションには、メモリ共有アーキテクチャのほうが適しているかもしれません。

この新たなゴルーチンは、generateUrls() 関数の出力と同じチャネルデータ型を受け入れるため、パイプラインに簡単に接続できます。また、main() ゴルーチンが使えるものと同じ出力チャネルデータ型を返します。リスト 9.6 では、main() 関数を変更して downloadPages() 関数も呼び出すようにしています。

◎リスト 9.6　downloadPages() を呼び出すように修正された main() 関数

```
func main() {
    quit := make(chan int)
    defer close(quit)
    // ↓ 既存のパイプラインへ、ページをダウンロードする新たなゴルーチンを追加
    results := downloadPages(quit, generateUrls(quit))
    for result := range results {
        fmt.Println(result)
    }
}
```

---

[3] 訳注：string 型のチャネルなので、実際にコピーされるデータの量は、string 型の変数の大きさであり、それは 64 ビットシステムでは 16 バイト（byte 配列へのポインタと長さの 2 つのフィールドを持つ構造体）です。ウェブページの内容がチャネルへコピーされるわけではありません。

リスト9.6のmain()関数を実行すると、ウェブページからテキストが取得され、コンソールに表示されます。テキストページを表示してもあまり役に立ちませんので、代わりにダウンロードしたテキストから単語を抽出する別のゴルーチンをパイプラインに追加してみましょう。

入力チャネルを関数の入力パラメータとして受け入れ、出力チャネルを返すというこのパターンに従うことで、パイプラインの構築が容易になります。図9.7に示されているように、単語を抽出する新たなゴルーチンを作成し、それをパイプラインに接続するだけです。

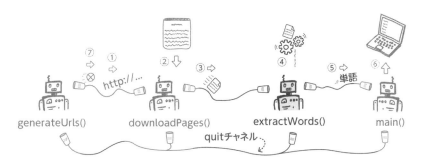

図9.7 ページから単語を抽出するゴルーチンを追加する

リスト9.7は、extractWords()関数の実装を示しています。downloadPages()関数と同じパターンが使われています。この関数はテキストを含む入力チャネルを受け入れ、受け取ったテキストに含まれるすべての単語を含む出力チャネルを返します。この関数は、正規表現（regexpパッケージ）を使ってドキュメントから単語を抽出しています。

リスト9.6と同様に、入力チャネルまたはquitチャネルがクローズされるまで、入力チャネルから読み込みを続けます。select文を使って入力チャネルのmoreDataフラグを読み込むことで、入力チャネルがクローズされるまで読み込みを行います。

◎リスト9.7 テキストページから単語を抽出する（importは省略）

```go
func extractWords(quit <-chan int, pages <-chan string) <-chan string {
    words := make(chan string) // ← 抽出された単語を含む出力チャネルを作成
    go func() {
        defer close(words)
        // ↓ 単語を抽出するための正規表現を作成
        wordRegex := regexp.MustCompile(`[a-zA-Z]+`)
        moreData, pg := true, ""
        for moreData {
            select {
                // ↓ 新たなメッセージとデータの有無を示すフラグで変数を更新
                case pg, moreData = <-pages:
                    if moreData {
                        for _, word := range wordRegex.FindAllString(pg, -1) {
                            // ↓ 新たなテキストページを受信すると、正規表現ですべての単語を
                            //   抽出し、出力チャネルへ単語を送信
```

第 9 章　チャネルを使ったプログラミング

```
                    words <- strings.ToLower(word)
                }
            }
            case <-quit: // ← quit チャネルにメッセージがあれば、ゴルーチンを終了
                return
            }
        }
    }()
    return words // ← 出力チャネルを返す
}
```

再び、リスト 9.8 で示されているように main() 関数を修正して、この新たなゴルーチンをパイプラインに含めるようにします。パイプライン内の各関数は、quit チャネルと入力チャネルを受け取り、結果が送信される出力チャネルを返すゴルーチンです。quit チャネルを使うことで、後でパイプラインの異なる部分の流れを制御できるようになります。

◎リスト 9.8　パイプラインに extractWords() を追加する

```
func main() {
    quit := make(chan int)
    defer close(quit)
    results := extractWords(quit, downloadPages(quit, generateUrls(quit)))
    for result := range results {
        fmt.Println(result)
    }
}
```

extractWords() をパイプラインに追加して、今までのリストを実行すると、テキストに含まれている単語のリストが得られます。

```
$ go run extractwords.go
network
working
group
p
karp
request
for
comments
...
```

　　注記　このパイプラインパターンにより、実行を簡単に接続できます。各実行は、引数
　　として入力チャネルを受け入れ、戻り値として出力チャネルを返すゴルーチンを開始す
　　る関数で表されます。

リスト 9.8 を実行すると、ウェブページが順次、1 つずつダウンロードされるため、実行に時間がかかります。理想的には、これを高速化し、ダウンロードを並行して実行したいところです。そこで役立つのが、次のパターン（ファンインとファンアウト）です。

9.2.3 ファンインとファンアウト

前項のアプリケーションで、処理を高速化したい場合、複数のゴルーチンに URL を負荷分散することで、ダウンロードを並行して実行できます。固定数のゴルーチンを作成し、それぞれが同じ URL 入力チャネルから読み込みます。各ゴルーチンは generateUrls() ゴルーチンから個別の URL を受け取り、ダウンロードを並行して実行します。ダウンロードされたテキストページは、各ゴルーチンの出力チャネルに書き込まれます。

> **定義** Go 言語のファンアウト（*fan-out*）並行パターンとは、複数のゴルーチンが同一のチャネルから読み込むことを指します。これにより、ゴルーチンの集まりに作業を分散できます。

図 9.8 は、複数の downloadPages() ゴルーチンに URL を分散（ファンアウト）し、それぞれが異なるダウンロードを行う方法を示しています。この例では、並行ゴルーチンが generateUrls() ゴルーチンから送られた URL を負荷分散します。downloadPages() ゴルーチンが空いているときに、共有入力チャネルから次の URL が読み込まれます。これは、近所のコーヒーショップで、1つの待ち行列から複数のバリスタが顧客にサービスを提供している状況に似ています。

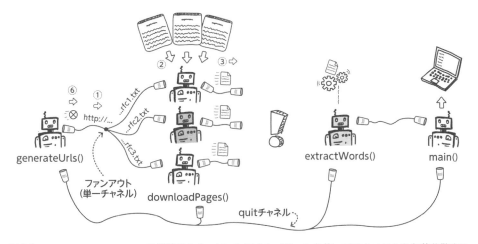

図 9.8 extractWords() への接続がなく、ファンアウトパターンを使ってリクエストを負荷分散する

> **注記** 並行処理は非決定論的であるため、いくつかのメッセージは他のメッセージよりも早く処理され、その結果、メッセージは予測不可能な順序で処理されることになります。ファンアウトパターンは、受信メッセージの順序を気にしない場合にのみ有効です。

今回のコードでは、downloadPages() ゴルーチンの集まりを作成し、入力チャネルパラメータとして同じチャネルを設定することで、この単純なファンアウトパターンを実装できます。これは次

のリスト 9.9 に示されています。

◎リスト 9.9　複数の `downloadPages()` ゴルーチンに分散するファンアウトパターン

```
const downloaders = 20

func main() {
    quit := make(chan int)
    defer close(quit)
    urls := generateUrls(quit)
    // ↓ ダウンロードゴルーチンからの出力チャネルを保存するためのスライスを作成
    pages := make([]<-chan string, downloaders)
    for i := 0; i < downloaders; i++ {        // ← ウェブページをダウンロードする
        pages[i] = downloadPages(quit, urls)  //   20個のゴルーチンを作成し、出力
    }                                          //   チャネルを保存
...
```

今回のアプリケーションにおけるファンアウトパターンには問題があります。それは、ダウンロードゴルーチンの出力は別々のチャネルであることです。次の段階である `extractWords()` ゴルーチンの単一の入力チャネルにそれらをどのように接続すればよいでしょうか。

1つの解決策は、`downloadPages()` ゴルーチンを変更し、それらすべてが同じチャネルに出力するようにすることです。そのためには、各ダウンローダに同じ出力チャネルを渡さなければなりません。これは、各機能が引数として入力チャネルを受け入れ、戻り値として出力チャネルを返すという、容易にプラグイン可能なコンポーネントで実現するパイプラインパターンを壊すことになります。

パイプラインパターンを維持するには、異なるチャネルからの出力メッセージを単一の出力チャネルにマージする機構が必要です。そして、単一の出力チャネルを `extractWords()` ゴルーチンに接続します。これは、ファンイン（fan-in）パターンと呼ばれます。

> **定義**　Go では、複数のチャネルからの内容を1つにマージする際に、ファンイン（fan-in）並行パターンが発生します。

ゴルーチンは軽量であるため、このファンインパターンを、ゴルーチンの集まりからなる単一のコンポーネントとして実装できます。出力チャネルごとにゴルーチンを1つ作成し、各ゴルーチンが共通チャネルにメッセージを送信するようにします（図9.9参照）。各ゴルーチンは出力チャネルからのメッセージを待ち、メッセージを受信すると、それを単に共通チャネルに転送します。

複数のゴルーチンがすべて単一の共通チャネルに送信する場合、問題が発生します。入力チャネルと出力チャネルが1対1の関係にある場合、チャネルをクローズする方法は単純です。入力チャネルがクローズされた後に、出力チャネルをクローズできます。しかし、多対1のファンインシナリオでは、共通チャネルをいつクローズするかを決定する必要があります。ゴルーチンが読み込んでいるチャネルがクローズされたことに気づいた時点でチャネルをクローズするという同じ方法を継続した場合、共通チャネルをクローズするのが早すぎる可能性もあります。別のゴルーチンがまだメッセージを出力しているかもしれません。

9.2 チャネルで一般的なパターンを再利用

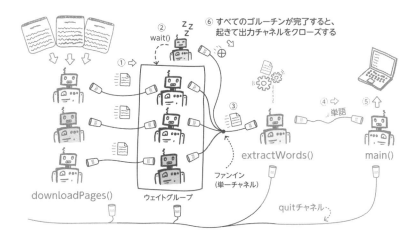

図 9.9　ファンインを使ってチャネルをマージする

解決策は、すべてのゴルーチンが、それぞれ読み込んでいるチャネルがクローズされたことに気づいたときにのみ、共通チャネルをクローズすることです。図 9.9 に示すように、このためにウェイトグループを使えます。ファンイングループの各ゴルーチンは、最後のメッセージを送信した後に、ウェイトグループを完了とします。このウェイトグループに対して Wait() メソッドを呼び出す別のゴルーチンがあり、これは、すべてのファンインゴルーチンが完了するまでその実行を一時停止する効果があります。このゴルーチンが再開すると、出力チャネルをクローズします。この技法は、リスト 9.10 に示されています。

◎リスト 9.10　ファンイン関数を実装する

```
package listing9_10

import (
    "sync"
)

func FanIn[K any](quit <-chan int, allChannels ...<-chan K) chan K {
    wg := sync.WaitGroup{}    // ← ウェイトグループを作成し、
    wg.Add(len(allChannels))  //   サイズを入力チャネルの数と同じ値に設定
    output := make(chan K)    // ← 出力チャネルを作成
    for _, c := range allChannels {
        go func(channel <-chan K) { // ← 各入力チャネルごとにゴルーチンを開始
            defer wg.Done() // ← ゴルーチンが終了したら、ウェイトグループを完了
            for i := range channel {
                select {
                case output <- i: // ← 各受信メッセージを共有出力チャネルへ転送
                case <-quit: // ← quit チャネルがクローズされたら、ゴルーチンを終了
```

```
                    return     //
                }
            }
        }(c) // ← 1つの入力チャネルをゴルーチンへ渡す
    }
    go func() {
        wg.Wait()      // ← すべてのゴルーチンの完了を待ち、
        close(output)  //    それから出力チャネルをクローズ
    }()
    return output // ← 出力チャネルを返す
}
```

これで、ファンインパターンをアプリケーションに接続し、パイプラインに含めることができます。リスト 9.11 では、リスト 9.10 の FanIn() 関数を main() 関数に含めるように変更しています。FanIn() 関数は、ウェブページを含むチャネルのリストを受け取り、共通の集約チャネルを返します。このチャネルを、extractWords() 関数に渡します。

◎リスト 9.11　パイプラインに FanIn() 関数を追加する

```
const downloaders = 20

func main() {
    quit := make(chan int)
    defer close(quit)
    urls := generateUrls(quit)
    pages := make([]<-chan string, downloaders)
    for i := 0; i < downloaders; i++ {
        pages[i] = downloadPages(quit, urls)
    }
    // ↓ ファンインパターンを使ってすべてのページチャネルを 1 つのチャネルへまとめる
    results := extractWords(quit, listing9_10.FanIn(quit, pages...))
    for result := range results {
        fmt.Println(result)
    }
}
```

新たな実装を実行すると、ダウンロードが並行に実行されるため、高速に動作します。ダウンロードを同時に行う副作用として、プログラムを実行するたびに抽出される単語の順序が異なります。

9.2.4　クローズ時に結果を出力する

URL ダウンロードアプリケーションでは、単語を抽出する以外に特に面白いことはしていませんでした。ダウンロードしたウェブページを何か有益なことに利用してみましょう。たとえば、これらのテキストドキュメントから最も長い単語を 10 個探してみるのはどうでしょうか。

このタスクは、パイプライン構築パターンに従うと簡単に実装できます。入力チャネルを受け入れ、出力チャネルを返す新たなゴルーチンを追加するだけです。図 9.10 では、この新たなゴルーチンは longestWords() と呼ばれ、extractWords() ゴルーチンの直後に挿入されます。

9.2 チャネルで一般的なパターンを再利用

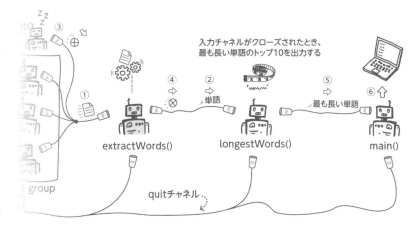

図9.10 テキスト内の最も長い単語10個を見つけるために longestWords() ゴルーチンを追加する

この新たな longestWords() ゴルーチンは、これまでのパイプラインで開発した他のゴルーチンとは少し異なります。このゴルーチンは、一意な単語の集まりをメモリに蓄積します。ウェブページからすべての単語を読み込み、クローズメッセージを受信すると、この集まりを見直して、最も長い単語10個を出力します。そして、main() ゴルーチンがコンソールに表示します。

longestWords() の実装はリスト9.12に示されています。この関数では、一意の単語の集まりを格納するためにマップを使っています。このマップは並行実行から隔離されており、longestWords() ゴルーチンだけがアクセスするため、データ競合状態を心配する必要はありません。また、ソートを容易にするために単語を別のスライスにも格納しています。

◎リスト9.12 最も長い単語を出力するゴルーチン（ここでは import は省略）

```go
func longestWords(quit <-chan int, words <-chan string) <-chan string {
    longWords := make(chan string)
    go func() {
        defer close(longWords)
        // ↓ 一意な単語を保存するマップを作成
        uniqueWordsMap := make(map[string]bool)
        // ↓ 後でソートを簡単にするために一意な単語のリストを保存するスライスを作成
        uniqueWords := make([]string, 0)
        moreData, word := true, ""
        for moreData {
            select {
            case word, moreData = <-words:
                // ↓ チャネルがクローズされておらず新たな単語なら、マップとリストに追加
                if moreData && !uniqueWordsMap[word] {
                    uniqueWordsMap[word] = true
                    uniqueWords = append(uniqueWords, word)
                }
            case <-quit:
                return
```

```
            }
        }
        // ↓ 入力チャネルがクローズされたら、単語の長さで単語をソート
        sort.Slice(uniqueWords, func(a, b int) bool {
            return len(uniqueWords[a]) > len(uniqueWords[b])
        })
        // ↓ 入力チャネルがクローズされたら、出力チャネルへ 10 個の最も長い単語を含む文字列を
        //    送信
        longWords <- strings.Join(uniqueWords[:10], ", ")
    }()
    return longWords
}
```

リスト 9.12 では、ゴルーチンがすべての一意な単語をマップとリストに格納します。入力チャネルがクローズされ、メッセージがこれ以上ないことが認識されると、ゴルーチンは一意な単語のリストを単語の長さでソートします。そして、出力チャネルにリストの最初の 10 項目、つまり最も長い 10 個の単語を送信します。このようにして、すべてのデータを収集した後に結果を出力します。

この新たなコンポーネントを main() 関数内のパイプラインに接続しましょう。リスト 9.13 では、longestWords() ゴルーチンが extractWords() の出力チャネルからデータを読み込みます。

◎リスト 9.13　パイプラインへ longestWords() を追加する

```
func main() {
    quit := make(chan int)
    defer close(quit)
    urls := generateUrls(quit)
    pages := make([]<-chan string, downloaders)
    for i := 0; i < downloaders; i++ {
        pages[i] = downloadPages(quit, urls)
    }
    // ↓ extractWords() の後に、longestWords() ゴルーチンをパイプラインに追加
    results := longestWords(quit,
        extractWords(quit, listing9_10.FanIn(quit, pages...)))
    // ↓ 最も長い 10 個の単語を含む単一のメッセージを表示
    fmt.Println("Longest Words:", <-results)
}
```

これらのリストを一緒に実行すると、パイプラインはダウンロードしたドキュメント上で最も長い単語を見つけ、コンソールに出力します。次がその出力です[4]。

```
$ go run longestwords.go
Longest Words: interrelationships, misunderstandings, telecommunication,
    administratively, implementability, characteristics, insufficiencies,
    implementations, synchronization, representatives
```

---

[4] 訳注：同じ長さの単語が複数あるため、実行ごとに表示される単語が異なりますし、アルファベット順にもソートされていないので並びも異なります。

9.2.5 複数のゴルーチンへブロードキャストする

ダウンロードページから、さらに詳しい統計情報を取得したい場合はどうすればよいでしょうか。このシナリオでは、最も長い単語を見つけることに加えて、最も頻繁に出現する単語を見つけたいとします。

今回のシナリオでは、extractWords() の出力を 2 つのゴルーチンに渡します。既存の longestWords() と、新たに追加する frequentWords() です。frequentWords() のパターンは、longestWords() と同じです。この関数は、各一意な単語の出現頻度を格納し、入力チャネルがクローズされた際に、出現頻度の高い上位 10 個の単語を出力します。

先の例では、1 つの計算の出力結果を複数の並行ゴルーチンに供給する必要がある場合、ファンアウトパターンを使いました。メッセージの負荷分散を行い、各ゴルーチンが個別の出力データのサブセットを受け取りました。しかし、今回は各出力メッセージのコピーを longestWords() と frequentWords() の両方のゴルーチンに送信したいので、そのパターンは使えません。

その場合は、ファンアウトの代わりに、メッセージを出力チャネルの集まりに複製するブロードキャストパターンを使えます。図 9.11 は、複数のチャネルにブロードキャストする個別のゴルーチンを使う方法を示しています。パイプラインでは、ブロードキャストの出力を frequentWords() ゴルーチンと longestWords() ゴルーチンの両方の入力に接続できます。

このブロードキャストユーティリティを実装するには、出力チャネルのリストを作成し、各チャネルにすべての受信メッセージを書き込むゴルーチンを使うだけです。リスト 9.14 の Broadcast() 関数は、入力チャネルと、必要な出力数を指定する整数 n を受け取ります。そして、この関数は、これらの n 個の出力チャネルをスライスで返します。この実装では、ジェネリクスを使って、ブロードキャストを任意のチャネルデータ型で使えるようにしています。

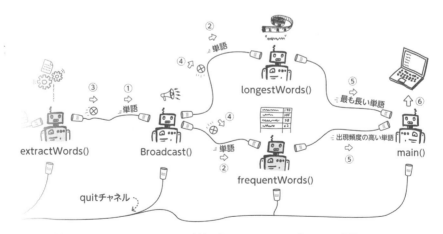

図 9.11 frequentWords() 並行ゴルーチンをパイプラインに接続する

第9章 チャネルを使ったプログラミング

◎リスト9.14　複数の出力チャネルへブロードキャストする

```go
package listing9_14

func Broadcast[K any](quit <-chan int, input <-chan K, n int) []chan K {
    // ↓ K型の出力チャネルを n 個作成（実装はリスト 9.15 を参照）
    outputs := CreateAll[K](n)
    go func() {
        // ↓ 完了したら、すべての出力チャネルをクローズ（実装はリスト 9.15 を参照）
        defer CloseAll(outputs...)
        var msg K
        moreData := true
        for moreData{
            select {
            // ↓ 入力チャネルから次のメッセージを読み込む
            case msg, moreData = <-input:
                // ↓ 入力チャネルがクローズされていなければ、
                //    メッセージを各出力チャネルへ書き込む
                if moreData {
                    for _, output := range outputs {
                        output <- msg
                    }
                }
            case <-quit:
                return
            }
        }
    }()
    return outputs // ← 出力チャネルの集まりを返す
}
```

> 注記　リスト 9.14 のブロードキャスト実装では、現在のメッセージがすべてのチャネルに送信された後に、次のメッセージを読み込みます。この実装では、遅い受信側ゴルーチンが他のすべての受信側ゴルーチンの速度を遅らせることになります。

リスト 9.14 では、`CreateAll()` と `CloseAll()` の 2 つの関数を使っています。`CreateAll()` 関数はチャネルの集まりを作成し、`CloseAll()` 関数はクローズします。リスト 9.15 は、それらの実装を示しています。

◎リスト9.15　`CreateAll()` 関数と `CloseAll()` 関数

```go
func CreateAll[K any](n int) []chan K { // ← K型のチャネルを n 個作成
    channels := make([]chan K, n)
    for i, _ := range channels {
        channels[i] = make(chan K)
    }
    return channels
}

func CloseAll[K any](channels ...chan K) { // ← すべてのチャネルをクローズ
    for _, output := range channels {
```

```
            close(output)
    }
}
```

これで、ダウンロードされたページで最も頻繁に出現する上位 10 個の単語を特定する `frequentWords()` 関数を作成できます。リスト 9.16 の実装は、`longestWords()` 関数と似ています。今回は、`mostFrequentWords` と呼ばれるマップを使って、各単語の出現頻度を数えます。入力チャネルがクローズされた後、マップ内の出現頻度で単語リストをソートします。

◎リスト 9.16　最も出現頻度の多い単語を見つける（`import` は省略）

```go
func frequentWords(quit <-chan int, words <-chan string) <-chan string {
    mostFrequentWords := make(chan string)
    go func() {
        defer close(mostFrequentWords)
        // ↓ 個々の一意な単語の出現頻度を保存するマップを作成
        freqMap := make(map[string]int)
        // ↓ 一意な単語のリストを保存するスライスを作成
        freqList := make([]string, 0)
        moreData, word := true, ""
        for moreData {
            select {
            // ↓ 入力チャネルからの次のメッセージを読み込む
            case word, moreData = <-words:
                if moreData {
                    // ↓ メッセージが新たな単語を含んでいれば、一意な単語のスライスへ追加
                    if freqMap[word] == 0 {
                        freqList = append(freqList, word)
                    }
                    freqMap[word] += 1 // ← 単語の出現頻度を 1 つ増やす
                }
            case <-quit:
                return
            }
        }
        // ↓ すべての入力メッセージを読み込んだら、出現頻度順にリストをソート
        sort.Slice(freqList, func(a, b int) bool {
            return freqMap[freqList[a]] > freqMap[freqList[b]]
        })
        // ↓ 出力チャネルへ、出現頻度の最も高い 10 個の単語を書き込む
        mostFrequentWords <- strings.Join(freqList[:10], ", ")
    }()
    return mostFrequentWords
}
```

ここで、すでに開発したブロードキャストユーティリティに `frequentWords()` を接続します。リスト 9.17 では、`Broadcast()` 関数を呼び出して 2 つの出力チャネルを作成し、`extractWords()` からデータを読み込みます。次に、ブロードキャストからの 2 つの出力チャネルを、`longestWords()` ゴルーチンおよび `frequentWords()` ゴルーチンの入力として使います。

◎リスト 9.17　出現頻度が高い単語と長い単語を見つけるためにブロードキャストパターンで接続

```go
const downloaders = 20

func main() {
    quit := make(chan int)
    defer close(quit)
    urls := generateUrls(quit)
    pages := make([]<-chan string, downloaders)
    for i := 0; i < downloaders; i++ {
        pages[i] = downloadPages(quit, urls)
    }
    words := extractWords(quit, listing9_10.FanIn(quit, pages...))
    // ↓ 単語チャネルの内容を 2 つの出力チャネルへブロードキャストするゴルーチンを作成
    wordsMulti := listing9_14.Broadcast(quit, words, 2)
    // ↓ 入力チャネルから最も長い単語を見つけるゴルーチンを生成
    longestResults := longestWords(quit, wordsMulti[0])
    // ↓ 入力チャネルから最も出現頻度の高い単語を見つけるゴルーチンを生成
    frequentResults := frequentWords(quit, wordsMulti[1])
    // ↓ longestWords() ゴルーチンからの結果を読み込んで表示
    fmt.Println("Longest Words:", <-longestResults)
    // ↓ frequentWords() ゴルーチンからの結果を読み込んで表示
    fmt.Println("Most frequent Words:", <-frequentResults)
}
```

longestWords() ゴルーチンと frequentWords() ゴルーチンの両方とも結果を含むメッセージを 1 つだけ出力するので、main() 関数はそれぞれから 1 つのメッセージを読み込んでコンソールに表示するだけです。次は、パイプライン全体を実行したときの出力です。驚くことではありませんが、最も頻繁に出現する単語は the です。

```
$ go run wordstats.go
Longest Words: interrelationships, telecommunication, misunderstandings,
      implementability, administratively, transformations, reconfiguration,
      representatives, experimentation, interpretations
Most frequent Words: the, to, a, of, is, and, in, be, for, rfc
```

9.2.6　条件成立後にチャネルをクローズする

　これまでのところ、アプリケーション内のすべてのゴルーチンに組み込んだ quit チャネルを実際には使っていません。これらの quit チャネルは、特定の条件でパイプラインの一部を停止するために使えます。

　私たちのアプリケーションでは、固定数のウェブページを読み込んで処理していますが、ダウンロードした最初の 10,000 語のみを処理したい場合はどうでしょうか。解決策は、指定した数のメッセージを受信した後にパイプラインの一部を停止する別の実行を追加することです。extractWords() ゴルーチンの直後に Take(n) と呼ばれる新たなゴルーチンを挿入すると、指定した数のメッセージを受信した後に quit チャネルをクローズするよう指示できます（図 9.12 参照）。Take(n) ゴルーチンは、quit チャネルを close() へ渡して呼び出すことによってパイプラインの一部のみを終

了させます。これを実現するには、パイプラインの左側、つまり Take(n) ゴルーチンの前に別の quit チャネルを接続します。

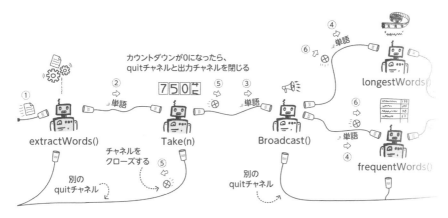

図9.12　パイプラインに Take(n) ゴルーチンを追加する

Take(n) を実装するには、入力から受信したメッセージを単純に出力チャネルに転送する一方で、カウントダウンを維持し、転送されるメッセージごとにカウントダウンを1つ減らすゴルーチンが必要です。カウントダウンが 0 になると、ゴルーチンは quit チャネルと出力チャネルをクローズします。リスト9.18は、カウントダウンを n 変数で表した Take(n) の実装を示しています。ゴルーチンは、データが残っていて、カウントダウンが 0 よりも大きく、そして quit チャネルがクローズされていない限り、メッセージの転送を続けます。カウントダウンが 0 になると、quit チャネルをクローズします。

◎リスト9.18　Take(n) 関数を実装する

```
package listing9_18

func Take[K any](quit chan int, n int, input <-chan K) <-chan K {
    output := make(chan K)
    go func() {
        defer close(output)
        moreData := true
        var msg K
        // ↓ データがあり、カウントダウンが 0 よりも大きい限り、メッセージの転送を続ける
        for n > 0 && moreData {
            select {
            case msg, moreData = <-input: // ← 入力から次のメッセージを読み込む
                if moreData {
                    output <- msg // ← メッセージを出力へ転送
                    n-- // ← カウントダウン変数 n を 1 つ減らす
                }
            case <-quit:
                return
```

第 9 章　チャネルを使ったプログラミング

```
            }
        }
        if n == 0 {       // ← カウントダウンが 0 になったら、
            close(quit) //    quit チャネルをクローズ
        }
    }()
    return output
}
```

　この新たなコンポーネントをパイプラインに追加し、特定の単語数に達した時点で処理を停止させることができます。リスト 9.19 は、Take(n) ゴルーチンを組み込んで、10,000 語に達した時点で処理を停止するように設定した main() 関数を示しています。

◎リスト 9.19　パイプラインへ Take(n) を接続する

```
const downloaders = 20

func main() {
    // ↓ Take(n) 関数の前に使われる別の quit チャネルを作成
    quitWords := make(chan int)
    quit := make(chan int)
    defer close(quit)
    urls := generateUrls(quitWords)
    pages := make([]<-chan string, downloaders)
    for i := 0; i < downloaders; i++ {
        pages[i] = downloadPages(quitWords, urls)
    }
    // ↓ 10,000 カウントダウンで Take(n) ゴルーチンを作成して、extractWords() の出力を
    //    読み込ませる
    words := listing9_18.Take(quitWords, 10000,
        extractWords(quitWords, listing9_10.FanIn(quitWords, pages...)))
    // ↓ パイプラインの残りに対して別の quit チャネルを使う
    wordsMulti := listing9_14.Broadcast(quit, words, 2)
    longestResults := longestWords(quit, wordsMulti[0])
    frequentResults := frequentWords(quit, wordsMulti[1])

    fmt.Println("Longest Words:", <-longestResults)
    fmt.Println("Most frequent Words:", <-frequentResults)
}
```

　リスト 9.19 を実行すると、ダウンロードされた最初の 10,000 語のみが処理され、単語の統計が作成されます。ダウンロードは並列に行われるため、ダウンロードされたページの順序は予測できず、アプリケーションを実行するたびに結果は異なる可能性があります。したがって、最初に遭遇する 10,000 語は、最初にダウンロードされるページによって異なります。次は、その実行結果の一例です。

```
$ go run wordstatsearlyquit.go
Longest Words: implementations, characteristics, recommendations,
    considerations, implementation, effectiveness, simultaneously,
```

```
         specifications, irrecoverable, informational
Most frequent Words: the, to, of, is, a, and, be, for, in, not
```

9.2.7 ファーストクラス・オブジェクトとしてチャネルを採用する

　CSP言語に関する論文の中で、C.A.R. Hoareは、一連のCSPプロセスによる10,000までの素数を生成する例を使っています。このアルゴリズムは、ある数が素数であるかを調べるための単純な方法であるエラトステネスのふるい（*Sieve of Eratosthenes*）に基づいています。CSP論文の方法では、静的な線形パイプラインを使い、パイプライン内の各プロセスが素数の倍数をフィルタリングし、次のプロセスに渡します。パイプラインは静的であるため（問題のサイズとともに大きくなることはありません）、固定された数までの素数しか生成できません。

　Goには、オリジナルの論文で定義されたCSP言語よりも改善されている点があります。それは、チャネルがファーストクラス・オブジェクトであることです。つまり、チャネルを変数として保存し、他の関数に渡すことも可能です。Goでは、チャネルを別のチャネルに渡すこともできます。これによって動的な線形パイプラインを使えるようになり、問題のサイズに合わせて拡張でき、最大固定数ではなく最大n個の素数を生成できるという、論文にある解決方法の改善が図れます。

> 🔍 **素数パイプラインアルゴリズムの起源**
> 　パイプラインを使って素数を生成するという解決策はCSP論文で言及されましたが、その考えの起源は数学者でありプログラマでもあるDouglas McIlroy氏によるものです。

　図9.13は、並行パイプラインを使って素数を生成する方法を示しています。ある数cがcよりも小さいすべての素数の倍数ではない場合、その数は素数です。たとえば、7が素数であるかを確認するには、7が2、3、あるいは5で割り切れないことを確認する必要があります。7はこれらのいずれでも割り切れないため、7は素数です。しかし、9は3で割り切れるため、9は素数ではありません。

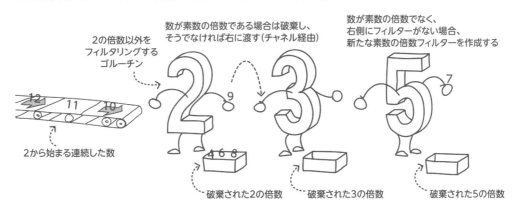

図9.13　パイプラインを使って、ある数が素数であるかを調べる

第 9 章　チャネルを使ったプログラミング

> **ある数が素数であるかを調べる**
>
> c が素数であるかを確認するには、c が c の平方根以下の素数で割り切れないことを確認するだけです。しかし、本項では、コードを簡潔かつ短く保つために要件を簡略化しています。

　素数判定パイプラインでは、2 から始まる連続した数の候補を生成するゴルーチンを用意します。このゴルーチンの出力は、素数の倍数を除去するゴルーチンを連鎖させたパイプラインへと送られます。この連鎖内の 1 つのゴルーチンには素数 p が割り当てられ、p の倍数である数は破棄されます。数が破棄されなければ、連鎖させた右側のゴルーチンに渡されます。数が最後まで生き残れば、それは新たな素数であることを意味し、新たな素数 p を持つ新たなゴルーチンが作成されます。この処理は、図 9.14 に示されています。

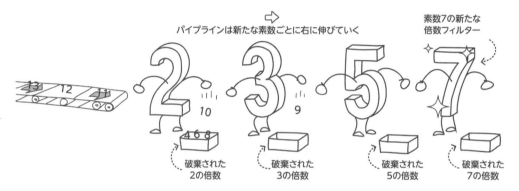

図 9.14　新たな素数が発見されると、その素数の倍数を除去する新たなゴルーチンを開始します

　パイプラインでは、ある数が既存のすべてのゴルーチンを通過し、破棄されなかった場合、それは新たな素数が見つかったことを意味します。すると、パイプラインの最後のゴルーチンが、新たなゴルーチンを初期化して、パイプラインの末尾にその新たなゴルーチンを接続します。この新たなゴルーチンがパイプラインの新たな末尾となり、新たに発見された素数の倍数を除外します。このようにして、素数の個数に応じてパイプラインが動的に拡張されます。

　素数の個数に応じてパイプラインが動的に成長することは、C.A.R. Hoare による CSP 論文の元のチャネルと比較して、チャネルをファーストクラス・オブジェクトとして扱うことの利点を示しています。具体的に言えば、Go は、チャネルを通常の変数のように扱う機能を提供しています。

　リスト 9.20 は、この素数フィルタリングゴルーチンを実装しています。作成時にこのゴルーチンは、多重フィルタリングに使われる素数 p を含むチャネル上で最初のメッセージを受信します。その後、入力チャネル上で新たな数を待ち受け、受信した数が p の倍数であるかを確認します。倍数であれば、その数を単純に破棄し、そうでなければ、その数を次のチャネル（右側のチャネル）に渡します。もしゴルーチンがたまたまパイプラインの末尾に位置している場合、新たな次のチャネルを作成し、そのチャネルを新たに作成されたゴルーチンに渡します。

◎リスト 9.20　`primeMultipleFilter()` ゴルーチン

```go
package main

import "fmt"

func primeMultipleFilter(numbers <-chan int, quit chan<- int) {
    var right chan int
    p := <-numbers // ← 入力チャネルから素数 p を含む最初のメッセージを受信し表示
    fmt.Println(p) //
    for n := range numbers { // ← 入力チャネルから次の数を読み込む
        if n%p != 0 { // ← 読み込んだ数が p の倍数なら破棄
            // ↓ 現在のゴルーチンが右側のチャネルを持っていなければ、
            //    新たなゴルーチンを開始して、チャネルで接続
            if right == nil {
                right = make(chan int)
                go primeMultipleFilter(right, quit)
            }
            right <- n // ← 右側のチャネルにフィルタされた数を渡す
        }
    }
    if right == nil {
        // ↓ フィルタする数がなく、右側のチャネルのゴルーチンがいなければ、
        //   quit チャネルをクローズ
        close(quit)
    } else {
        close(right) // ← そうでなければ、右側のチャネルをクローズ
    }
}
```

あとは素数の倍数フィルタを、連続した数の生成器に接続するだけです。そのために、`main()` ゴルーチンを使えます。リスト 9.21 では、`main()` 関数が最初の素数の倍数フィルタのゴルーチンを、入力チャネルとともに開始し、2 から 100,000 までの連続した数を渡します。その後、入力チャネルをクローズし、quit チャネルがクローズされるのを待ちます。このようにすることで、`main()` ゴルーチンを終了する前に、最後の素数が確実に表示されるようにします。

◎リスト 9.21　素数フィルタへ連続した数を送信する `main()` 関数

```go
func main() {
    numbers := make(chan int) // ← 素数の倍数フィルタへ送信する入力チャネルを作成
    quit := make(chan int)    // ← 共通の quit チャネルを作成
    // ↓ パイプライン内の最初のゴルーチンを開始し、numbers チャネルと quit チャネルを渡す
    go primeMultipleFilter(numbers, quit)
    for i := 2; i < 100000; i++ { // ← 入力チャネルへ 2 以上 100,000 未満の連続した
        numbers <- i              //    数を送信
    }
    close(numbers) // ← 入力チャネルをクローズし、数がこれ以上ないことを通知
    <-quit // ← quit チャネルがクローズされるのを待つ
}
```

第 9 章　チャネルを使ったプログラミング

リスト 9.20 と 9.21 を一緒に実行すると、100,000 未満の素数がすべて表示されます[*5]。

```
$ go run primesieve.go
2
3
5
7
11
13
...
99989
99991
```

9.3　練習問題

注記　https://github.com/cutajarj/ConcurrentProgrammingWithGo に、すべての解答コードがあります。

1. リスト 9.3 と同様の生成器ゴルーチンを作成します。URL 文字列を生成するのではなく、出力チャネルに平方数（1、4、9、16、25…）の無限ストリームを生成します。次がそのシグニチャです。

    ```
    func GenerateSquares(quit <-chan int) <-chan int
    ```

2. リスト 9.18 では、Take(n) ゴルーチンを開発しました。このゴルーチンの機能を拡張して、ブーリアンを返す関数 f に対して TakeUntil(f) を実装してください。ゴルーチンは、f の戻り値が true である間、入力チャネル上のメッセージの読み込みと転送を継続する必要があります。ジェネリクスを使うことで、TakeUntil(f) 関数を再利用し、他の多くのパイプラインに組み込めるようにします。次がその関数シグニチャです。

    ```
    func TakeUntil[K any](
        f func(K) bool,
        quit chan int,
        input <-chan K,
    ) <-chan K
    ```

3. チャネルで受信したメッセージの内容をコンソールに表示し、そのメッセージを出力チャネルに転送するゴルーチンを作成してください。ここでも、ジェネリクスを使うことで、この関数をさまざまな状況で再利用できるようにします。

    ```
    func Print[T any](quit <-chan int, input <-chan T) <-chan T
    ```

4. 入力チャネルの内容を何もせずに読み捨てるゴルーチンを作成してください。このゴルーチンは、メッセージを読み込んで破棄するだけです。

[*5] 訳注：Go には以前、sieve.go がサンプルコードとして含まれていました。現在は、標準のリリースには含まれておらず、Go Playground で提供されています。URL は、https://go.dev/play/p/9U22NfrXeq です。

```
    func Drain[T any](quit <-chan int, input <-chan T)
```

5. 練習問題1から4で開発したコンポーネントを、次の疑似コードに従ってmain()関数内で接続してください。

```
Create quit channel
Drain(quitChannel,
    Print(quitChannel,
        TakeUntil({ s <= 1000000 }, quitChannel,
            GenerateSquares(quitChannel))))
Wait on quit channel
```

まとめ

- CSP（*communicating sequential processes*）は、同期チャネルを介したメッセージパッシングを使う形式言語の並行処理モデルです。
- CSPでの実行は、独自の隔離された状態を持ち、他の実行とはメモリを共有しません。
- GoはCSPから中核となる考えを借用しているのに加えて、チャネルをファーストクラス・オブジェクトとして扱います。つまり、関数呼び出しや他のチャネルに対してチャネルを渡せるということです。
- ゴルーチンに実行を停止するよう通知するのに、quitチャネルパターンを使えます。
- ゴルーチンが入力チャネルを受け入れ、出力チャネルを返すという一般的なパターンを持つことで、パイプラインのさまざまなステージを簡単に接続できます。
- ファンインパターンは、複数の入力チャネルを1つにマージします。このマージされたチャネルは、すべての入力チャネルがクローズされた後にのみクローズされます。
- ファンアウトパターンでは、複数のゴルーチンが同じチャネルから読み込みます。この場合、チャネル上のメッセージはゴルーチン間で負荷分散されます。
- ファンアウトパターンは、メッセージの順序が重要ではない場合にのみ意味があります。
- ブロードキャストパターンでは、入力チャネルの内容が複数のチャネルに複製されます。
- Goでは、チャネルをファーストクラス・オブジェクトとして扱うことで、プログラムの実行中にメッセージパッシングによる並行プログラムの構造を動的に変更できます。

memo

第3部 並行処理のさらなるトピック

　本書の第3部では、高度な並行処理の話題、すなわち、並行処理パターン、デッドロック、アトミック変数、およびフューテックスについて見ていきます。

　まず、問題を複数の部分に分割し、並行して実行できるようにする一般的なパターンを確認します。そして、異なる種類の問題に対してどのパターンが適しているかを見ていきます。また、ループレベル並列処理、フォーク/ジョイン、ワーカープール、パイプライン処理などのパターンを検討し、それぞれの特性について説明します。

　デッドロックは、並行システムにおける悪い副作用の1つです。デッドロックは、2つ以上の実行スレッドが循環的に互いに待たせ合うときに発生します。ここでは、メモリ共有とメッセージパッシングの両方におけるデッドロックの例を取り上げ、プログラムにおけるデッドロックを回避したり防止したりするためのさまざまな選択肢について検討します。

　また、本書では、さまざまな並行処理ツールの実装について見てきました。ここでは、並行処理ツールの中で最も基本的なものであるミューテックスについて見ていきます。ミューテックスが、性能の面で最良の結果を達成するために、内部でどのようにアトミック操作とオペレーティングシステムのシステムコールを使っているかを見ていきます。

第 10 章

並行処理パターン

本章では、以下の内容を扱います。

- タスク別にプログラムを分解する
- データ別にプログラムを分解する
- 一般的な並行処理パターンを認識する

仕事があり、多くの手助けがある場合、どのように作業を分担すれば効率的に完了できるかを決定する必要があります。並行処理的な解決策を開発する上で重要となるのは、それぞれ独立した計算処理、つまり同時に実行しても互いに影響しないタスクを特定することです。プログラミングを個別の並行タスクに分割するプロセスは分解（*decomposition*）と呼ばれます。

本章では、この分解を行うための技法と考え方を見ていきます。その後、さまざまな並行シナリオで使われる一般的な実装パターンについて説明します。

10.1 プログラムを分解する

並行プログラミングを使って効率的に実行できるように、プログラムやアルゴリズムをどのように変換すればよいのでしょうか。分解とは、プログラムを多数のタスクに細分化し、それらのタスクのうちどのタスクが並行して実行できるかを認識するプロセスです。分解がどのように機能するのか、実際の例を見てみましょう。

友人たち数人とともに 1 台の車でドライブしていると想像してみましょう。突然、車の前方から奇妙な音が聞こえてきました。車を止めて確認すると、パンクしていることがわかりました。遅刻したくないので、レッカー車を待たずにスペアタイヤに交換することにしました。実行すべき手順は次のとおりです。

1. サイドブレーキを引く
2. スペアタイヤを降ろす
3. ホイールナットを緩める

第10章 並行処理パターン

4. 車をジャッキで地面から浮かせる
5. パンクしたタイヤを取り外す
6. スペアタイヤを装着する
7. ナットを締める
8. 車を下げる
9. パンクしたタイヤを片付ける

　私たちは1人ではないので、他の人にいくつかの作業を割り当てれば、早く仕事を完了できます。たとえば、スペアタイヤを降ろしている間に、他の誰かがホイールナットを緩められます。どの作業を並列して行えるかを判断するために、図10.1に示すようなタスク依存グラフを描いて、作業の依存関係分析を行えます。

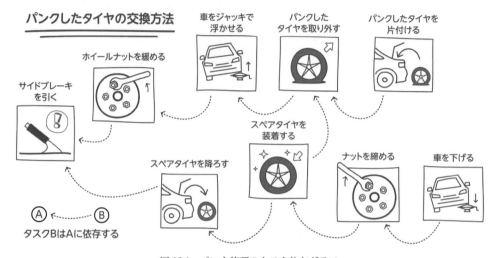

図10.1　パンク修理のタスク依存グラフ

　タスク依存グラフを見ることで、作業を効率的に完了させるために、タスクをどのように割り当てるのが最善かについて、情報を得た上で判断できます。この例では、トランクからスペアタイヤを取り出す作業に1人を割り当て、その間に他の誰かがホイールナットを緩めるという割り当てができます。また、パンクしたタイヤを取り外した後に別の誰かがそれを収納し、他の誰かがスペアタイヤを装着できます。

　タスクの依存関係グラフを作成することはよいスタートです。しかし、必要な手順のリストをどのように作成すればよいのでしょうか。並列して実行すればもっと効率的に作業を完了できそうな手順のリストを作成できるとしたらどうでしょうか。プログラミングタスクを分割し、さまざまな並行タスクについて考えるために、プログラムをタスク分解とデータ分解の2つの側面から検討できます。ここでは、この2つの分解技法を併用し、一般的な並行処理パターンを問題に適用してみます。

10.1　プログラムを分解する

10.1.1　タスク分解

タスク分解（*task decomposition*）は、プログラム内のさまざまな処理を並列に実行できるかを考える際に行います。タスク分解では、「迅速に作業を完了するために、どのような並列処理が可能か」という質問をします。たとえるなら、2人のパイロットが飛行機の着陸作業を分担し、さまざまなタスクを並列に実行している状況を考えてみてください（図 10.2 参照）。このたとえ話では、パイロットは航空機の計器を通して同じ入力データにアクセスしていますが、航空機を安全かつ効率的に着陸させるために、それぞれが異なるタスクを実行します。

図 10.2　着陸中に別々のタスクを行うパイロット

前章では、ウェブドキュメントの集まりから最も長い単語を見つけるプログラムを作成するといった、異なるタスクを異なる実行に割り当てるさまざまな方法について見てきました。タスク分解では、次のように、問題をいくつかのタスクに分割する必要があります。

- ウェブページをダウンロードする
- 単語を抽出する
- 最も長い単語を見つける

こうしてタスクを分解した後は、各タスクについて、相互の依存性を確認します。前章の長い単語を探すプログラムでは、それぞれのタスクは前のタスクへの依存性がありました。たとえばウェブページをダウンロードするタスクなしに、単語を抽出することはできません。

10.1.2　データ分解

データがプログラム内をどのように流れるかを考えることでプログラムも分解できます。たとえば、入力データを分割して複数の並列実行に渡せます（図 10.3 参照）。これは**データ分解**（*data decomposition*）と呼ばれ、「プログラム内のデータをどのように整理すれば、多くの作業を並列実行できるか」という質問をもとに行われます。

図 10.3　データは複数の実行に分割できます

定義　データ分解は、処理におけるさまざまな時点で行えます。入力データ分解（*input data decomposition*）は、プログラムの入力データを分割し、複数の並行実行で処理する際に行われます。

入力データ分解では、プログラムの入力を分割し、それをさまざまな実行に渡します。たとえば、第 3 章「メモリ共有を使ったスレッド間通信」では、さまざまなウェブドキュメントをダウンロードし、文字の出現頻度をカウントする並行実行プログラムを作成しました。各入力 URL を個別のゴルーチンに渡す入力データ分解の設計を採用しました。ゴルーチンは入力 URL からドキュメントをダウンロードし、共有データ構造上で文字をカウントしました。

定義　出力データ分解（*output data decomposition*）では、プログラムの出力データを使って作業を実行間で分散させます。

対照的に、第 6 章「ウェイトグループとバリアを使った同期」の行列乗算は出力データの分解に基づいていました。その例では、ゴルーチンを個別に実行し、それぞれが 1 つの出力行列の行の結果を計算する役割を担っていました（図 10.4 参照）。3 × 3 行列の場合、ゴルーチン 0 が行 0 の結果を計算し、ゴルーチン 1 が行 1 の結果を計算し、以下同様に行列全体の結果を計算しました。

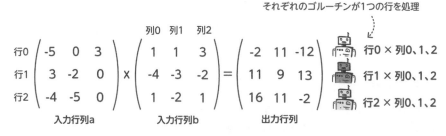

図 10.4　各実行に対して 1 つの出力行を使う出力データ分解

10.1 プログラムを分解する

> 注記　タスク分解とデータ分解は、並行プログラムを設計する際に一緒に適用すべき原則です。ほとんどの並行アプリケーションでは、効率的な解決方法を実現するために、タスク分解とデータ分解を組み合わせて適用します。

10.1.3　粒度を考える

　問題をさまざまな並行実行に分割する場合、サブタスクやデータ部分はどの程度の大きさにすべきでしょうか。これをタスクの粒度（*task granularity*）と呼びます。粒度分布の一方の端には、問題が多数の小さなタスクに分割された、細粒度（*fine-grained*）タスクがあります。もう一方の端では、問題が少数の大きなタスクに分割された、粗粒度（*coarse-grained*）タスクがあります。

　タスクの粒度を理解するために、オンラインのウェブショップ提供を目指して一緒に働く開発者チームを考えてみましょう。プロジェクト開発を細かいタスクに分割することで、開発者間で分担できます。タスクを粗くしすぎると、タスクの数が少なくなり、1つ1つのタスクが大きくなります。タスクの数があまりに少ないと、全員に十分なタスクが行き渡らないかもしれません。すべての開発者にタスクを割り当てられたとしても、タスクが粗すぎる場合、大きなタスクに取り組んでいる開発者が忙しい一方で、小さなタスクを素早く終わらせた他の開発者は手持ち無沙汰になるかもしれません。これは、各タスクの作業量が異なるために起こります。

　一方で、プロジェクトをとても細かいタスクに分割すれば、多くの開発者に作業を分散させられます（開発者がいれば）。また、一部の開発者が仕事がなく暇で、他の開発者が大きなタスクに忙殺されているという不均衡な状態になる可能性も低くなります。しかし、タスクを細かく分解しすぎると、誰が何をいつやるのかについて話し合う会議に開発者たちが多くの時間を費やすという状況が生まれます。さまざまなタスクの調整や同期に多くの労力が費やされ、全体的な効率が低下してしまうことになるでしょう。

　これら2つの極端な考え方の中間には、最大のスピードアップを得られる最適な地点があります。つまり、プロジェクトを最短時間で完了させられる適切なタスクの粒度です。このスイートスポットの位置（図10.5参照）は、開発者の人数や、彼らが出席しなければならない会議の数（コミュニケーションに費やす時間）といった、多くの要因によって決まります。最大の要因はプロジェクトの性質であり、タスクの並列化の度合いを決定するものです。なぜなら、プロジェクトの一部は他のタスクに依存しているためです。

　同じ原則は、アルゴリズムやプログラムの適切なタスクの粒度を選択する際にも適用されます。タスクの粒度は、ソフトウェアの並列実行性能に大きな影響を与えます。最適な粒度を決定することは多くの要因に依存しますが、主に解決しようとしている問題によって決まります。問題を多数の小さなタスク（細粒度）に分割すると、プログラムが実行される際に、多くの並列処理が可能となり（追加のプロセッサがある場合）、大きなスピードアップが得られます。しかし、タスクが細かすぎるために同期や通信が増えると、スケーラビリティが制限されます。並列性を増やすと、スピードアップにほとんど影響がないか、あるいはマイナスの影響を与えることもあります。

　逆に粗い粒度を選択すれば、実行間の多くの通信や同期の必要性が減少します。しかし、少数の大きなタスクでは、スピードアップが小さくなり、実行間の負荷の不均衡につながる可能性がありま

図10.5　オンラインショップ構築におけるタスクの粒度

す。オンラインショップの例と同様に、私たちのシナリオに適したバランスを見つける必要があります。これは、モデリング、実験、テストによって行えます。

　　助言　解決する問題の性質上、通信や同期をほとんど必要としない並行処理的な解決策は、一般的に、細かい粒度での解決方法が可能であり、大きなスピードアップの達成を見込めます。

10.2　並行処理の実装パターン

　タスク分解とデータ分解を組み合わせて問題を分解したら、実装には一般的な並行パターンを適用できます。これらのパターンはそれぞれ特定のシナリオに適していますが、1つの解決策に複数のパターンを組み合わせることもできます。

10.2.1　ループレベル並列処理

　データのコレクションに対してあるタスクを実行する必要がある場合、並行処理を使って、そのコレクションの異なる部分に対して複数のタスクを同時に実行できます。逐次プログラムでは、コレクションの各項目に対してタスクを実行するために、ループを使って、項目を1つずつ順に処理することが可能です。このループレベル並列処理パターンでは、各反復タスクを並行タスクに変換して並列に実行できるようにします。

　例として、特定のディレクトリにあるファイルの一覧のハッシュコードを計算するプログラムを作成する必要があるとします。今回の逐次プログラミングでは、ファイルのハッシュ関数を作成します（リスト10.1）。次に、プログラムでディレクトリからファイルの一覧を取得し、それらを反復処理します。各反復で、ハッシュ関数を呼び出して結果を表示します。

10.2 並行処理の実装パターン

◎リスト10.1　SHA256ファイルハッシュ関数（エラー処理は省略）

```go
package listing10_1

import (
    "crypto/sha256"
    "io"
    "os"
)

func FHash(filepath string) []byte {
    file, _ := os.Open(filepath) // ← ファイルをオープン
    defer file.Close()

    sha := sha256.New()     // ← crypto/sha256 ライブラリを使って
    io.Copy(sha, file)      //    ハッシュコードを計算

    return sha.Sum(nil) // ← ハッシュの結果を返す
}
```

　ディレクトリ内の各ファイルを逐次処理する代わりに、ループレベル並列処理を使って、各ファイルを個別のゴルーチンに渡せます。リスト10.2は、指定されたディレクトリからすべてのファイルを読み込み、ループ内で各ファイルに対して反復処理を行います。各反復で、その反復内のファイルのハッシュコードを計算する新たなゴルーチンを開始します。リスト10.2では、すべてのタスクが完了するまでmain()ゴルーチンを一時停止するためにウェイトグループを使っています。

◎リスト10.2　ファイルのハッシュコードを計算するためにループレベル並列処理を使う

```go
package main

import (
    "fmt"
    "github.com/cutajarj/ConcurrentProgrammingWithGo/chapter10/listing10.1"
    "os"
    "path/filepath"
    "sync"
)

func main() {
    dir := os.Args[1]
    files, _ := os.ReadDir(dir) // ← 指定されたディレクトリからファイルの一覧を得る
    wg := sync.WaitGroup{}
    for _, file := range files {
        if !file.IsDir() {
            wg.Add(1)
            // ↓ 反復でのファイルのハッシュコードを計算するゴルーチンを開始
            go func(filename string) {
                fPath := filepath.Join(dir, filename)
                // ↓ リスト10.1の関数を使ってファイルのハッシュコードを計算して表示
                hash := listing10_1.FHash(fPath)
```

第10章　並行処理パターン

```go
                fmt.Printf("%s - %x\n", filename, hash)
                wg.Done()
            }(file.Name())
        }
    }
    wg.Wait() // ← ハッシュを計算するすべてのタスクの完了を待つ
}
```

　特定のディレクトリでリスト10.2を実行すると、そのディレクトリ内のファイルのハッシュコードの一覧が作成されます。

```
$ go run dirfilehash.go ~/Pictures/
surf.jpg - e3b0c44298fc1c149afbf4c8996fb92427ae41e4649b934ca495991b7852b855
wave.jpg - 89e723f1dbd4c1e1cedb74e9603a4f84df617ba124ffa90b99a8d7d3f90bd535
sand.jpg - dd1b143226f5847dbfbcdc257fe3acd4252e45484732f17bdd110d99a1e451dc
. . .
```

　この例では、タスク間に依存関係がないため、ループレベル並列パターンを簡単に使えます。あるファイルのハッシュコードの計算結果が、次のファイルのハッシュコードの計算に影響を与えることはありません。十分な数のプロセッサがあれば、各反復を個別のプロセッサで実行できます。しかし、ある反復の計算が、前の反復で計算されたステップに依存している場合はどうでしょうか。

> **定義**　ループキャリー依存性（*loop-carried dependence*）とは、ある反復のステップが、同じループ内の別の反復のステップに依存している場合を指します。

　ループキャリー依存性の例を示すために、ディレクトリ全体に対して単一のハッシュコードを計算するようにプログラムを拡張してみましょう。ディレクトリ全体の内容に対してハッシュコードを計算すれば、ファイルが追加、削除、または変更されたかを確認できます。単純化するために、ここでは1つのディレクトリ内のファイルのみを考慮し、サブディレクトリは存在しないものと仮定します。これを実現するには、すべてのファイルに対して反復処理を行い、それぞれのハッシュコードを計算します。同じ反復処理で、それぞれのハッシュ結果を1つのハッシュ値にまとめられます。最終的に、ディレクトリ全体を表す1つのハッシュ値が得られます。

　リスト10.3では、これを逐次処理の`main()`関数を使って行っています。逐次処理のプログラムでは、各反復処理が前の反復処理に依存していることが示されています。つまり、ループのステップ`i`の前に、ステップ`i-1`が完了している必要があります。`sha256`の関数にハッシュコードを追加する順序は重要です。この順序を変更すると、異なる結果が生成されます。

◎リスト10.3　ディレクトリ全体のハッシュコードを計算する（`import`は省略）

```go
func main() {
    dir := os.Args[1]
    files, _ := os.ReadDir(dir) // ← 指定されたディレクトリのファイルの一覧を得る
    sha := sha256.New() // ← ディレクトリ用の新たな空のハッシュコンテナを生成
    for _, file := range files {
        if !file.IsDir() {
```

```
            fpath := filepath.Join(dir, file.Name())
            // ↓ ディレクトリ内の各ファイルのハッシュコードを計算
            hashOnFile := listing10_1.FHash(fpath)
            // ↓ 計算されたハッシュコードをディレクトリのハッシュへ結合
            sha.Write(hashOnFile)
        }
    }
    fmt.Printf("%s - %x\n", dir, sha.Sum(nil)) // ← 最終的なハッシュコードを出力
}
```

リスト10.3 では、ループキャリー依存性があります。つまり、現在のハッシュコードをグローバルディレクトリのハッシュに追加する前に、前の反復のハッシュコードが追加されていなければなりません。これにより並行プログラムに問題が発生します。前のような方法は使えません。なぜなら、次の反復を開始する前に前の反復の終了を待たなければならないからです。代わりに、各反復内の命令の一部は独立しており、それらを並行して実行できるという事実を利用できます。そうすれば、同期技術を使って、依存するステップを正しい順序で計算できます。

ディレクトリのハッシュアプリケーションでは、ファイルハッシュコードは独立しているため、並列に計算できます。各反復処理では、前の反復処理が終了するのを待ってから、ファイルのハッシュコードをグローバルディレクトリのハッシュに追加する必要があります。図10.6 は、この処理の方法を示しています。各反復処理の長い部分である、ファイルの読み込みとファイルのハッシュコードの計算は、同じループ 内の他の反復処理とは完全に独立しています。つまり、この部分はゴルーチンで待つことなく実行できるということです。

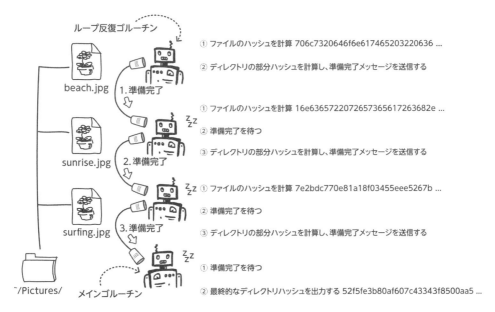

図10.6　各反復におけるファイルハッシュの計算は並列に行える

第10章 並行処理パターン

ゴルーチンがファイルハッシュの計算を終えると、前の反復が終了するまで待たなければなりません。 今回の実装では、この待ちにチャネルを使います。 各ゴルーチンは前の反復からの通知を受信するまで待ちます。 部分的なディレクトリハッシュコードの計算が完了すると、次の反復にチャネルメッセージを送信して完了したことを通知します。 これをリスト10.4 に示しています。

◎リスト10.4　ディレクトリのハッシュでのループキャリー依存性に対応（`import`は省略）

```go
func main() {
    dir := os.Args[1]
    files, _ := os.ReadDir(dir)
    sha := sha256.New()
    var prev, next chan int
    for _, file := range files {
        if !file.IsDir() {
            // ↓ ゴルーチンが終了したことを通知する次のチャネルを作成
            next = make(chan int)
            go func(filename string, prev, next chan int) {
                fpath := filepath.Join(dir, filename)
                // ↓ ファイルのハッシュコードを計算
                hashOnFile := listing10_1.FHash(fpath)
                if prev != nil { // ← ゴルーチンが最初の反復でなければ、
                    <-prev       //    前の反復が通知してくるまで待つ
                }
                sha.Write(hashOnFile) // ← ディレクトリの部分ハッシュコードを計算
                next <- 0 // ← 終了を次の反復へ通知
            }(file.Name(), prev, next)
            // ↓ next チャネルを prev へ代入。次のゴルーチンは現在の反復からの通知を待つ
            prev = next
        }
    }
    <-next // ← 結果を表示する前に最後の反復の終了を待つ
    fmt.Printf("%x\n", sha.Sum(nil))
}
```

注記　Go の `os.ReadDir()` 関数は、ファイル名でソートされたエントリを返します。これは、私たちのリストが適切に動作するための重要な要件です。順序が定義されていない場合、ディレクトリが変更されていなくても、プログラムを実行するたびに、ハッシュの結果が異なる可能性があります。

`main()` ゴルーチンは、`next` チャネルで完了メッセージを待つことで、最終的な反復処理が完了するのを待ちます。その後、ディレクトリのハッシュコードの結果を出力します。リスト10.4 では、完了メッセージはチャネルに送信された単なる 0 です[*1]。次は、リスト10.4 の出力例です。

```
$ go run dirhashconcurrent.go ~/Pictures/
7200bdf2b90fc5e65da4b2402640986d37c9a40c38fd532dc0f5a21e2a160f6d
```

[*1] 訳注：送信される 0 は使われていないので、このプログラムの場合、`next <- 0` ではなく、`close(next)` でも動作します。

10.2.2 フォーク/ジョイン・パターン

タスクを並列に実行するために複数の実行を作成する必要があり、その後、それらの実行結果を集めてマージする状況で、フォーク/ジョイン（*fork/join*）パターンが役立ちます。このパターンでは、プログラムはタスクごとに1つの実行を生成し、それらのタスクがすべて完了するまで待機してから処理を進めます。ネストの深いコードブロックを持つ、Goのソースファイルを検索するプログラムで、フォーク/ジョイン・パターンを使ってみましょう。

ネストが深いコードは読みづらいものです。たとえば次のコードは、3つのネストされたブロックを開いてから閉じるため、ネストの深さは3です。

```
if x > 0 {
    if y > 0 {
        if z > 0 {
            // 何かの処理
        }
    } else {
        // 他の処理
    }
}
```

ディレクトリを再帰的に走査し、最もネストの深いブロックを持つソースファイルを見つけるプログラムを作成したいと思います。リスト10.5は、ファイル名が与えられると、そのソースファイルのネストの深さを返す関数です。この関数は、開き波括弧が見つかるたびにカウンタを1つ増やし、閉じ波括弧が見つかったときにカウンタを1つ減らします。この関数は、見つかった中で最も大きな値を記録し、ファイル名とともに返します。

◎リスト10.5　最も深いネストのコードブロックを見つける（`import`とエラー処理は省略）

```go
package main

import (...)

type CodeDepth struct {file string; level int}

func deepestNestedBlock(filename string) CodeDepth {
    code, _ := os.ReadFile(filename) // ← ファイル全体をメモリバッファへ読み込む
    max := 0
    level := 0
    for _, c := range code { // ← ファイル内のすべての単一文字を反復
        if c == '{' {
            level += 1 // ← 文字が開き波括弧ならlevelを1つ増やす
            // ↓ level変数の最大値を記録
            max = int(math.Max(float64(max), float64(level)))
        } else if c == '}' {
            level -= 1 // ← 文字が閉じ波括弧ならlevelを1つ減らす
        }
    }
    return CodeDepth{filename, max} // ← ファイル名と結果を返す
}
```

ディレクトリ内で再帰的に見つかったすべてのソースファイルに対してこの関数を実行するロジックが必要です。逐次処理プログラムでは、単純にすべてのファイルに対してこの関数を順に呼び出し、最大値でコードの深さを記録します。図10.7は、この問題を並行に解決するために、フォーク/ジョイン・パターンをどのように採用できるかを示しています。フォーク部分では、`main()`ゴルーチンが`deepestNestedBlock()`関数を実行する複数のゴルーチンを生成し、各ゴルーチンがその結果を共通チャネルに出力します。

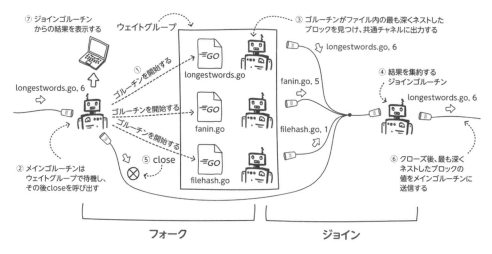

図10.7　ソースファイルを走査するためにフォーク/ジョイン・パターンを使う

パターンのジョイン部分は、共通出力チャネルから読み込み、すべてのゴルーチンが完了するのを待つ部分です。今回の例のこのジョイン部分は、結果を集め、最も深いネストブロックを記録する別のジョインゴルーチンで実装します。完了すると、そのゴルーチンは結果を`main()`ゴルーチンに送り、コンソールに出力します。

今回の実装では、`main()`ゴルーチンは、すべてのフォークされたゴルーチンが完了するまで、ウェイトグループで待ちます。ウェイトグループが完了すると（つまり、フォークされたゴルーチンが終了すると）、共通出力チャネルをクローズします。ジョインゴルーチンが共通チャネルがクローズされたことを認識すると、最も深いネストブロックのファイル名を含む結果を別のチャネルで`main()`ゴルーチンへ送信します。`main()`ゴルーチンは、この結果を待って、コンソールに表示するだけです。

リスト10.6は、このパターンのフォーク部分を実装しています。与えられたパスがディレクトリではないことを確認し、ウェイトグループに1を加え、ファイル名に対して`deepestNestedBlock()`関数を実行するゴルーチンを開始します。リスト10.6では、`main()`関数内の`filepath.Walk()`からこの関数を呼び出すため、ディレクトリを処理しません。`deepestNestedBlock()`の戻り値は、共通の結果チャネルに送信されます。関数が完了すると、ウェイトグループの`Done()`メソッドを呼び出します。

◎リスト 10.6　フォーク/ジョイン・パターンでのフォーク部分

```
func forkIfNeeded(path string, info os.FileInfo,
    wg *sync.WaitGroup, results chan CodeDepth) {
    // ↓ パスがファイルで拡張子が Go のソースファイルかを確認
    if !info.IsDir() && strings.HasSuffix(path, ".go") {
        wg.Add(1) // ← ウェイトグループに 1 を加える
        go func() { // ← 新たなゴルーチンを生成
            // ↓ 関数を呼び出し、戻り値を共通の結果チャネルへ書き込む
            results <- deepestNestedBlock(path)
            wg.Done() // ← ウェイトグループで完了を知らせる
        }()
    }
}
```

フォーク/ジョイン・パターンのジョイン部分では、共通出力チャネルから結果を収集するゴルーチン（リスト 10.7）が必要です。joinResults() ゴルーチンは、この共通チャネルから値を読み込み、読み込んだ結果から最も深いネストブロックの最大値を記録します。共通チャネルがクローズされると、結果をメインのチャネル finalResult に書き込みます。

◎リスト 10.7　最終結果チャネルへ結果をジョインする

```
func joinResults(partialResults chan CodeDepth) chan CodeDepth {
    finalResult := make(chan CodeDepth) // ← 最終結果用のチャネルを作成
    max := CodeDepth{"", 0}
    go func() {
        // ↓ クローズされるまでチャネルから結果を受信
        for pr := range partialResults {
            if pr.level > max.level { // ← 最も深いネストブロックの値を記録
                max = pr              //
            }
        }
        finalResult <- max // ← チャネルのクローズ後、出力チャネルへ結果を書き込む
    }()
    return finalResult
}
```

リスト 10.8 では、main() 関数がすべてを結び付けています。まず、共通チャネルとウェイトグループを作成します。次に、引数で指定されたディレクトリ内のすべてのファイルを再帰的に探索し、ソースファイルごとにゴルーチンをフォークします。最後に、結果を収集するゴルーチンを開始してすべてを結び付けて、フォークされたゴルーチンの完了をウェイトグループで待ち、共通チャネルをクローズしてから最終的に結果を finalResult チャネルから読み込みます。

◎リスト 10.8　フォークを行い、結果を表示する main() 関数

```
func main() {
    dir := os.Args[1] // ← 引数からルートディレクトリを得る
    // ↓ フォークされたすべてのゴルーチンが使う共通チャネルを作成
    partialResults := make(chan CodeDepth)
```

第 10 章　並行処理パターン

```
wg := sync.WaitGroup{}
// ↓ ルートディレクトリを探索し、すべてのファイルに対して、
//    ゴルーチンを生成するフォーク関数を呼び出す
filepath.Walk(dir,
    func(path string, info os.FileInfo, err error) error {
        forkIfNeeded(path, info, &wg, partialResults)
        return nil
    })

// ↓ ジョイン関数を呼び出し、最終結果を返すチャネルを得る
finalResult := joinResults(partialResults)

wg.Wait() // ← フォークしたすべてのゴルーチンの作業完了を待つ

// ↓ 共通チャネルをクローズし、ジョインゴルーチンへ作業の完了を知らせる
close(partialResults)

// ↓ 最終結果を受信し、コンソールへ表示
result := <-finalResult
fmt.Printf("%s has the deepest nested code block of %d\n",
    result.file, result.level)
}
```

> 注記　先ほどのディレクトリハッシュのシナリオとは異なり、この例では完全な結果を計算する際に、部分的な結果の順序に依存しません。この要件がないため、簡単にフォーク/ジョイン・パターンを採用でき、ジョイン部分で結果を集約できます。

すべてのリストをまとめると、ソースディレクトリを走査して、最も深いコードブロックを持つファイルを特定できます。次は、その出力例です。

```
$ go run deepestnestedfile.go ~/projects/ConcurrentProgrammingWithGo/
~/projects/ConcurrentProgrammingWithGo/chapter9/listing9.12_13/longestwords.g
    o has the deepest nested code block of 6
```

10.2.3　ワーカープールを使う

　場合によっては、どれだけの作業量になるのかわからないこともあります。需要に応じて作業量が変動する場合、アルゴリズムを分解して並行に処理させるのが難しい場合があります。たとえば、HTTP ウェブサーバーでは、ウェブサイトにアクセスしているユーザーの数に応じて、毎秒処理するリクエストの数が変動することがあります。

　現実の世界としての解決策は、複数のワーカーと作業キュー を用意することです。たとえば銀行の支店で、複数人の窓口係が 1 つの顧客の列に対応している様子を想像してみましょう。並行プログラミングでは、ワーカー・プール・パターン（*workder pool pattern*）が、この現実世界のキューとワーカーのモデルをプログラミングに取り入れています。

10.2　並行処理の実装パターン

> **同じパターンに対する異なる名称**
>
> ワーカー・プール・パターンおよびその少し異なる変形は、スレッド・プール・パターン (*thread pool pattern*)、レプリケートワーカー (*replicated workers*)、マスター/ワーカー (*master/worker*)、またはワーカークルーモデル (*workercrew model*) といった、さまざまな名称で知られています。

ワーカー・プール・パターンでは、あらかじめ作成された一定数のゴルーチンが作業の受け入れ準備をしています。このパターンでは、ゴルーチンはアイドル状態か、タスク待ちの状態、あるいは、タスクの実行中のいずれかです。作業は共通の作業キューを介してワーカープールに渡されます。すべてのワーカーが実行中の場合、作業キューのサイズが大きくなります。作業キューが最大容量に達した場合、それ以上の作業の受け入れを停止できます。ワーカープールの実装によっては、余分な負荷を処理するために、ゴルーチンの数を上限まで増やすことでワーカープールのサイズを拡大できます。

この並行処理パターンを実際に確認するために、静的ファイルをウェブ資源として提供する、簡単な HTTP ウェブサーバーを実装してみましょう。HTTP ウェブサーバーのワーカー・プール・パターンは、図 10.8 に示されています。設計では、複数のゴルーチンがワーカープールに参加し、作業キューに作業が届くのを待ちます。作業キューは Go のチャネルで実装します。すべてのワーカーゴルーチンが同じチャネルから読み込むとき、チャネル上のデータがすべてのワーカーに負荷分散されるという効果があります。

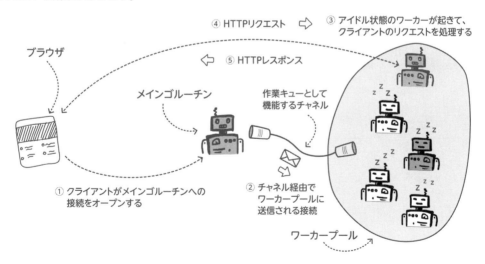

図 10.8　HTTP ウェブサーバーでワーカープールを使う

今回実装する HTTP ウェブサーバーでは、`main()` ゴルーチンがクライアントからのソケット接続を受け付けます。接続が確立されると、`main()` ゴルーチンはチャネルにその接続を書き込むこと

第 10 章　並行処理パターン

で、その接続をアイドル状態のワーカーに渡します。アイドル状態のワーカーは HTTP リクエストを処理し、適切な応答を返信します。応答が送信されると、ワーカーゴルーチンはチャネルで待機することで、次の接続を待ちます。

リスト 10.9 は、最小限の HTTP プロトコル処理を示しています。リスト 10.9 では、接続からリクエストを読み込み（regexp パッケージを使用）、resources ディレクトリからリクエストされたファイルを読み込み、適切なヘッダーとともにファイルの内容をレスポンスとして返します。ファイルが存在しない場合やリクエストが無効な場合、適切な HTTP エラーを返します。これは、チャネル上で main() ゴルーチンから接続を受信すると、ワーカープール内のすべてのゴルーチンが実行するロジックです。

◎リスト 10.9　簡単な HTTP レスポンスハンドラ

```go
package listing10_9

import (
    "fmt"
    "net"
    "os"
    "regexp"
)

var r, _ = regexp.Compile("GET (.+) HTTP/1.1\r\n")

func handleHttpRequest(conn net.Conn) {
    buff := make([]byte, 1024)     // ← HTTP リクエストを保存するバッファを作成
    size, _ := conn.Read(buff)     // ← 接続からバッファに読み込む
    if r.Match(buff[:size]) {      //   ← リクエストが有効なら、資源ディレクトリから
        file, err := os.ReadFile(  //     要求されたファイルを読み込む
            fmt.Sprintf("../resources/%s", r.FindSubmatch(buff[:size])[1]))
        // ↓ ファイルが存在すれば、HTTP ヘッダーとファイルの内容でクライアントに応答する
        if err == nil {
            conn.Write([]byte(fmt.Sprintf(
                "HTTP/1.1 200 OK\r\nContent-Length: %d\r\n\r\n",len(file))))
            conn.Write(file)
        } else {  // ← ファイルが存在しなければ、エラーで応答する
            conn.Write([]byte(
                "HTTP/1.1 404 Not Found\r\n\r\n<html>Not Found</html>"))
        }
    } else {  // ← HTTP リクエストが有効でなければ、エラーで応答する
        conn.Write([]byte("HTTP/1.1 500 Internal Server Error\r\n\r\n"))
    }
    conn.Close()  // ← リクエストを処理後、接続をクローズ
}
```

次のリスト 10.10 は、ワーカープールのすべてのゴルーチンを初期化します。この関数は、クライアント接続を含む入力チャネルから読み込む n 個のゴルーチンを単純に開始します。チャネルに新たな接続が受信されると、handleHttpRequest() 関数が呼び出され、クライアントのリクエストが処理されます。

10.2 並行処理の実装パターン

◎リスト 10.10　ワーカープールの起動

```go
func StartHttpWorkers(n int, incomingConnections <-chan net.Conn) {
    for i := 0; i < n; i++ { // ← ゴルーチンを開始
        go func() {          //
            // ↓ チャネルがクローズされるまで作業キューチャネルから接続を受け取る
            for c := range incomingConnections {
                // ↓ 受信したコネクションからの HTTP リクエストを処理
                handleHttpRequest(c)
            }
        }()
    }
}
```

次に、main() ゴルーチンがポートで新たな接続を待ち受け、確立された接続を作業キューチャネルに渡す必要があります。リスト 10.11 では、main() 関数が作業キューのチャネルを作成し、ワーカープールを起動し、ポート 8080 で TCP 接続を待ち受けます。無限ループ内で、新たな接続が確立されると、Accept() メソッドの待ちが解除され、接続が返されます。ここの接続は、ワーカープール 内のゴルーチンの 1 つで使われるためにチャネルに渡されます。

◎リスト 10.11　ワーカープールに作業を渡す main() 関数（エラー処理は省略）

```go
package main

import (
    "github.com/cutajarj/ConcurrentProgrammingWithGo/chapter10/listing10.9"
    "net"
)

func main() {
    incomingConnections := make(chan net.Conn) // ← 作業キューチャネルを作成
    // ↓ 3 つのゴルーチンでワーカープールを開始
    listing10_9.StartHttpWorkers(3, incomingConnections)

    // ↓ 8080 ポートで TCP 接続を待ち受ける
    server, _ := net.Listen("tcp", "localhost:8080")
    defer server.Close()
    for {
        conn, _ := server.Accept() // ← クライアントからの新たな接続があるまで待つ
        incomingConnections <- conn // ← 作業キューチャネルへ接続を渡す
    }
}
```

リスト 10.11 は、ブラウザで http://localhost:8080/index.html を表示するか、以下の curl コマンドを使ってテストできます。

```
$ go run httpserver.go &
...
$ curl localhost:8080/index.html
<!DOCTYPE html>
```

```
<html>
<head>
    <title>Learn Concurrent Programming with Go</title>
</head>
<body><h1>Learn Concurrent Programming with Go</h1><img src="cover.png">
↪</body>
</html>
```

> 注記　ワーカー・プール・パターンは、新たな実行のスレッドの作成にコストがかかる場合に特に有用です。新たな作業が発生した際にその場でスレッドを作成するのではなく、このパターンでは処理を開始する前にワーカープールを作成し、ワーカーを再利用します。これにより、新たな作業が必要になった際に無駄になる時間が少なくなります。ただし、Go ではゴルーチンの作成は高速な処理なので、このパターンは性能面では大きな利点をもたらしません。

　Go では、ワーカープールが性能面で大きな利点をもたらさないとしても、それでもプログラムやサーバーが資源不足に陥らないよう、並行実行の数を制限するために使えます。HTTP ウェブサーバーでは、図 10.9 に示すように、ワーカープール全体がビジー状態のときはクライアント接続の処理を停止できます。main() ゴルーチンがクライアントに「サーバーがビジー状態」のエラーを返すように、チャネルをノンブロッキング方式で使えます。

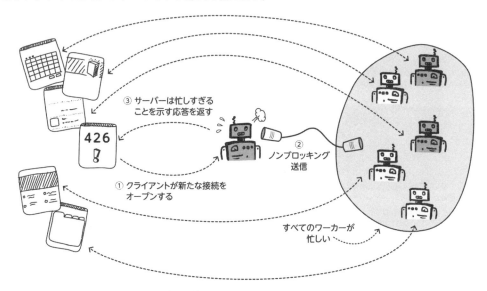

図10.9　サーバーがビジー状態であることを検出し、エラーメッセージを返します

　リスト 10.12 では、このノンブロッキング動作を作業キューチャネルで実装しています。リスト 10.12 では、ゴルーチンが空いていない場合に default ケースが実行される select 文を使っています。default ケースのロジックは、クライアントに「ビジー状態」というエラーメッセージを返

10.2 並行処理の実装パターン

します。

◎リスト 10.12 　`select` の `default` ケースを使って、サーバーの負荷を制限する

```go
package main

import (
    "fmt"
    "github.com/cutajarj/ConcurrentProgrammingWithGo/chapter10/listing10.9"
    "net"
)

func main() {
    incomingConnections := make(chan net.Conn)
    listing10_9.StartHttpWorkers(3, incomingConnections)
    server, _ := net.Listen("tcp", "localhost:8080")
    defer server.Close()
    for {
        conn, _ := server.Accept()
        select {
        case incomingConnections <- conn:
            // ↓ ゴルーチンが作業キューから読み込んでいない場合、default ケースが実行される
        default:
            fmt.Println("Server is busy")
            // ↓ クライアントに「ビジー状態」エラーメッセージを返す
            conn.Write([]byte("HTTP/1.1 429 Too Many Requests\r\n\r\n" +
                "<html>Busy</html>\n"))
            conn.Close() // ← クライアントの接続をクローズ
        }
    }
}
```

　多くの同時接続を開いたときに、この「ビジー状態」（Busy）エラーメッセージが返されます。ワーカープールはゴルーチンが 3 つしかないため、とても小さく、簡単にプール全体がビジー状態になります。次のコマンドを使うと、サーバーがこのエラーメッセージを返すことがわかります。このコマンドでは、-P100 オプション付きの xargs を指定することで 100 個のプロセスで並列に curl リクエストを実行します[2]。

```
$ run httpservernonblocking.go &
$ seq 1 2000 | xargs -Iname -P100 curl -s \
    "http://localhost:8080/index.html" | grep Busy
</html><html>Busy</html>
</html><html>Busy</html>
</html><html>Busy</html>
...
```

---

[2] 訳注：動作させる環境によっては、何回か実行しないと「ビジー状態」が発生しないかもしれません。

10.2.4　パイプライン処理

もし、問題を解決する唯一の方法が、各タスクが前のタスクが完了していることに完全に依存するタスクの集まりである場合、どうすればよいでしょうか。たとえば、カップケーキ工場を経営しているシナリオを考えてみてください。工場でカップケーキを焼くには、次のステップが含まれます。

1. カップケーキ用の型を用意する
2. カップケーキの生地を流し入れる
3. オーブンで焼く
4. トッピングを追加する
5. 配送用にカップケーキを箱に詰める

もし作業をスピードアップしたいのなら、スタッフを雇って必要な作業をすべて行わせるだけでは、効率性の観点からは効果的な戦略ではありません。最初のステップを除いて、各ステップは前のステップに依存しているからです。このように作業の依存関係が強い場合、パイプラインパターン（*pipeline pattern*）を適用することで、同じ時間で多くの作業を行えます。

パイプラインパターンは多くの製造業で使われています。一般的な例の1つが、現代の自動車組み立てラインです。自動車のフレームがラインに沿って移動し、各段階で異なるロボットが組み立て中の自動車に（部品の取り付けといった）異なる作業を行います。

カップケーキの例でも同じ原理を適用できます。異なるカップケーキのバッチごとに複数の人に並行して作業させられます。各人は、先に述べたステップのうち異なるものに取り組み、1つのステップの出力が次のステップの入力となります（図10.10を参照）。このようにすれば、労働力を最大限に活用でき、一定時間内に生産できるカップケーキの数を増やせます。

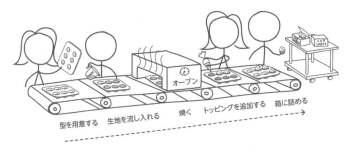

図10.10　パイプラインパターンを使うカップケーキ工場

技術的な問題によって、このような方法でしかタスクを分解できない場合があります。たとえば、ノイズ低減、高域カット、バンドパスといった複数のフィルタをサウンドストリームに順に適用する必要があるサウンド処理アプリケーションを考えてみてください。ビデオや画像処理にも同様の例があります。前章では、ウェブページからドキュメントをダウンロードし、単語を抽出し、単語の出現頻度をカウントするアプリケーションをパイプラインパターンを使って構築しました。

10.2 並行処理の実装パターン

ここではカップケーキの例を続けて、それをシミュレートするプログラムを実装してみましょう。このプログラムを使って、典型的なパイプラインのさまざまな特性を調べられます。リスト 10.13 では、図 10.10 で説明したステップを個別の関数に分けています。各関数では、5 秒間スリープする Bake() 関数を除いて、2 秒間スリープすることで作業をシミュレートしています。

◎リスト 10.13　カップケーキを製造するためのステップ

```go
package listing10_13

import (
    "fmt"
    "time"
)

const (
    ovenTime = 5
    everyThingElseTime = 2
)

func PrepareTray(trayNumber int) string {
    fmt.Println("Preparing empty tray", trayNumber)
    // ↓ 焼くステップを除いて、作業をシミュレートするために各ステップで 2 秒間スリープ
    time.Sleep(everyThingElseTime * time.Second)
    // ↓ 各ステップは行ったことの説明を返す
    return fmt.Sprintf("tray number %d", trayNumber)
}

func Mixture(tray string) string {
    fmt.Println("Pouring cupcake Mixture in", tray)
    time.Sleep(everyThingElseTime * time.Second)
    return fmt.Sprintf("cupcake in %s", tray)
}

func Bake(mixture string) string {
    fmt.Println("Baking", mixture)
     // ↓ 焼くステップは 2 秒間ではなく 5 秒間スリープ
    time.Sleep(ovenTime * time.Second)
    return fmt.Sprintf("baked %s", mixture)
}

func AddToppings(bakedCupCake string) string {
    fmt.Println("Adding topping to", bakedCupCake)
    time.Sleep(everyThingElseTime * time.Second)
    return fmt.Sprintf("topping on %s", bakedCupCake)
}

func Box(finishedCupCake string) string {
    fmt.Println("Boxing", finishedCupCake)
    time.Sleep(everyThingElseTime * time.Second)
    return fmt.Sprintf("%s boxed", finishedCupCake)
}
```

第10章　並行処理パターン

並列処理と逐次処理の速度を比較するために、まず、リスト10.14に示されている逐次プログラムを使ってすべてのステップを順番に実行してみましょう。ここでは、1人が10箱のカップケーキを製造する過程をシミュレーションしています。

◎リスト10.14　10箱のカップケーキを順番に製造する`main()`関数

```go
package main

import (
    "fmt"
    "github.com/cutajarj/ConcurrentProgrammingWithGo/chapter10/listing10.13"
)

func main() {
    for i := 0; i < 10; i++ { // ← 10回実行
        result := listing10_13.Box( // ← 順番に1ステップずつ実行する
            listing10_13.AddToppings(
                listing10_13.Bake(
                    listing10_13.Mixture(
                        listing10_13.PrepareTray(i)))))
        fmt.Println("Accepting", result)
    }
}
```

順番に1ステップずつ実行すると、1箱のカップケーキを仕上げるのに約13秒かかります。プログラムでは、10箱を仕上げるのに約130秒かかります。そのことは、リスト10.13とリスト10.14を一緒に実行したときの次の出力に示されています。

```
$ time go run cupcakeoneman.go
Preparing empty tray 0
Pouring cupcake Mixture in tray number 0
Baking cupcake in tray number 0
Adding topping to baked cupcake in tray number 0
Boxing topping on baked cupcake in tray number 0
Accepting topping on baked cupcake in tray number 0 boxed
Preparing empty tray 1
...
Boxing topping on baked cupcake in tray number 9
Accepting topping on baked cupcake in tray number 9 boxed

real    2m10.979s
user    0m0.127s
sys     0m0.152s
```

それでは、パイプライン方式で複数回実行されるようにプログラムを変更してみましょう。単純なパイプラインのステップはすべて同じパターンに従います。X型の入力チャネルから入力を受け取り、Xを処理し、Y型の出力チャネルに結果のYを出力します。図10.11は、再利用可能なコンポーネントの構築方法を示しています。このコンポーネントは、X型の入力チャネルを読み込むゴルーチンを作成し、XをYにマップする関数を呼び出し、出力チャネルにYを出力します。

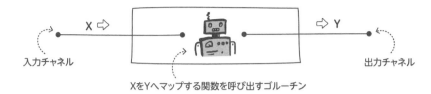

図 10.11　パイプラインステップは X を受け入れ、Y にマップする関数を呼び出し、Y を出力する

リスト 10.15 では、このコンポーネントを実装しています。シグニチャでは、入力チャネルと出力チャネル、およびマッピング関数 f を受け入れます。AddOnPipe() 関数は出力チャネルを作成し、マッピング関数を呼び出すゴルーチンを無限ループで起動します。実装では、通常の quit チャネルパターンを使っており、quit チャネル（リストの q というパラメータ）がクローズされた場合には停止します。チャネルとマッピング関数の型が一致するように、Go のジェネリクスを利用しています。

◎リスト 10.15　再利用可能なパイプラインのノード

```go
package main

import (
    "fmt"
    "github.com/cutajarj/ConcurrentProgrammingWithGo/chapter10/listing10.13"
)

func AddOnPipe[X, Y any](q <-chan int, f func(X) Y, in <-chan X) chan Y {
    output := make(chan Y) // ← Y 型の出力チャネルを作成
    go func() { // ← ゴルーチンを開始
        defer close(output)
        for {             // ← 無限ループで、
            select {      //    select を呼び出す
            case <-q:     // ← quit チャネルがクローズされたら、
                return    //    ループを抜けてゴルーチンを終了
            case input := <-in: // ← 利用可能なら入力チャネルからメッセージを受信
                // ↓ f 関数を呼び出し、関数の戻り値を出力チャネルへ出力
                output <- f(input)
            }
        }
    }()
    return output
}
```

これで、リスト 10.15 の関数を使って、カップケーキ工場のすべてのステップを共通のパイプラインに追加できます。次のリスト 10.16 では、AddOnPipe() 関数を使って各ステップをラップする main() 関数があります。その後、PrepareTray() ステップに 10 個のメッセージを送信するゴルーチンを開始します。これにより、パイプラインが 10 回実行されることになります。

第 10 章　並行処理パターン

◎リスト 10.16　カップケーキのパイプラインの構築と起動

```
func main() {
    input := make(chan int)  // ← 最初のステップに接続される最初の入力チャネルを作成
    quit := make(chan int)   // ← quit チャネルを作成
    // ↓ パイプラインの各ステップを接続し、各ステップの出力を次のステップの入力にする
    output := AddOnPipe(quit, listing10_13.Box,
        AddOnPipe(quit, listing10_13.AddToppings,
            AddOnPipe(quit, listing10_13.Bake,
                AddOnPipe(quit, listing10_13.Mixture,
                    AddOnPipe(quit, listing10_13.PrepareTray, input)))))
    go func() {                     // ← 10 箱のカップケーキを製造するために
        for i := 0; i < 10; i++ {   //    パイプラインに対して 10 個の整数を
            input <- i              //    送信するゴルーチンを作成
        }                           //
    }()
    for i := 0; i < 10; i++ {                      // ← パイプラインステップ最後の出力チャネ
        fmt.Println(<-output, "received")          //    ルからのメッセージを 10 箱分読み取る
    }
}
```

　main() 関数の最後に、10 件のメッセージが到着するのを待ち、そのメッセージをコンソールに表示します。次は、リスト 10.16 を実行したときの出力です。

```
$ time go run cupcakefactory.go
Preparing empty tray 0
Preparing empty tray 1
Pouring cupcake Mixture in tray number 0
Pouring cupcake Mixture in tray number 1
Preparing empty tray 2
Baking cupcake in tray number 0
Baking cupcake in tray number 1
Pouring cupcake Mixture in tray number 2
Preparing empty tray 3
Adding topping to baked cupcake in tray number 0
. . .
Boxing topping on baked cupcake in tray number 8
topping on baked cupcake in tray number 8 boxed received
Adding topping to baked cupcake in tray number 9
Boxing topping on baked cupcake in tray number 9
topping on baked cupcake in tray number 9 boxed received

real    0m58.780s
user    0m0.106s
sys     0m0.289s
```

　パイプライン版のアルゴリズムを使うことで、実行時間が 130 秒から約 58 秒に短縮されました。一部のステップにかかる時間を短縮することで、さらに改善できるでしょうか。タイミングを実験してみましょう。その過程で、パイプラインパターンのいくつかの特性を発見するでしょう。

10.2.5 パイプライン化の特性

もし、(焼き時間を除いて) すべての手作業のステップを高速化したらどうなるでしょうか。今回のプログラムでは、(リスト10.13からの) `everyThingElseTime` 定数を小さな値に減らせます。そうすることで、焼き時間を除くすべてのステップを高速化できます。`everyThingElseTime = 1` に設定した場合の出力は次のようになります。

```
$ time go run cupcakefactory.go
Preparing empty tray 0
...
topping on baked cupcake in tray number 9 boxed received

real    0m55.579s
user    0m0.117s
sys     0m0.242s
```

ここで何が起こっているのでしょうか。ほぼすべてのステップの速度を2倍にしましたが、10箱を生産するのにかかる合計時間はほとんど変わりません。何が起こっているのかを理解するには、図10.12を確認してみてください。

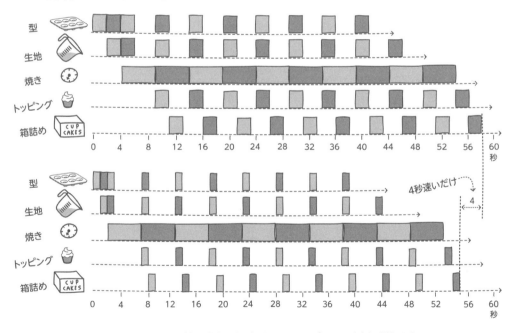

図10.12 焼き部分以外の速度を上げても、スループットは大幅に増加しない

> 注記　パイプラインでは、スループット率 (*throughput rate*) は最も遅いステップによって決まります。システムのレイテンシ (*latency*) は、各ステップを実行するのにかかる時間の合計です。

もしこのパイプラインが現実のものだとしたら、4人の作業員が2倍の速さで働いても、スループットの面ではほとんど違いが生まれないでしょう。なぜなら、パイプラインのボトルネックは焼き時間だからです。最も遅いステップは、遅いオーブンがあるという事実によって処理の速さが制限されており、それがすべてを遅くしています。単位時間当たりのカップケーキの生産数を増やすには、最も遅いステップのスピードアップに焦点を当てるべきです。

> **助言** システムのスループットを向上させるには、常にそのシステムのボトルネックに焦点を当てるのが最善です。ボトルネックは、性能を低下させることに最も大きな影響を与える部分です。

ただし、ほとんどのステップを高速化することで、カップケーキ1箱を最初から最後まで作り終えるのにかかる時間には違いが生じました。パイプライン方式コードでの最初の実行では、1箱のカップケーキを作るのに13秒かかっていました。everyThingElseTime = 1 に設定すると、9秒に短縮されました。この時間短縮はシステムのレイテンシの改善と考えられます。バックエンドのバッチ処理といったアプリケーションでは、高いスループットが重要ですが、リアルタイムシステムといった他のアプリケーションでは、レイテンシを改善するほうが望ましいです。

> **助言** パイプラインシステム全体のレイテンシを短縮するには、パイプラインのほとんどのステップの速度を改善する必要があります。

ここではパイプラインでの実験をさらに続け、焼きのステップを改善することで時間を短縮してみましょう。現実の世界では、強力なオーブンを手に入れるか、並列に稼働する複数のオーブンを用意できるかもしれません。プログラムでは、ovenTime 変数を 5 ではなく 2 に設定し、everyThingElseTime を 2 に戻すだけです。プログラムを再び実行すると、次の出力が得られます。

```
$ time go run cupcakefactory.go
Preparing empty tray 0
...
topping on baked cupcake in tray number 9 boxed received

real    0m30.197s
user    0m0.094s
sys     0m0.135s
```

10箱のカップケーキを生産するのにかかる時間を大幅に改善しました。この高速化の理由は、図10.13で明らかです。時間効率が向上していることがわかります。すべてのゴルーチンは、アイドル時間がなく、常に忙しいことがわかります。つまり、単位時間当たりの生産数であるスループットを改善したということです。

注目すべき点は、スループットが向上したにもかかわらず、カップケーキ1箱を生産するのにかかる時間（システムのレイテンシ）はほとんど影響を受けていないことです。最初から最後までの1箱の生産時間は、13秒から10秒に短縮されただけです。

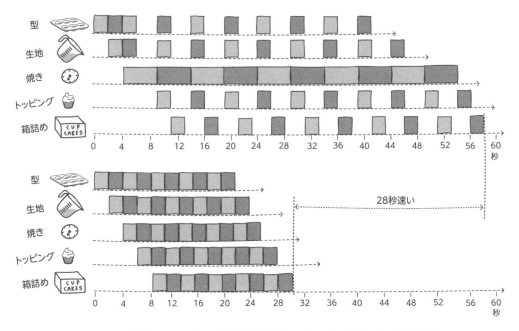

図10.13　最も遅いステップを高速化するほうが、スループットに与える影響が大きい

10.3　練習問題

注記　https://github.com/cutajarj/ConcurrentProgrammingWithGo に、すべての解答コードがあります。

1. リスト 10.4 で実装したのと同じディレクトリハッシュを実装してください。ただし、反復間の同期には、チャネルの代わりにウェイトグループを使ってください。
2. リスト 10.12 を変更して、`main()` ゴルーチンとワーカープール間の作業キューチャネルに 10 個のメッセージのバッファを持たせてください。そうすることで、すべてのゴルーチンがビジー状態のときに、リクエストの一部が処理される前にキューに入れられるよう容量を持つバッファが得られます。
3. リスト 10.17 は、30 個のウェブページをダウンロードし、すべてのドキュメントの行数を逐次的にカウントします。本章で説明した並行処理パターンを使って、このプログラムを並行プログラミングを使うように修正してください。

◎リスト 10.17　ウェブページの行カウント

```
package main

import (
```

```go
        "fmt"
        "io"
        "net/http"
        "strings"
)

func main() {
    const pagesToDownload = 30
    totalLines := 0
    for i := 1000; i < 1000 + pagesToDownload; i++ {
        url := fmt.Sprintf("https://rfc-editor.org/rfc/rfc%d.txt", i)
        fmt.Println("Downloading", url)
        resp, _ := http.Get(url)
        if resp.StatusCode != 200 {
            panic("Server's error: " + resp.Status)
        }
        bodyBytes, _ := io.ReadAll(resp.Body)
        totalLines += strings.Count(string(bodyBytes), "\n")
        resp.Body.Close()
    }
    fmt.Println("Total lines:", totalLines)
}
```

まとめ

- 分解とは、プログラムを異なる部分に分割し、どの部分が並行して実行できるかを見極めるプロセスです。
- 依存関係グラフを構築すると、どのタスクが他のタスクと並列して実行できるかを理解するのに役立ちます。
- タスク分解とは、全体的な作業を完了するために必要となるさまざまなアクションに、問題を分解することです。
- データ分解とは、データ上のタスクを並行に実行できるようにデータを分割することです。
- プログラムを分割する際に細かい粒度を選択すると、同期化と通信に時間がかかるためスケーラビリティが制限されるという代償を払うことになりますが、並列性が高くなります。
- 粗い粒度を選択すると並列性は低くなりますが、必要な同期と通信の量が減ります。
- ループレベル並列処理は、タスク間に依存関係がない場合、複数のタスクを並行に実行するために使えます。
- ループレベル並列処理では、問題を並列処理と同期処理の部分に分割することで、前のタスクの反復に依存できます。
- フォーク/ジョインは、初期の並列部分と、さまざまな結果をマージする最終ステップがある問題に使える並行処理パターンです。
- ワーカープールは、並行処理を必要に応じて拡張する必要がある場合に役立ちます。
- ほとんどの言語では、実行をその場で作成するよりも、ワーカープールで事前に作成するほうが高速です。

- Go では、ゴルーチンの軽量性により、ワーカープールの事前作成とその場でのゴルーチン作成の性能差はわずかです。
- ワーカープールは、需要が予想外に増加した場合にサーバーに過剰な負荷がかからないよう、並行性を制限するために使えます。
- パイプラインは、各タスクが前のタスクの完了に依存している場合、スループットを向上させるのに役立ちます。
- パイプライン内の最も遅いノードの速度を上げると、パイプライン全体のスループット性能が向上します。
- パイプライン内の任意のノードの速度を上げると、パイプラインのレイテンシが短縮されます。

memo

第11章

デッドロックを回避

本章では、以下の内容を扱います。

- デッドロックの特定
- デッドロックを避ける
- チャネルでのデッドロック

並行プログラムにおけるデッドロック（*deadlock*）は、実行が互いに資源の解放を待つことで無限に待たされる場合に発生します。デッドロックは、並行実行が同時に複数の資源への排他的アクセスを獲得しようとしているときに、特定の並行プログラムで発生する望ましくない副作用です。本章では、デッドロックが発生する可能性がある条件を分析し、デッドロックを防止するための戦略を紹介します。また、Goのチャネルを使う際に発生する可能性があるデッドロックの条件についても説明します。

デッドロックを特定したりデバッグしたりするのは、とても難しい場合があります。競合状態と同様に、プログラムが長時間問題なく動作していても、突然、明らかな理由もなく実行が停止することがあります。デッドロックが発生する理由を理解することで、それを避けるためのプログラミング上の判断を下せるようになります。

11.1　デッドロックの特定

デッドロックが発生するすべての条件を作り出す最も単純な並行プログラムは、どのようなものでしょうか。たとえば図11.1に示すように、2つの排他的資源をめぐって競合する2つのゴルーチンからなる簡単なプログラムを作成できます。2つのゴルーチンはそれぞれ、`red()`と`blue()`と呼ばれ、同時に2つのミューテックスロックを保持しようとします。ロックは排他的であるため、一方のゴルーチンが両方のロックを獲得できるのは、もう一方のゴルーチンがどちらのロックも保持していない場合に限られます。

リスト11.1は、`red()`ゴルーチンと`blue()`ゴルーチンの簡単な実装を示しています。2つの関数は2つのミューテックスを受け取り、2つのゴルーチンとして別々に起動されると、両方のロッ

第11章　デッドロックを回避

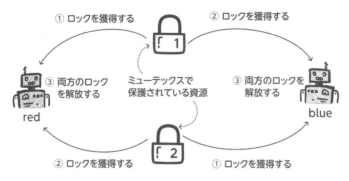

図 11.1　2つの排他的な資源をめぐって競合する2つのゴルーチン

クを同時に獲得しようとし、その後ロックを解放します。このプロセスは無限ループで繰り返されます。リスト 11.1 では、ロックの獲得、保持、解放のタイミングを示す複数のメッセージがあります。

◎リスト 11.1　`red()` ゴルーチンと `blue()` ゴルーチン（`import` は省略）

```go
func red(lock1, lock2 *sync.Mutex) {
    for {
        fmt.Println("Red: Acquiring lock1")
        lock1.Lock()                                 // ← 両方のロックを
        fmt.Println("Red: Acquiring lock2")          //    獲得し、保持
        lock2.Lock()                                 //
        fmt.Println("Red: Both locks Acquired")
        lock1.Unlock(); lock2.Unlock() // ← 両方のロックを解放
        fmt.Println("Red: Locks Released")
    }
}

func blue(lock1, lock2 *sync.Mutex) {
    for {
        fmt.Println("Blue: Acquiring lock2")
        lock2.Lock()                                 // ← 両方のロックを
        fmt.Println("Blue: Acquiring lock1")         //    獲得し、保持
        lock1.Lock()                                 //
        fmt.Println("Blue: Both locks Acquired")
        lock1.Unlock(); lock2.Unlock() // ← 両方のロックを解放
        fmt.Println("Blue: Locks Released")
    }
}
```

次に、リスト 11.2 で示されているように、`main()` 関数内で 2 つのミューテックスを作成し、`red()` ゴルーチンと `blue()` ゴルーチンを起動できます。ゴルーチンを起動した後、`main()` 関数は 20 秒間スリープしますが、その間、`red()` ゴルーチンと `blue()` ゴルーチンがコンソールメッセージを継続的に出力することが期待されます。そして 20 秒後、`main()` ゴルーチンは終了し、プログラムは終了します。

11.1 デッドロックの特定

◎リスト 11.2　　red() ゴルーチンと blue() ゴルーチンを起動する main() 関数

```
func main() {
    lockA := sync.Mutex{}
    lockB := sync.Mutex{}
    go red(&lockA, &lockB)  // ← red() ゴルーチンを起動
    go blue(&lockA, &lockB) // ← blue() ゴルーチンを起動
    // ↓ red() ゴルーチンと blue() ゴルーチンを 20 秒間実行
    time.Sleep(20 * time.Second)
    fmt.Println("Done")
}
```

リスト 11.1 と 11.2 を実行した場合の出力例は、次のとおりです。

```
$ go run simpledeadlock.go
...
Blue: Locks Released
Blue: Acquiring lock2
Red: Acquiring lock1
Red: Acquiring lock2
Blue: Acquiring lock1
```

しばらくするとプログラムはメッセージの出力を止め、20 秒間のスリープ期間の終了前に停止したように見えます。この時点で、red() ゴルーチンと blue() ゴルーチンはデッドロックに陥り、先に進めなくなっています。約 20 秒が経過すると、main() ゴルーチンが終了し、プログラムが終了します。何が起こっているのか、また、どのようにデッドロックが発生したのかを理解するために、次項で資源割り当てグラフを見てみましょう。

> 注記　並行実行の非決定論的な性質のため、リスト 11.1 とリスト 11.2 を実行しても、常にデッドロックが発生するわけではありません。red() ゴルーチンと blue() ゴルーチンで、1 つ目のミューテックスの Lock() メソッド呼び出しと 2 つ目の Lock() メソッドの呼び出しの間に Sleep() 関数呼び出しを追加すると、デッドロックが発生する可能性がさらに高くなります。

11.1.1　資源割り当てグラフでデッドロックを可視化

資源割り当てグラフ（RAG：*resource allocation graph*）は、さまざまな実行で利用される資源の関係性を示します。資源割り当てグラフは、オペレーティングシステムにおいてデッドロックの検出を含むさまざまな機能として使われています。資源割り当てグラフを描画することで、並行プログラムにおけるデッドロックを視覚的に理解できます。

図 11.2 は、リスト 11.1 とリスト 11.2 で発生する単純なデッドロックの状況を示しています。資源割り当てグラフでは、ノードは実行または資源を表します。

たとえば、図 11.2 では、2 つの排他的ロックとやり取りする 2 つのゴルーチンをノードとして考えます。図では、資源には長方形のノードを、ゴルーチンには円形のノードを使っています。エッジ

第 11 章　デッドロックを回避

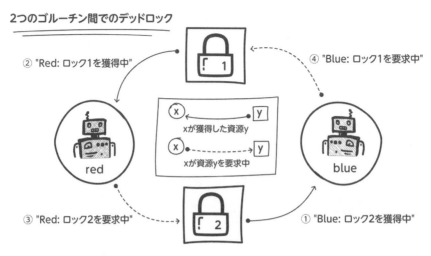

図 11.2　`red()` ゴルーチンと `blue()` ゴルーチンの資源割り当てグラフ

とその向きは、実行によってどの資源が要求あるいは保持されているかを示しています。実行から資源に向かうエッジ（図 11.2 の破線）は、その実行がその資源の使用を要求していることを意味します。資源から実行に向かうエッジ（実線）は、その資源がその実行によって使われていることを示しています。

図 11.2 は、単純なプログラムでデッドロックがどのように発生するかを示しています。`blue()` ゴルーチンがロック 2 を獲得した後、ロック 1 を要求する必要があります。`red()` ゴルーチンはロック 1 を保持しており、ロック 2 を要求する必要があります。各ゴルーチンは 1 つのロックを保持しており、その後、もう一方のロックを要求します。もう一方のロックは別のゴルーチンによって保持されているため、2 つ目のロックが獲得されることはありません。これにより、2 つのゴルーチンが互いに相手のゴルーチンがロックを解放するのを永遠に待ち続けるというデッドロック状態が発生します。

　　　注記　図 11.2 には、グラフ循環が含まれています。任意のノードから出発し、エッジ
　　　に沿って経路をたどると、出発点のノードに戻ることができます。資源割り当てグラフ
　　　がこのような循環を含む場合、デッドロックが発生していることを意味します。

デッドロックはソフトウェアだけに起こるわけではありません。現実のシナリオがデッドロックを引き起こす状況を作り出すこともあります。たとえば、図 11.3 に示す踏切の配置を考えてみてください。この単純な配置では、長い列車が同時に複数の踏切を使う必要があるかもしれません。

踏切は、その性質上、排他的な資源であり、任意の時点で 1 つの列車しか使えません。そのため、踏切に近づく列車は、他の列車が踏切を使えないよう、踏切へのアクセスを要求し、確保する必要があります。他の列車がすでに踏切を使っている場合、同じ踏切を必要とする他の列車は、踏切が再び空くまで待たなければなりません。

11.1 デッドロックの特定

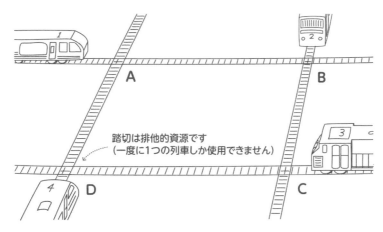

図 11.3　デッドロックを引き起こす可能性のある踏切配置

複数の踏切をまたぐのに十分な長さの列車は、同時に複数の踏切を使う必要があるかもしれません。これは、私たちの実行が同時に複数の排他的資源（ミューテックスなど）を保持することに似ています。図 11.3 は、異なる方向から接近する各列車が同時に 2 つの踏切を使う必要があることを示しています。たとえば、左から右に移動する列車 1 は踏切 A と踏切 B を、上から下に移動する列車 2 は踏切 B と踏切 C を必要とします。

複数の踏切の使用権を獲得することは、アトミック操作ではありません。列車 1 はまず踏切 A の使用権を獲得し、その後で踏切 B の使用権を獲得します。これにより、各列車が最初の踏切を確保しているものの、2 つ目の踏切を確保するために先行列車を待っているという状況が発生する可能性があります。線路が環状の資源（踏切）依存関係を生み出すように設定されているため、デッドロックが発生する可能性があります。デッドロックの例は、図 11.4 に示されています。

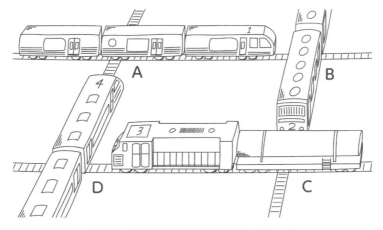

図 11.4　鉄道システムで発生するデッドロック

ゴルーチンが資源の解放を永遠に待ち続けるのと同様に、列車の運転手はシステムがデッドロックに陥っていることに気付かないかもしれません。その運転手の視点では、列車は、前の列車が動き出して踏切が解放されるのを待っているだけです。この場合も、図 11.5 に示されているように、資源割り当てグラフを使うことで、システムがデッドロックに陥っていることを特定できます。

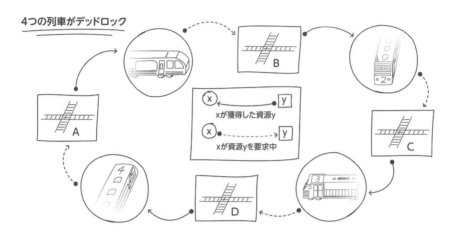

図 11.5　鉄道デッドロックにおける資源割り当てグラフ

この資源割り当てグラフは、循環が存在し、デッドロックが発生していることを明確に示しています。各列車は踏切の使用権を獲得していますが、次の列車が次の踏切を解放するのを待っています。デッドロックは 2 つ以上の実行で発生する可能性があり、これは 4 つの別々の実行（列車）によるデッドロックの例です。踏切と列車を環状に追加していくだけで、任意の数の列車が関与する列車配置を簡単に考案できます。

1971 年の論文「System Deadlocks」で、Coffman らは、デッドロックが発生するには、次の 4 つの条件がすべて存在しなければならないことを示しています。

- 相互排他（*mutual exclusion*）—— システム内の個々の資源は、1 つの実行によって使われているか、使われていないかのどちらかである。
- 条件待ち（*wait for condition*）—— 1 つ以上の資源を保持する実行が、さらに資源を要求できる。
- プリエンプションなし（*no preemption*）—— 実行が保持している資源は取り除くことができない。資源を保持している実行のみが、その資源を解放できる。
- 循環待機（*circular wait*）—— 2 つ以上の実行が環状に連鎖しており、各実行は次の実行で解放される資源を待って停止している。

現実の世界では、デッドロックの例は多数見られます。たとえば、関係の対立、交渉、交通渋滞などがその例です。実際、道路技術者は、交通渋滞のリスクを最小限に抑えるシステムの設計に多大な時間と労力を費やしています。それでは、ソフトウェアにおける複雑なデッドロックの例を見てみましょう。

11.1.2　台帳におけるデッドロック

私たちが銀行で働いていて、台帳取引を読み込んで資金をある口座から別の口座へ移動させるソフトウェアの実装を任されたとします。取引では、元の口座から残高を引き落とし、それを対象の口座に加算します。たとえば、Sam が Paul に 10 ドル支払う場合、次のような処理を行います。

1. Sam の口座残高を読み込む
2. Sam の口座から 10 ドルを引き落とす
3. Paul の口座残高を読み込む
4. Paul の残高に 10 ドルを加算する

大量の取引を処理できるようにしたいので、複数のゴルーチンと共有メモリを使って取引を並行に処理します。競合状態を避けるために、移動元口座と移動先口座の両方にミューテックスを使います。これにより、一方の口座からお金が引き落とされ、もう一方の口座に入金される間、ゴルーチンの処理が中断されないようにします。図 11.6 は、台帳取引を処理するゴルーチンのロジックを示しています。手順としては、まず移動元口座のミューテックスを獲得し、次に移動先口座のミューテックスを獲得し、その後で資金を移動します。

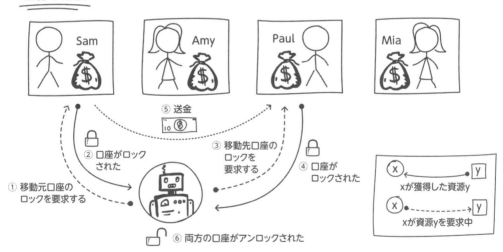

図 11.6　台帳取引を処理する際に移動元口座と移動先口座をロックするために、ミューテックスを使う

取引を処理する際には、必要な口座のみをロックするように、口座ごとに個別のミューテックスロックが使われます。リスト 11.3 は、このミューテックス、口座 ID、残高を含む `BankAccount` 型の構造体を示しています。また、リスト 11.3 は `NewBankAccount()` 関数も含んでおり、この関数は、デフォルトの残高を 100 ドルとし、新たなミューテックスを持つ新たな銀行口座を作成します。

第 11 章　デッドロックを回避

◎リスト 11.3　銀行口座用の型構造体

```go
package listing11_3_4

import (
    "fmt"
    "sync"
)

type BankAccount struct {
    id      string
    balance int
    mutex   sync.Mutex
}

// ↓ 100 ドルと新たなミューテックスを持つ新たな銀行口座を作成
func NewBankAccount(id string) *BankAccount {
    return &BankAccount{
        id:      id,
        balance: 100,
        mutex:   sync.Mutex{},
    }
}
```

リスト 11.4 は、図 11.6 で示されたロジックを持つ Transfer() メソッドを実装しています。このメソッドは、amount パラメータで指定された金額を、移動元（src）から移動先（to）の銀行口座に送金します。ログ記録用に、このメソッドは exId パラメータも受け取ります。このパラメータは、Transfer() メソッドを呼び出す実行を表します。このメソッドを呼び出すゴルーチンは一意の ID を渡すので、コンソールにログを記録できます。

◎リスト 11.4　送金メソッド

```go
func (src *BankAccount) Transfer(to *BankAccount, amount int, exId int) {
    fmt.Printf("%d Locking %s's account\n", exId, src.id)
    src.mutex.Lock() // ← 移動元口座に対するミューテックスをロック
    fmt.Printf("%d Locking %s's account\n", exId, to.id)
    to.mutex.Lock() // ← 移動先口座に対するミューテックスをロック
    src.balance -= amount // ← 移動元口座から資金を減らし、
    to.balance  += amount //    移動先口座に加える
    to.mutex.Unlock()  // ← 移動先口座と
    src.mutex.Unlock() //    移動元口座の両方をアンロック

    fmt.Printf("%d Unlocked %s and %s\n", exId, src.id, to.id)
}
```

これで、ランダムに生成された送金を実行する複数のゴルーチンを使って、大量の取引を行うシナリオをシミュレートできます。リスト 11.5 では、4 つの銀行口座を作成し、それぞれ 1,000 件の送金を実行する 4 つのゴルーチンを開始します。各ゴルーチンは、移動元口座と移動先口座をランダムに選択することで送金を行います。移動元口座と移動先口座が同じである場合、別の移動先口座が選択されます。各送金の金額は 10 ドルです。

◎リスト 11.5　ランダムに生成された送金を実行するゴルーチン

```go
package main

import (
    "fmt"
    "github.com/cutajarj/ConcurrentProgrammingWithGo/chapter11/listing11.3_4"
    "math/rand"
    "time"
)

func main() {
    accounts := []*listing11_3_4.BankAccount{
        listing11_3_4.NewBankAccount("Sam"),
        listing11_3_4.NewBankAccount("Paul"),
        listing11_3_4.NewBankAccount("Amy"),
        listing11_3_4.NewBankAccount("Mia"),
    }
    total := len(accounts)
    for i := 0; i < 4; i++ {
        go func(eId int) { // ← 一意な実行 ID でゴルーチンを生成
            for j := 1; j < 1000; j++ { // ← ランダムに生成された送金を 1000 回実行
                from, to := rand.Intn(total), rand.Intn(total) // ← 移動元口座
                for from == to {                                // と移動先口座を選択
                    to = rand.Intn(total)
                }
                accounts[from].Transfer(accounts[to], 10, eId) // ← 送金を実行
            }
            // ↓ 1000 回の送金がすべて完了したら、完了メッセージを表示
            fmt.Println(eId, "COMPLETE")
        }(i)
    }
    time.Sleep(60 * time.Second) // ← プログラムを終了する前に 60 秒間待つ
}
```

リスト 11.5 を実行すると、4 つのゴルーチンそれぞれについて 1,000 回の送金がコンソールに表示され、その後 COMPLETE というメッセージが出力されることを期待するでしょう。残念ながら、プログラムはデッドロック状態に陥り、最後のメッセージは表示されません。

```
$ go run ledgermutex.go
1 Locking Paul's account
1 Locking Mia's account
1 Unlocked Paul and Mia
. . .
2 Locking Amy's account
0 Locking Sam's account
3 Locking Mia's account
3 Locking Paul's account
3 Unlocked Mia and Paul
3 Locking Paul's account
3 Locking Sam's account
0 Locking Amy's account
```

```
2 Locking Paul's account
1 Unlocked Amy and Mia
1 Locking Mia's account
1 Locking Paul's account
```

注記　リスト 11.5 を実行するたびに、出力は若干異なりますが、常にデッドロックになるわけではありません。これは、並行実行の非決定的な性質によるものです。

出力から、一部のゴルーチンがいくつかの口座のロックを保持し、他の口座のロックを獲得しようとしていることがわかります。この出力でのデッドロックは、ゴルーチン 0、2、3 の間で発生しています。デッドロックをよく理解するために、資源割り当てグラフを作成できます（図 11.7 参照）。

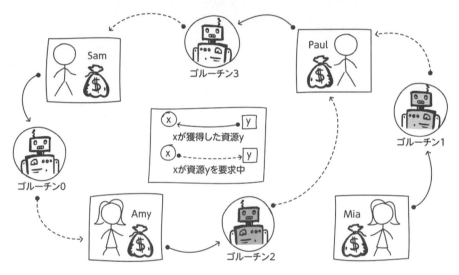

図 11.7　台帳取引の処理中のデッドロック

図 11.7 の資源割り当てグラフでは、ゴルーチン 0、2、3 をノードとする循環が含まれているため、デッドロックはこれらのゴルーチンによって引き起こされていることがわかります。また、デッドロックが他のゴルーチンの資源へのアクセスを待たせることで、他のゴルーチンに影響を及ぼすことも示しています。この例では、ゴルーチン 1 が Paul の銀行口座のロックを獲得しようとして待たされています。

11.2　デッドロックに対処する

デッドロックを避けるには、どうすればよいでしょうか。主な取り組み方は 3 つあります。デッドロックの検出、デッドロックを避ける機構を使うこと、そして、デッドロックのシナリオを避ける方法で並行プログラムを書くことです。以降の項で、これら 3 つの選択肢について見ていきます。

デッドロックに対処するもう 1 つの取り組み方として、「何もしない」という方法があることも注

11.2 デッドロックに対処する

目に値します。一部の教科書では、これをオーストリッチメソッド（*ostrich*[1] *method*）と呼んでおり、ダチョウが危険に直面すると砂に頭を突っ込む（ただし、これはよくある誤解です）ということに由来しています。ただし、デッドロックを防止するために何もしないという選択肢が有効なのは、デッドロックがシステム内で発生することはまれであって、発生した場合でも影響が軽微であることが確実にわかっている場合に限られます。

11.2.1 デッドロックを検出する

最初に採用できる取り組み方法は、デッドロックを検知して、それに対処することです。たとえば、デッドロックが発生したことを検知した後、プロセスを再起動できる担当者に通知するアラートを出すようにできます。さらによい方法としては、デッドロックが発生するたびに通知を受け取って、再試行処理を実行するロジックを、コードに組み込むことです。

Go言語にはデッドロック検知機能が組み込まれています。Goのランタイムは次に実行すべきゴルーチンを確認し、資源（ミューテックスなど）を待っている一方ですべてのゴルーチンが待機させられていると判断した場合、致命的なエラーを発生させます。残念ながら、これはすべてのゴルーチンが待たされている場合にのみデッドロックを検出できることを意味します。

リスト11.6を考えてみてください。リスト11.6では、メインのゴルーチンがウェイトグループで2つの子ゴルーチンの作業が完了するのを待っています。デッドロックが発生するリスクを高めるために、両方のゴルーチンが同時にミューテックスA（lockA）とミューテックスB（lockB）を繰り返しロックしています。

◎リスト11.6　Goのデッドロック検出を動作させる

```go
package main

import (
    "fmt"
    "sync"
)

func lockBoth(lock1, lock2 *sync.Mutex, wg *sync.WaitGroup) {
    for i := 0; i < 10000; i++ {
        lock1.Lock(); lock2.Lock()         // ← 両方のミューテックスを
        lock1.Unlock(); lock2.Unlock()     //   ロックしてアンロック
    }
    wg.Done() // ← ウェイトグループを完了
}

func main() {
    lockA, lockB := sync.Mutex{}, sync.Mutex{}
    wg := sync.WaitGroup{}
    wg.Add(2)
    go lockBoth(&lockA, &lockB, &wg) // ← 同時に両方のミューテックスを
```

---

[1] 訳注：*ostrich* はダチョウという意味です。

第11章　デッドロックを回避

```
    go lockBoth(&lockB, &lockA, &wg) //   ロックする 2 つのゴルーチンを開始
    wg.Wait() // ← ゴルーチンの終了を待つ
    fmt.Println("Done")
}
```

リスト 11.6 を実行すると、デッドロックが発生した場合、メインのゴルーチンを含むすべてのゴルーチンが待たされます。2 つのゴルーチンはデッドロックで互いを待つ状態となり、main() ゴルーチンはウェイトグループが完了するのを待って動けなくなります。次は、Go が出力するエラーメッセージの概要です。

```
$ go run deadlockdetection.go
fatal error: all goroutines are asleep - deadlock!

goroutine 1 [semacquire]:
...
    /usr/local/go/src/sync/waitgroup.go:139 +0x80
main.main()
    /deadlockdetection.go:22 +0x13c

goroutine 18 [semacquire]:
...
sync.(*Mutex).Lock(...)
    /usr/local/go/src/sync/mutex.go:90
main.lockBoth(0x1400011c008, 0x1400011c010, 0x0?)
    /deadlockdetection.go:10 +0x104

...
goroutine 19 [semacquire]:
...
sync.(*Mutex).Lock(...)
    /usr/local/go/src/sync/mutex.go:90
main.lockBoth(0x1400011c010, 0x1400011c008, 0x0?)
    deadlockdetection.go:10 +0x104
...
exit status 2
```

Go は、デッドロックが発生していることを伝えるだけではなく、プログラムが停止したときにゴルーチンが実行していた内容の詳細も出力します。この例では、ゴルーチン 18 とゴルーチン 19 の両方がミューテックスのロックを試みていた一方で、main() ゴルーチン（ゴルーチン 1 とラベル付けされています）がウェイトグループで待っていたことがわかります。

このデッドロック検出機構を回避するプログラムは簡単に書けます。リスト 11.7 では、main() 関数を修正して、ウェイトグループを待つ別のゴルーチンを作成しています。main() ゴルーチンはその後 30 秒間スリープし、他の作業を行っているように見せかけます。

11.2 デッドロックに対処する

◎リスト 11.7　Go のデッドロック検出機構を回避する

```go
func main() {
    lockA, lockB := sync.Mutex{}, sync.Mutex{}
    wg := sync.WaitGroup{}
    wg.Add(2)
    go lockBoth(&lockA, &lockB, &wg)
    go lockBoth(&lockB, &lockA, &wg)
    go func() {                                         // ← メッセージを表示する前に
        wg.Wait()                                       //    ウェイトグループで待つ
        fmt.Println("Done waiting on waitgroup")        //    ゴルーチンを作成
    }()
    time.Sleep(30 * time.Second) // ← 30 秒間待つ
    fmt.Println("Done") // ← メッセージを表示して、プログラムは終了
}
```

main() ゴルーチンは実際に待っているのではなく、Sleep() 関数でスリープしている状態であるため、Go のランタイムはデッドロックを検出しません。デッドロックが発生しても、"Done waiting on waitgroup" というメッセージは返されず、30 秒後に main() ゴルーチンが "Done" メッセージを出力し、デッドロックエラーなしでプログラムは終了します。

```
$ go run deadlocknodetection.go
Done
```

デッドロックを完全に検出する方法は、図 11.2、図 11.5、図 11.7 で見たように、すべてのゴルーチンと資源をノードとして表し、それらをエッジで結んだ資源割り当てグラフをプログラムで作成するというものです。そうすれば、グラフ内の循環を検出するアルゴリズムを作成できます。グラフに循環が含まれている場合、システムはデッドロック状態にあります。

グラフ内の循環を検出するための方法として、深さ優先探索アルゴリズムを変更して、循環を探すようにします。走査を実行している間に訪問したノードを記録しておくことで、すでに訪問済みのノードに次に遭遇した場合、循環が存在することがわかります。

これは、他のフレームワークやランタイム、データベースといったシステムでも採用されている方法です。下記のメッセージは、人気のあるオープンソースデータベースである MySQL が返すエラーの例です。この場合、2 つの同時セッションがトランザクションを実行し、同時に同じロックを獲得しようとしたときに、デッドロックが発生します。MySQL はすべてのセッションと割り当てられた資源を記録しており、デッドロックを検出すると、クライアントに次のエラーを返します。

```
ERROR 1213 (40001): Deadlock found when trying to get lock;
try restarting transaction
```

ランタイムやシステムがデッドロック検出機能を提供している場合、デッドロックが検出されると、さまざまな処理を実行できます。その選択肢の 1 つは、デッドロックで動けなくなった実行を終了することです。これは Go のランタイムが取る方法と似ていますが、Go ではすべてのゴルーチンを含むプロセス全体が終了する点が異なります。

第 11 章　デッドロックを回避

　もう 1 つの選択肢は、資源の要求がデッドロックを引き起こす場合、資源を要求している実行にエラーを返すことです。実行は、エラーに応答して、資源を解放するか、しばらく時間が経過してから再試行するなど、何らかの処理を行うように設定できます。これは、多くのデータベースで一般的に採用されている方法です。通常、データベースがデッドロックエラーを返した場合、データベースクライアントはトランザクションをロールバックし、再試行できます。

Go のランタイムは、なぜ完全なデッドロック検出を提供しないか

　資源割り当てグラフ内の循環を調べてデッドロックを検出する機構は、性能の観点から見ると比較的高価な処理です。Go のランタイムは資源割り当てグラフを維持する必要があり、資源の要求または解放が行われるごとに、Go はグラフ上で循環検査アルゴリズムを実行しなければなりません。多数のゴルーチンが資源の要求と解放を行うアプリケーションでは、このデッドロック検出により処理が遅くなります。また、ゴルーチンが同時に複数の排他的資源を使っていないという場合が多く、そのときのデッドロック検出は不要です。

　データベースのトランザクションに完全なデッドロック検出を実装しても、通常は性能に影響しません。これは、検出アルゴリズムが、遅いデータベース操作に比べて高速だからです。

11.2.2　デッドロックを回避する

　デッドロックが発生しないように実行をスケジュールすることで、デッドロックを回避できます。図 11.8 では、再び列車のデッドロックの例を使いますが、今回は、列車がデッドロック状況で動けなくなった場合の各列車のタイムラインを示しています。

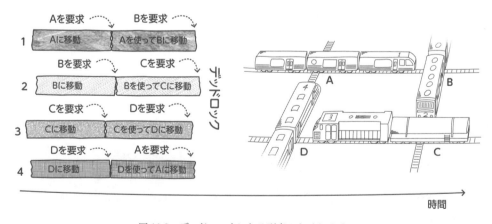

図 11.8　デッドロックになる列車のタイムライン

　資源を割り当てるシステム（この例では列車の踏切）は、デッドロックを回避するために、賢いロ

11.2 デッドロックに対処する

ジックで資源を割り当てることが可能です。今回の列車の例では、各列車の旅程と長さは事前にわかっています。そのため、列車 1 が踏切 A の通過を要求した時点で、すぐに踏切 B も要求される可能性があることがわかっています。そこで列車 2 がやってきて踏切 B を要求した場合、それを割り当てて列車の進行を許可するのではなく、列車に停止して待つよう指示できます。

同じことが列車 3 と列車 4 の間でも起こり得ます。列車 4 がやって来て踏切 D を要求した場合、その列車は次に、列車 1 が現在使っている踏切 A の通過を要求する可能性があることがすでにわかっています。そのため、ここでも、列車 4 に停止して待つよう指示します。しかし、列車 3 は、踏切 C と踏切 D の両方が空いているため、中断せずに進めます。つまり、現在、踏切 C と踏切 D のいずれかの踏切を将来的に要求する可能性のある列車はありません。

この列車のスケジューリング例は、図 11.9 に示されています。列車 1 と列車 3 は踏切を中断なく通過し、列車 2 と列車 4 は停止して待ちます。踏切が再び空くと、列車 2 と列車 4 は走行を再開できます。

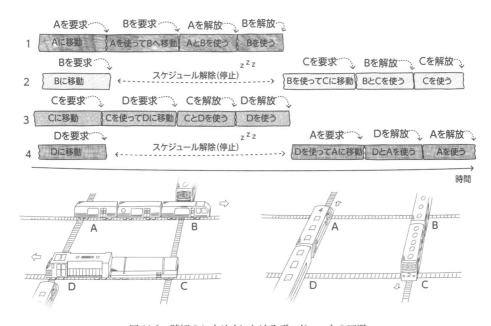

図 11.9　踏切のシナリオにおけるデッドロックの回避

Edsger Dijkstra が開発した銀行家のアルゴリズム（*banker's algorithm*）は、資源を割り当てても安全かどうか、デッドロックを回避できるかを確認するために使えるアルゴリズムの 1 つです。このアルゴリズムは、次の情報がわかっている場合にのみ使えます。

- 各実行が要求できる各資源の最大数
- 各実行が現在保持している資源
- 各資源の利用可能数

定義 この情報を使って、システムの状態が**安全**（*safe*）であるか、**安全ではない**（*unsafe*）かを判断します。システムの状態は、資源の最大数を要求した場合でも、すべての実行が完了するようにスケジュールする方法がある場合にのみ安全です（つまり、デッドロックを回避できます）。それ以外の場合、システムの状態は安全ではないと見なされます。

このアルゴリズムは、資源の要求を許可するかどうかを決定するときに機能します。資源が割り当てられた後もシステムが安全な状態に維持される場合にのみ、資源の要求を許可します。安全ではない状態につながる場合、資源の要求を許可できる安全な状態になるまで、資源を要求している実行は一時停止されます。

例として、限定的な方法で複数の実行が使える資源、たとえば固定数のセッションを持つデータベース接続プールを考えてみましょう。図 11.10 は、安全なシナリオと安全ではないシナリオの両方を示しています。もしシナリオ A で、実行 a がもう 1 つ別のデータベースセッション資源を要求し、許可された場合、システムはシナリオ B で示されているように変化し、安全ではない状態に陥ります。これは、任意の実行に最大数の資源を割り当てる方法がなくなるためです。シナリオ B では、2 つの資源しか空きが残っていませんが、実行 a、実行 b、および実行 c は、それぞれさらに 5 つ、3 つ、5 つの資源を要求できます。この場合、デッドロックに陥るリスクが避けられなくなります。

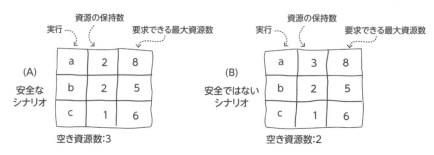

図 11.10　安全な状態と安全ではない状態のシナリオの例

シナリオ A は、すべての実行を完了に導くスケジューリングが適用できるため、まだ安全な状態にあるとされています。シナリオ A では、資源を慎重に割り当てることで、まだデッドロックを回避できる段階にあります。図 11.10 のシナリオ A に銀行家のアルゴリズムを適用すると、実行 a と実行 c が追加の資源を要求した際、それらの要求を許可すると安全ではない状態になるため、実行 a と実行 c を一時停止できます。このアルゴリズムは、実行 b からのリクエストのみを許可します。なぜなら、実行 b からのリクエストを許可してもシステムが安全な状態のままだからです。実行 b が十分な資源を解放すると、実行 c に資源を割り当て、その後実行 a に割り当てることができます（図 11.11 を参照）。

銀行家のアルゴリズムは、11.1.2 項で説明したような、台帳アプリケーションでそれぞれの銀行口座をロックするといった、複数の資源を扱うこともできます。しかし、私たちの台帳アプリケーションでは、各ゴルーチンが必要とする資源の集まりを事前に把握しているため、銀行家のアルゴリズ

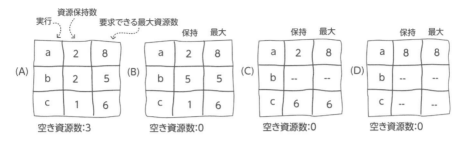

図 11.11　安全な資源割り当ての順序

ムをすべて実装する必要はありません。私たちは、送金元と送金先の 2 つの特定の銀行口座のみをロックしているため、その 2 つの口座のいずれかが他のゴルーチンによって現在使われている場合に、システムでゴルーチンの実行を一時停止させられます。

これを実装するために、現在使用中の口座を要求しているゴルーチンの実行を一時停止する役割を持つ調停者を作成します。口座が利用可能になったら、調停者はゴルーチンの実行を再開します。調停者は、すべての口座が利用可能になるまでゴルーチンの実行を待たせる条件変数を使って実装できます。このロジックは、図 11.12 に示されています。

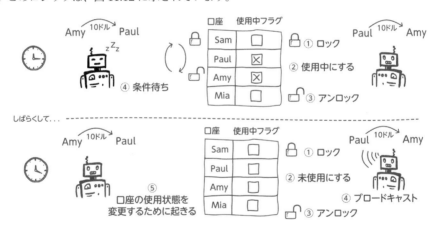

図 11.12　口座が利用できない場合にゴルーチンを一時停止するために条件変数を使う

ゴルーチンが使用中の資源を調停者に要求すると、そのゴルーチンは条件変数で待ち状態になります。別のゴルーチンが資源を解放すると、そのゴルーチンはブロードキャストを行い、一時停止しているゴルーチンが、必要な資源が利用可能になったかを確認できるようにします。このように、資源がすべて利用可能になった場合にのみロックされるため、デッドロックを回避できます。

リスト 11.8 では、調停者で使われる構造体を定義しています。構造体のフィールドを初期化する関数も含まれています。`accountsInUse` マップは、現在送金に使われている口座を記録するために使われ、条件変数は口座が使用中の場合に実行を一時停止するために使われます。

第 11 章　デッドロックを回避

◎リスト 11.8　調停者を構築する

```go
type Arbitrator struct {
    // ↓ 口座の利用可能状況（利用可能または使用中）を記録
    accountsInUse map[string]bool
    // ↓ 口座が利用できない場合にゴルーチンを一時停止するために使う条件変数
    cond          *sync.Cond
}

func NewArbitrator() *Arbitrator{
    return &Arbitrator{
        accountsInUse: map[string]bool{},
        cond:          sync.NewCond(&sync.Mutex{}),
    }
}
```

次に、口座が利用可能であればロックし、使用中であればゴルーチンの実行を一時停止するメソッドを実装する必要があります。これはリスト 11.9 に示されており、LockAccounts() メソッドが含まれています。このメソッドは、条件変数に関連付けられたミューテックスロックを獲得し、accountsInUse マップを使ってすべてのアカウントが利用可能かを確認します。いずれかの口座が使用中の場合、ゴルーチンは条件変数に対して Wait() メソッドを呼び出します。これにより、ゴルーチンの実行が一時停止され、ミューテックスのロックが解放されます。実行が再開されると、ゴルーチンはミューテックスを再獲得し、すべての口座が利用可能になるまで同じ確認が繰り返されます。必要な口座すべてが利用可能になった時点で、それらの口座が使用中であることを示すために accountsInUse マップが更新され、ミューテックスのロックが解放されます。このように、必要な口座をすべて獲得するまで、ゴルーチンは送金ロジックを実行することはありません。

◎リスト 11.9　デッドロックを回避するために実行を一時停止する

```go
func (a *Arbitrator) LockAccounts(ids ...string) {
    a.cond.L.Lock() // ← 条件変数のミューテックスをロック
    // ↓ すべての口座が利用可能になるまでループ
    for allAvailable := false; !allAvailable; {
        allAvailable = true
        for _, id := range ids {
            if a.accountsInUse[id] { // ← 1つでも口座が使用中なら、
                allAvailable = false //    ゴルーチンの実行を一時停止する
                a.cond.Wait()        //
            }
        }
    }
    for _, id := range ids {         // ← すべての口座が利用可能になったら、
        a.accountsInUse[id] = true   //    要求された口座を使用中にする
    }
    a.cond.L.Unlock() // ← 条件変数のミューテックスを解放
}
```

さらに、ゴルーチンが送金ロジックを完了した後は、口座を利用可能な状態に変更する必要があります。リスト 11.10 は UnlockAccounts() メソッドを示しています。このメソッドを呼び出すゴ

ルーチンは条件変数のミューテックスを保持し、必要なすべての口座を利用可能な状態として記録し、条件変数でブロードキャストします。これにより、一時停止していたゴルーチンがすべて起こされて、口座が利用可能になったかを確認します。

◎リスト 11.10　ゴルーチンを再開させるためにブロードキャストを使う

```go
func (a *Arbitrator) UnlockAccounts(ids ...string) {
    a.cond.L.Lock() // ← 条件変数のミューテックスを獲得
    for _, id := range ids {
        a.accountsInUse[id] = false // ← 口座を利用可能にする
    }
    a.cond.Broadcast() // ← 一時停止しているゴルーチンを再開させるためにブロードキャスト
    a.cond.L.Unlock() // ← 条件変数のミューテックスを解放
}
```

この 2 つのメソッドを、送金ロジックで使えます。リスト 11.11 では、送金を行う前に `LockAccounts()` メソッドを呼び出し、その後 `UnlockAccounts()` メソッドを呼び出すように修正した `Transfer()` メソッドを示しています。

◎リスト 11.11　送金中に口座をロックするために調停者を使う

```go
func (src *BankAccount) Transfer(to *BankAccount, amount int, tellerId int,
    arb *Arbitrator) {
    fmt.Printf("%d Locking %s and %s\n", tellerId, src.id, to.id)
    arb.LockAccounts(src.id, to.id) // ← 送金元口座と送金先口座の両方をロック
    src.balance -= amount // ← 両方のロックが得られたら、
    to.balance  += amount //    送金を実行
    arb.UnlockAccounts(src.id, to.id) // ← 送金後、両方の口座をアンロック
    fmt.Printf("%d Unlocked %s and %s\n", tellerId, src.id, to.id)
}
```

最後に、`main()` 関数を更新して、調停者のインスタンスを作成し、それをゴルーチンに渡すようにします。これにより、送金中に調停者が使われるようになります。これがリスト 11.12 に示されています。

◎リスト 11.12　調停者を使う `main()` 関数（`import` は省略）

```go
package main

import (...)

func main() {
    accounts := []BankAccount{
        *NewBankAccount("Sam"),
        *NewBankAccount("Paul"),
        *NewBankAccount("Amy"),
        *NewBankAccount("Mia"),
    }
    total := len(accounts)
```

第 11 章　デッドロックを回避

```
    arb := NewArbitrator() // ← 送金で使う新たな調停者を作成
    for i := 0; i < 4; i++ {
        go func(tellerId int) {
            for i := 1; i < 1000; i++ {
                from, to := rand.Intn(total), rand.Intn(total)
                for from == to {
                    to = rand.Intn(total)
                }
                accounts[from].Transfer(&accounts[to], 10, tellerId, arb)
            }
            fmt.Println(tellerId,"COMPLETE")
        }(i)
    }
    time.Sleep(60 * time.Second)
}
```

> **オペレーティングシステムおよび言語ランタイムにおけるデッドロックの回避**
>
> デッドロック回避アルゴリズムをオペレーティングシステムや Go のランタイムに実装し、デッドロックを回避する形で実行をスケジュールすることは可能でしょうか。実際には、銀行家のアルゴリズムのようなデッドロック回避アルゴリズムは、オペレーティングシステムや言語ランタイムで使う場合にはあまり役に立ちません。なぜなら、これらのアルゴリズムは、実行が必要とする資源の最大数を事前に把握しておく必要があるからです。オペレーティングシステムやランタイムが、各プロセス、スレッド、ゴルーチンが要求する資源を事前に知ることは期待できないため、この要件は現実的ではありません。
>
> さらに、銀行家のアルゴリズムは、実行の集まりは変化しないと仮定しています。これは、プロセス が常に起動および終了している現実的なオペレーティングシステムでは当てはまりません。

11.2.3　デッドロックを防ぐ

並行実行で使われる排他的資源の集まりが事前にわかっている場合、順序付けによってデッドロックを防げます。リスト 11.1 で示した単純なデッドロックをもう一度考えてみてください。このデッドロックは、red() ゴルーチンと blue() ゴルーチンがそれぞれ異なる順序でミューテックスを獲得するために発生します。red() ゴルーチンはロック 1、次にロック 2 を使っており、一方 blue() ゴルーチンはロック 2、次にロック 1 を使っています。リスト 11.1 を変更して、次のリスト 11.13 に示すように、ロックを同じ順序で使うようにすれば、デッドロックは発生しません。

◎リスト 11.13　ミューテックスを順序付けることで、デッドロックを防ぐ

```go
func red(lock1, lock2 *sync.Mutex) {
    for {
        fmt.Println("Red: Acquiring lock1")
        lock1.Lock()
        fmt.Println("Red: Acquiring lock2")
        lock2.Lock()
        fmt.Println("Red: Both locks Acquired")
        lock1.Unlock(); lock2.Unlock()
        fmt.Println("Red: Locks Released")
    }
}

func blue(lock1, lock2 *sync.Mutex) {
    for {
        fmt.Println("Blue: Acquiring lock1")
        lock1.Lock()
        fmt.Println("Blue: Acquiring lock2")
        lock2.Lock()
        fmt.Println("Blue: Both locks Acquired")
        lock1.Unlock(); lock2.Unlock()
        fmt.Println("Blue: Locks Released")
    }
}
```

　この場合、両方のゴルーチンが異なるロックを保持し、もう一方のロックを要求するという状況が発生しないため、デッドロックは発生しません。このシナリオでは、両方のゴルーチンが同時にロック1の獲得を試みると、1つのゴルーチンだけが成功します。もう一方のゴルーチンは、両方のロックが再び利用可能になるまで待たされます。これにより、ゴルーチンがロックをすべて獲得するか、何も獲得できないかのいずれかの状況が作られます。

　このルールを今回の台帳アプリケーションに適用できます。取引を実行するたびに、ミューテックスロックを獲得する順序を指定する簡単なルールを定義できます。そのルールとは、口座 ID に基づいてアルファベット順にロックを獲得するというものです。たとえば、Amy の口座 ID のほうがアルファベット順では先なので、取引で Mia から Amy に 10 ドルを送金する取引の場合、Amy の口座を最初にロックし、次に Mia の口座をロックします。もしそれと同時に、Amy から Mia に 10 ドルを送金する取引がある場合、この取引は最初のロック要求、つまり Amy の口座のロック要求で待たされます。この例は、図 11.13 に示されています。

　台帳アプリケーションの例では、簡単なコードを示したいので、口座 ID を口座所有者の名前と同じにしています。実際のアプリケーションでは、口座 ID は数字またはバージョン 4 の UUID などが使われていますが、どちらも順序付けができます。リスト 11.14 は修正後の台帳アプリケーションの送金メソッドを示しており、口座を ID でソートし、ソートされた順序で口座をロックします。

第 11 章 デッドロックを回避

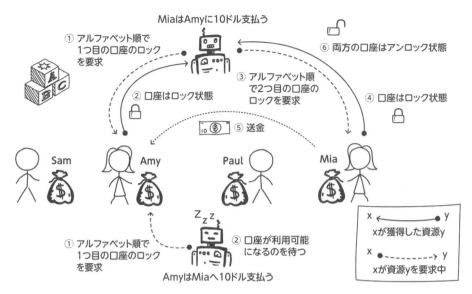

図 11.13 台帳アプリケーションでのデッドロックを回避するために順序付けを使う

◎リスト 11.14 　口座送金を順序付けするメソッド

```
func (src *BankAccount) Transfer(to *BankAccount, amount int, tellerId int) {
    accounts := []*BankAccount{src, to}  // ← 送金元口座と送金先口座をスライスに入れる
    sort.Slice(accounts, func(a, b int) bool {  // ← 両方の口座を含むスライスを
        return accounts[a].id < accounts[b].id  //    口座の ID でソート
    })
    fmt.Printf("%d Locking %s's account\n", tellerId, accounts[0].id)
    accounts[0].mutex.Lock()  // ← ID の順序が先の口座をロック
    fmt.Printf("%d Locking %s's account\n", tellerId, accounts[1].id)
    accounts[1].mutex.Lock()  // ← ID の順序が後の口座をロック
    src.balance -= amount
    to.balance += amount
    to.mutex.Unlock()   // ← 両方の口座を
    src.mutex.Unlock()  //    アンロック
    fmt.Printf("%d Unlocked %s and %s\n", tellerId, src.id, to.id)
}
```

この Transfer() メソッドを実行してみると、口座は常にアルファベット順にロックされていることがわかります。さらに、すべてのゴルーチンがデッドロックに陥ることなく完了しています。出力例を次に示します。

```
$ go run ledgermutexorder.go
3 Locking Amy's account
2 Locking Amy's account
3 Locking Paul's account
3 Unlocked Amy and Paul
```

```
...
1 Locking Mia's account
1 Locking Paul's account
...
2 COMPLETE
...
0 COMPLETE
...
3 COMPLETE
...
1 COMPLETE
```

また、使う必要がある排他的資源が事前にわかっていない場合でも、この順序付け戦略によってデッドロックを防げます。ここでの考え方は、現在保持している資源よりも前の順序の資源を獲得しないということです。前の順序の資源を獲得する必要が生じた場合、保持している資源を常に解放することで、正しい順序で再び要求できます。

では台帳アプリケーションで、特別な取引を実行するゴルーチンを考えてみてください。たとえば、「Amy の口座から Paul に 10 ドル支払う。Amy の口座に十分な資金がない場合、代わりに Mia の口座を使う」というようなものです。このシナリオでは、次の手順を実行するロジックをゴルーチンに実装できます。

1. Amy の口座をロックする
2. Paul の口座をロックする
3. Amy の残高が送金に十分な場合

    a Amy の口座からお金を引き落とし、Paul の口座に入金する

    b Amy の口座と Paul の口座の両方をアンロックする
4. 十分ではない場合

    a Amy の口座と Paul の口座の両方をアンロックする

    b Mia の口座をロックする

    c Paul の口座をロックする

    d Mia の口座からお金を引き落とし、Paul の口座に入金する

    e Mia の口座と Paul の口座の両方をアンロックする

ここで重要なルールは、実行が、高い順序の資源を保持しているなら、低い順序の資源をロックしないことです。この例では、Mia の口座をロックする前に、Paul と Amy の口座を解放する必要があります。これにより、デッドロック状態に陥ることを確実に防げます。

11.3　チャネルでのデッドロック

デッドロックはミューテックスの使用に限定されないことを理解するのが重要です。実行が排他的な資源を保持し、他の資源を要求する場合、デッドロックが発生する可能性があります。これはチャネルにも当てはまります。チャネルの容量は、排他的な資源と考えられます。ゴルーチンがあるチャネルを保持しながら別のチャネルを使おうとする（メッセージを送信または受信する）ことで、デッ

第11章　デッドロックを回避

ドロックが発生する可能性があります。

　チャネルは読み込み資源と書き込み資源のコレクションと考えられます。初期状態では、バッファなしチャネルには読み込み資源も書き込み資源もありません。読み込み資源は、他のゴルーチンがメッセージを書き込もうとしたときに利用可能になります。書き込み操作は、書き込み資源を獲得しようとしている間に、1つの読み込み資源を利用可能にします。同様に、読み込み操作は、1つの読み込み資源を獲得しようとしている間に、1つの書き込み資源を利用可能にします。

　2つのチャネルがかかわるデッドロックの例を見てみましょう。ディレクトリ内のすべてのファイルについて、ファイル名、ファイルサイズ、最終更新日時などのファイルの詳細を再帰的に出力する必要がある単純なプログラムを考えてみてください。1つの解決策は、ファイルを処理するゴルーチンとディレクトリを処理するゴルーチンを用意することです。ディレクトリゴルーチンの役割は、ディレクトリの内容を読み込み、チャネルを使って各ファイルをファイルハンドラに渡すことです。これは、リスト11.15の handleDirectories() 関数に示されています。

◎リスト11.15　ディレクトリハンドラ（エラー処理は省略）

```go
package main

import (
    "fmt"
    "os"
    "path/filepath"
    "time"
)

func handleDirectories(dirs <-chan string, files chan<- string) {
    for fullpath := range dirs {                    // ← 入力からディレクトリパス全体を読み込む
        fmt.Println("Reading all files from", fullpath)
        filesInDir, _ := os.ReadDir(fullpath)       // ← ディレクトリの内容を読み込む
        fmt.Printf("Pushing %d files from %s\n", len(filesInDir), fullpath)
        for _, file := range filesInDir {                        // ← ディレクトリ内
            files <- filepath.Join(fullpath, file.Name())        //   の各ファイルを
        }                                                        //   出力へ書き込む
    }
}
```

　ファイルハンドラのゴルーチンでは、逆のことが起こります。ファイルハンドラが新たなディレクトリに遭遇すると、ディレクトリハンドラのチャネルにそれを送信します。ファイルハンドラは、入力チャネルからのパスがファイルの場合、ファイルサイズや最終更新日時などの情報を出力します。パスがディレクトリの場合、ディレクトリをディレクトリハンドラに転送します。これは次のリスト11.16に示されています。

◎リスト11.16　ファイルハンドラ（エラー処理は省略）

```go
func handleFiles(files chan string, dirs chan string) {
    for path := range files {    // ← ファイルのフルパスを読み込む
        file, _ := os.Open(path)
```

11.3 チャネルでのデッドロック

```go
        fileInfo, _ := file.Stat() // ← ファイルに関する情報を読み込む
        if fileInfo.IsDir() {
            // ↓ ファイルがディレクトリなら、出力チャネルへ書き込む
            fmt.Printf("Pushing %s directory\n", fileInfo.Name())
            dirs <- path
        } else {
            // ↓ ファイルがディレクトリでなければ、コンソールにファイル情報を表示
            fmt.Printf("File %s, size: %.2fKB, last modified: %s\n",
                fileInfo.Name(), float64(fileInfo.Size()) / 1024.0,
                fileInfo.ModTime().Format(time.ANSIC))
        }
    }
}
```

main() 関数を使って、2 つのゴルーチンを結び付けられます。リスト 11.17 では、2 つのチャネルを作成し、新たに作成したファイルハンドラおよびディレクトリハンドラのゴルーチンに渡します。次に、引数から読み込んだ初期ディレクトリを dirsChannel に書き込みます。リスト 11.17 を簡略化するため（デモ用に）、ウェイトグループでゴルーチンの完了を待つ代わりに、main() ゴルーチンを 60 秒間スリープさせます。

◎リスト 11.17　ファイルハンドラとディレクトリハンドラを作成する main() 関数

```go
func main() {
    filesChannel := make(chan string) // ← filesChannel と
    dirsChannel := make(chan string)  //   dirsChannel を作成
    go handleFiles(filesChannel, dirsChannel) // ← ファイルハンドラとディレクトリ
    go handleDirectories(dirsChannel, filesChannel) // ハンドラのゴルーチンを開始
    // ↓ 引数からのディレクトリを dirsChannel へ書き込む
    dirsChannel <- os.Args[1]
    time.Sleep(60 * time.Second) // ← 60 秒間スリープ
}
```

サブディレクトリを持つディレクトリに対して、リスト 11.15、11.16、11.17 を 1 つにまとめて実行すると、すぐにデッドロックが発生します。次の例の出力では、ディレクトリハンドラが 26 個のファイルをチャネルに書き込んだ直後にゴルーチンがデッドロックし、ファイルハンドラのゴルーチンが CodingInterviewWorkshop という名前のディレクトリを送信しようとしていることが示されています。

```
$ go run allfilesinfo.go ~/projects/
Reading all files from ~/projects/
Pushing 26 files from ~/projects/
File .DS_Store, size: 8.00KB, last modified: Mon Mar 13 13:50:45 2023
Pushing CodingInterviewWorkshop directory
```

ここでのデッドロック問題は、図 11.14 に示されています。2 つのゴルーチン間で循環した待ち状態が発生しています。ディレクトリハンドラは、ファイルハンドラのゴルーチンが filesChannel から読み込むのを待っていますが、その間、dirsChannel への書き込みは待たされます。ファイ

ルハンドラは、ディレクトリハンドラのゴルーチンが `dirsChannel` から読み込むのを待っていますが、その間、`filesChannel` への書き込みは待たされます。

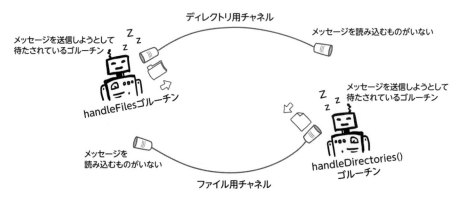

図 11.14　2つのチャネルでのデッドロック

`filesChannel` または `dirsChannel` にバッファを持たせれば、デッドロックの問題が解決できると考えるかもしれません。しかし、これはデッドロックを先延ばしにするだけです。バッファで処理できる以上のファイルやサブディレクトリを持つディレクトリに遭遇した時点で、問題は再び発生します。

ファイルハンドラを実行するゴルーチンの数を増やすことも試みることができます。結局のところ、典型的なファイルシステムには、ディレクトリよりもはるかに多くのファイルが存在します。しかし、この場合も問題を先延ばしにするだけです。プログラムが、`handleFiles()` を実行するゴルーチンの数よりも多くのファイルを含むディレクトリに移動すると、再びデッドロックの状態になります。

循環した待ちを取り除くことで、このシナリオでのデッドロックを防げます。これを実現する簡単な方法は、新たに生成したゴルーチンを使ってチャネルに送信するように、関数の1つを変更することです。リスト 11.18 では、新たなファイルを `filesChannel` にプッシュする必要があるたびに、新たなゴルーチンを起動するように `handleDirectories()` 関数を変更しています。このようにして、ゴルーチンはチャネルが利用可能になるのを待つことなく、別のゴルーチンに待たせるようにすることで、循環した待ちを解消しています。

◎リスト 11.18　チャネルへ書き込むために別のゴルーチンを使う

```
func handleDirectories(dirs <-chan string, files chan<- string) {
    for fullpath := range dirs {
        fmt.Println("Reading all files from", fullpath)
        filesInDir, _ := os.ReadDir(fullpath)
        fmt.Printf("Pushing %d files from %s\n", len(filesInDir), fullpath)
        for _, file := range filesInDir {
            go func(fp string) {                    // ← 各ファイルを files
                files <- fp                         //   チャネルへ送信する新
```

```
            }(filepath.Join(fullpath, file.Name())) //   たなゴルーチンを開始
        }
    }
}
```

大量の個別のゴルーチンを作成しないようにする代替案は、`select` 文を使って、同時にチャネルから読み書きすることです。この場合も、チャネルを使う際にデッドロックを引き起こす循環した待ちを解消できます。この方法は、ディレクトリのゴルーチンまたはファイルのゴルーチンで採用できます。リスト 11.19 では、`handleDirectories()` ゴルーチンに対してこの方法を示しています。

◎リスト 11.19　循環した待ちを解消するために `select` を使う

```go
func handleDirectories(dirs <-chan string, files chan<- string) {
    // ↓ ファイルハンドラのチャネルへプッシュする必要があるファイルを保存するスライスを作成
    toPush := make([]string, 0)
    appendAllFiles := func(path string) {
        fmt.Println("Reading all files from", path)
        filesInDir, _ := os.ReadDir(path)
        fmt.Printf("Pushing %d files from %s\n", len(filesInDir), path)
        // ↓ スライスへディレクトリ内のすべてのファイルを追加
        for _, f := range filesInDir {
            toPush = append(toPush, filepath.Join(path, f.Name()))
        }
    }
    for {
        if len(toPush) == 0 {
            // ↓ プッシュするファイルがなければ、入力チャネルからディレクトリを読み込み、
            //    そのディレクトリ内のすべてのファイルを追加
            appendAllFiles(<-dirs)
        } else {
            select {
            case fullpath := <-dirs: // ← 入力チャネルから次のディレクトリを読み込み
                appendAllFiles(fullpath) // ディレクトリ内のすべてのファイルを追加
            // ↓ スライス内の最初のファイルをチャネルへプッシュ
            case files <- toPush[0]:
                toPush = toPush[1:] // ↓ スライス内の最初のファイルを取り除く
            }
        }
    }
}
```

ゴルーチンが、利用可能なチャネルに応じて受信操作または送信操作を完了することで、デッドロックを引き起こしていた循環した待ちを解消できます。ファイルハンドラのゴルーチンが、出力チャネルへディレクトリパスを送信している最中であっても、ディレクトリゴルーチンは待つことなく、ディレクトリパスを受信できます。`select` 文を使うことで、2 つの操作を同時に待てます。ディレクトリの内容はスライスに追加され、出力チャネルが利用可能になると、チャネルにプッシュされます。

注記　メッセージパッシングのプログラムでデッドロックが発生するのは多くの場合、

第 11 章　デッドロックを回避

プログラム設計が悪い兆候であることを示しています。チャネルを使っている際にデッドロックが発生するということは、同じゴルーチンを通過するメッセージの循環した流れをプログラム化してしまったことを意味します。ほとんどの場合、メッセージの流れが循環しないようにプログラムを設計することで、デッドロックの可能性を回避できます。

11.4　練習問題

注記　https://github.com/cutajarj/ConcurrentProgrammingWithGo に、すべての解答コードがあります。

1. リスト 11.20 において、incrementScores() が複数のゴルーチンで並行に実行された場合、デッドロックが発生する可能性があります[*2]。デッドロックを回避または防止するように関数を変更してください。

   ◎リスト 11.20　プレーヤーのスコアでデッドロック

   ```go
   type Player struct {
       name  string
       score int
       mutex sync.Mutex
   }

   func incrementScores(players []*Player, increment int) {
       for _, player := range players {
           player.mutex.Lock()
       }
       for _, player := range players {
           player.score += increment
       }
       for _, player := range players {
           player.mutex.Unlock()
       }
   }
   ```

2. リスト 11.19 では、2 つのゴルーチン間の循環した待ちを解消するために、select 文を使うように handleDirectories() 関数を変更しました。リスト 11.16 の handleFiles() 関数も同様に変更してください。ゴルーチンは、2 つのチャネルで受信と送信の両方を実行するために select 文を使う必要があります。

[*2] 訳注：引数で渡す players の並びをゴルーチンごとに変えるとデッドロックが発生します。

まとめ

- デッドロックとは、プログラムが複数の実行を持ち、それらが互いにそれぞれの資源を解放するのを待ちながら永久に待たされている状態です。
- 資源割り当てグラフ（RAG：*resource allocation graph*）は、実行が資源をどのように使っているかを、エッジで接続して示します。
- RAG では、資源を要求する実行は、実行から資源への有向エッジで表されます。
- RAG では、資源を保持する実行は、資源から実行への有向エッジで表されます。
- RAG に循環を含む場合、システムがデッドロック状態にあることを意味します。
- グラフ循環検出アルゴリズムを RAG に対して使うことで、デッドロックを検出できます。
- Go のランタイムはデッドロック検出機能を提供していますが、すべてのゴルーチンが待たされた場合にのみデッドロックを検出します。
- Go のランタイムがデッドロックを検出すると、プログラム全体がエラーで終了します。
- 特定の方法で実行をスケジューリングしてデッドロックを回避することは、どの資源が使われるかを事前に把握している特別な場合にのみ行えます。
- デッドロックは、事前に定義された順序で資源を要求することで、プログラム的に回避できます。
- Go のチャネルを使っているプログラムでもデッドロックが発生することがあります。チャネルの容量は、相互排他的な資源と考えることができます。
- チャネルを使う際は、デッドロックを防ぐために、循環した待ちを避けるように注意してください。
- チャネルでは、別のゴルーチンを使って送受信を行ったり、`select` 文とチャネル操作を組み合わせたり、あるいは、循環したメッセージの流れを避けるようにプログラムを適切に設計したりすることで、循環した待ちを避けられます。

memo

第12章

アトミック、スピンロック、フューテックス

本章では、以下の内容を扱います。

- アトミック変数での同期
- スピンロックでミューテックスを開発
- フューテックスでスピンロックを改善

　これまでの章では、ミューテックスを使って、スレッド間で共有変数へのアクセスを同期させる方法を見てきました。また、セマフォやチャネルといったより複雑な並行処理ツールを構築するための基本機能としてミューテックスを使う方法も見てきました。しかし、ミューテックスがどのように構築されているのかについてはまだ確認していません。

　本章では、同期ツールとして最も基本的なアトミック変数について説明します。そして、スピンロック（*spin locking*）と呼ばれる技法を使って、アトミック変数でミューテックスを構築する方法を説明します。その後、フューテックス（*futex*）を使って、ミューテックスの実装を最適化する方法を説明します。フューテックスとは、ロックが空くのを待つ間のCPUサイクルを削減できるオペレーティングシステムのシステムコールです。本書の最後に、Goの標準ライブラリのミューテックスがどのように実装されているかに焦点を当てます。

12.1　アトミック変数を使ったロックフリーの同期

　ミューテックスは、並行コードのクリティカルセクションが同時に1つのゴルーチンによってのみ実行されることを保証します。ミューテックスは競合状態を防ぐために使われます。しかし、ミューテックスは並行プログラミングの一部を逐次的なボトルネックに変えてしまうという副作用があります。たとえば、整数といった単純な変数の値を更新するだけなら、コードを逐次処理に変えてしまうミューテックスに頼らなくても、アトミック変数を使ってゴルーチン間の一貫性を保つことが可能です。

第 12 章　アトミック、スピンロック、フューテックス

12.1.1　アトミックな数値で変数を共有

これまでの章で、Stingy と Spendy という名前の 2 つのゴルーチンが、自分たちの銀行口座の金額を表す整数変数を共有する例を見てきました。共有変数へのアクセスはミューテックスで保護されていました。変数を更新するたびにミューテックスロックを獲得し、更新が完了したらロックを解放していました。

アトミック変数は、中断されることなく特定の操作を実行することを可能にします。たとえば、単一のアトミック操作で既存の共有変数の値に加算を行い、並行して行われる加算操作が互いに干渉しないことが保証されます。操作が実行されると、中断せずに変数の値に完全に適用されます。アトミック変数は、特定のシナリオではミューテックスの代わりに使えます。

例として、Stingy と Spendy プログラムを、アトミック変数の操作を使うように簡単に変更できます。ミューテックスを使う代わりに、共有される `money` 変数に対して、単にアトミックな加算操作を呼び出します。これにより、ゴルーチンが、一貫性のない結果を生じさせる競合状態を引き起こさないことが保証されます（図 12.1 参照）。

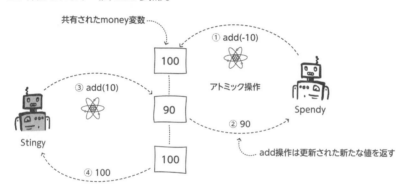

図 12.1　Stingy と Spendy に対してアトミック変数を使う

Go では、`sync/atomic` パッケージにアトミック操作が含まれています。このパッケージのすべての呼び出しは、アトミック操作が実行される変数へのポインタを受け取ります。次は、32 ビット整数に適用できる関数（`sync/atomic` パッケージ）の一覧です。

```
func AddInt32(addr *int32, delta int32) (new int32)
func CompareAndSwapInt32(addr *int32, old, new int32) (swapped bool)
func LoadInt32(addr *int32) (val int32)
func StoreInt32(addr *int32, val int32)
func SwapInt32(addr *int32, new int32) (old int32)
```

注記　同じ `sync/atomic` パッケージには、ブーリアンや符号なし整数といった、他のデータ型に対する同様の操作を可能にする機能も含まれています。

今回の Stingy と Spendy のアプリケーションでは、ミューテックスロックを置き換え、共有変

12.1 アトミック変数を使ったロックフリーの同期

数に加算または減算を行うたびに `AddInt32()` 操作を使えます。リスト 12.1 に示されているように、加算と減算をアトミック操作に変更することで、ミューテックスを使う必要がなくなります。

◎リスト 12.1　アトミック操作を使う Stingy と Spendy

```go
package main

import (
    "fmt"
    "sync"
    "sync/atomic" // ← atomic パッケージをインポート
)

func stingy(money *int32) {
    for i := 0; i < 1000000; i++ {
        atomic.AddInt32(money, 10) // ← money 共有変数にアトミックに 10 ドルを加算
    }
    fmt.Println("Stingy Done")
}

func spendy(money *int32) {
    for i := 0; i < 1000000; i++ {
        // ↓ money 共有変数からアトミックに 10 ドルを減算
        atomic.AddInt32(money, -10)
    }
    fmt.Println("Spendy Done")
}
```

> 注記　`AddInt32()` 関数は、`delta` を加算した後に新たな値を返します。しかし、Stingy と Spendy のゴルーチンでは、その戻り値を利用していません。

`LoadInt32()` 関数呼び出しを使って、アトミック変数の値を読み込むように `main()` 関数を修正できます。リスト 12.2 では、ゴルーチンの完了を待つためにウェイトグループを使い、その後、`money` 共有変数を読み込みます。

◎リスト 12.2　アトミック変数を使う `main()` 関数

```go
func main() {
    money := int32(100) // ← 32 ビット整数で値 100 を作成
    wg := sync.WaitGroup{}
    wg.Add(2)
    go func() {
        stingy(&money)
        wg.Done()
    }()
    go func() {
        spendy(&money)
        wg.Done()
    }()
    wg.Wait() // ← 両方のゴルーチンが完了するまでウェイトグループで待機
    // ↓ money 共有変数の値を読み込み、コンソールへ表示
```

```
        fmt.Println("Money in account: ", atomic.LoadInt32(&money))
}
```

期待どおり、リスト 12.1 と 12.2 を一緒に実行しても競合状態は発生せず、money 共有変数の最終的な値は 100 ドルとなります。

```
$ go run atomicstingyspendy.go
Spendy Done
Stingy Done
Money in account: 100
```

12.1.2　アトミックを使った場合の性能ペナルティ

なぜ、すべてにアトミック操作を使って、変数を共有するリスクや同期化技法をうっかり使い忘れるリスクを排除しないのでしょうか。残念ながら、これらのアトミック変数を使う場合、性能ペナルティを支払うことになります。通常の方法で変数を更新するほうが、アトミック操作で変数を更新するよりもはるかに高速なのです。

この性能の違いを見てみましょう。リスト 12.3 では、Go の組み込みベンチマークツールを使って、変数を、通常に更新する場合とアトミックに更新する場合の速度を比較するテストを行っています。Go では、関数のシグニチャに Benchmark を付け、関数が *testing.B 型を受け取るようにすることで、ベンチマーク単体テストを記述できます。リスト 12.3 は、その例を示しています。1 つ目のベンチマーク関数では、通常の読み込みと更新操作を使って 64 ビット整数 total を更新し、2 つ目の関数では、アトミックな AddInt64() 操作を使って更新します。Go のベンチマーク関数を使う場合、bench.N はベンチマークが実行する反復回数です。この値は、テストが特定の時間（デフォルトでは 1 秒）にわたって確実に実行されるように動的に変更されます。

◎リスト 12.3　アトミックな加算操作のマイクロベンチマーク

```
package main

import (
    "sync/atomic"
    "testing"
)

var total = int64(0)  // ← 64 ビット整数を作成

func BenchmarkNormal(bench *testing.B) {
    for i := 0; i < bench.N; i++ {
        total += 1 // ← 通常の加算演算子を使って total 変数へ加算
    }
}

func BenchmarkAtomic(bench *testing.B) {
    for i := 0; i < bench.N; i++ {
```

12.1 アトミック変数を使ったロックフリーの同期

```
        // ↓ アトミック加算操作関数を使ってtotal変数へ加算
        atomic.AddInt64(&total, 1)
    }
}
```

go testコマンドに-benchフラグを追加することで、このベンチマークを実行できます。このテストでは、アトミックな操作と通常の変数操作の性能の違いがわかります。次がその出力です。

```
$ go test -bench=. -count 3
goos: darwin
goarch: arm64
pkg: github.com/cutajarj/ConcurrentProgrammingWithGo/chapter12/listing12.3
BenchmarkNormal-10 555129141 2.158 ns/op
BenchmarkNormal-10 550122879 2.163 ns/op
BenchmarkNormal-10 555068692 2.167 ns/op
BenchmarkAtomic-10 174523189 6.865 ns/op
BenchmarkAtomic-10 175444462 6.902 ns/op
BenchmarkAtomic-10 175469658 6.869 ns/op
PASS
ok github.com/cutajarj/ConcurrentProgrammingWithGo/chapter12/listing12.3
➥ 9.971s
```

64ビット整数でのアトミック加算は通常の演算子を使った場合よりも3倍以上も遅いことをマイクロベンチマークの結果は示しています。この結果はシステムやアーキテクチャによって異なりますが、すべてのシステムにおいて、性能にかなりの違いが生じます。これは、アトミック操作を使うと、コンパイラやシステムの多くの最適化を放棄することになるためです。たとえば、リスト12.3のように同じ変数に繰り返しアクセスする場合、システムは変数をプロセッサのキャッシュに保持し、変数へのアクセスを高速化しますが、キャッシュ領域が不足した場合、定期的に変数をメインメモリにフラッシュすることがあります。アトミック操作を使う場合、システムは並列に実行される他の実行が変数の更新を確実に確認できるようにする必要があります。そのため、アトミック操作が使われるたびに、システムはキャッシュされた変数を一貫して維持する必要があります。これは、メインメモリにフラッシュし、他のキャッシュを無効にすることで行われます。さまざまなキャッシュを常に一致させる必要があるため、最終的にはプログラムの性能が低下します。

12.1.3 アトミックの数値を使ってカウントする

アトミック変数を使う典型的な用途は、複数の実行から同じものの発生回数をカウントする必要がある場合です。第3章「メモリ共有を使ったスレッド間通信」では、複数のゴルーチンを使ってウェブページをダウンロードし、アルファベット文字の出現頻度をカウントするプログラムを作成しました。各文字の出現回数の合計は、共有スライスデータ構造で管理されました。その後、第4章「ミューテックスを使った同期」では、共有スライスへの更新が整合性を保つように、ミューテックスを追加しました。

スライス内の文字のカウントを増やすたびに、アトミックな更新を使うように、実装を変更できま

す。図 12.2 では、メモリ共有を引き続き使っていますが、今回は単に変数にアトミックな更新を行っていることを示しています。以前の方法では、値を読み込み、その後更新を書き込むという 2 つのステップを使っていたので、ミューテックスを使わざるを得ませんでした。アトミック更新を使うことで、カウントを更新する必要がある場合、他のゴルーチンがミューテックスを解放するのを待つ必要がなくなります。ゴルーチンは、他のゴルーチンからの中断を待たずに実行できます。2 つのゴルーチンが同時にアトミック更新を適用しようとしても、2 つの更新は競合せず順次適用されます。

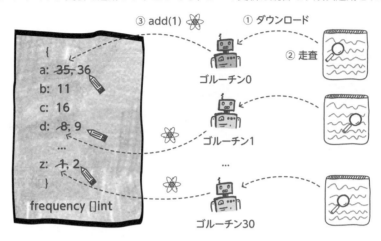

図 12.2　文字頻度プログラムにアトミック操作を使う

次のリスト 12.4 では、`countLetters()` 関数の以前の実装を変更し、ミューテックスのロックとアンロックを削除し、代わりにアトミック変数操作を使っています。リスト 12.4 では、スライスに含まれる整数の参照を直接使い、文字に出会うたびにカウントを 1 ずつ増やしています。

◎リスト 12.4　`countLetters()` 関数でのアトミック変数 (`import` は省略)

```go
package main

import (...)

const allLetters = "abcdefghijklmnopqrstuvwxyz"

func countLetters(url string, frequency []int32) {
    resp, _ := http.Get(url)
    defer resp.Body.Close()
    if resp.StatusCode != 200 {
        panic("Server returning error code: " + resp.Status)
    }
    body, _ := io.ReadAll(resp.Body) // ← ウェブページのボディを読み込む
    // ↓ ドキュメントのボディに含まれるすべての文字について反復処理
    for _, b := range body {
        c := strings.ToLower(string(b))
        cIndex := strings.Index(allLetters, c) // ← 文字が英語のアルファベット
```

```
        if cIndex >= 0 {                              //         であるかを検査
            // ↓ 文字のカウントを 1 つ増やすためにアトミック加算操作を使う
            atomic.AddInt32(&frequency[cIndex], 1)
        }
    }
    fmt.Println("Completed:", url)
}
```

次に、スライスデータ構造が 32 ビット整数を使うように、main() 関数を少し修正する必要があります。これは、アトミック操作が int32 や int64 といった特定のデータ型でのみ動作するためです。さらに、アトミック関数 LoadInt32() を使って結果を読み込む必要があります。リスト 12.5 の main() 関数では、これらの変更に加え、すべてのゴルーチンの完了を待つためにウェイトグループを使っています。

◎リスト 12.5　アトミック操作による文字カウンタ用の main() 関数

```
func main() {
    wg := sync.WaitGroup{}
    wg.Add(31)
    // ↓ 32 ビット整数型のサイズ 26 のスライスを作成
    var frequency = make([]int32, 26)
    for i := 1000; i <= 1030; i++ {
        url := fmt.Sprintf("https://rfc-editor.org/rfc/rfc%d.txt", i)
        go func() {
            countLetters(url, frequency)
            wg.Done()
        }()
    }
    wg.Wait() // ← すべてのゴルーチンの完了を待つ
    for i, c := range allLetters {
        // ↓ 頻度スライスから個々のカウントの値をロードして、コンソールへ表示
        fmt.Printf("%c-%d ", c, atomic.LoadInt32(&frequency[i]))
    }
}
```

注記　結果を読み込むまでにすべてのゴルーチンが終了しているため、リスト 12.5 で LoadInt32() 関数を使うことは厳密には必要ではありません。しかし、メインメモリから最新値を確実に読み込み、古いキャッシュ値を読み込まないようにするには、アトミック操作を使うのがよい習慣です。

第 3 章「メモリ共有を使ったスレッド間通信」で、ミューテックスロックを使わずに文字頻度アプリケーションを実行したところ（リスト 3.2 とリスト 3.4）、一貫性のない結果が得られました。アトミック変数を使うと、ミューテックスを使って競合状態を解消するのと同じ効果が得られます。しかし、今回はゴルーチン同士が互いを待たせることはありません。リスト 12.4 とリスト 12.5 を一緒に実行したときの出力は次のとおりです。

第12章　アトミック、スピンロック、フューテックス

```
$ go run atomiccharcounter.go
Completed: https://rfc-editor.org/rfc/rfc1018.txt
...
Completed: https://rfc-editor.org/rfc/rfc1002.txt
a-103445 b-23074 c-61005 d-51733 e-181360 f-33381 g-24966 h-47722 i-103262 j-
    3279 k-8839 l-49958 m-40026 n-108275 o-106320 p-41404 q-3410 r-101118 s-
    101040 t-136812 u-35765 v-13666 w-18259 x-4743 y-18416 z-1404
```

12.2　スピンロックでミューテックスを実装する

　前節のシナリオでは、アトミック変数を使うように文字頻度プログラムを修正しました。修正は簡単でした。なぜなら、一度に１つの変数だけを更新すればよかったからです。複数の変数を同時に更新する必要があるアプリケーションの場合はどうでしょうか。前章では、そのようなシナリオがありました。台帳アプリケーションでは、ある口座からお金を引き落とし、それを別の口座に入金する必要がありました。その例では、複数の口座を保護するためにミューテックスを使いました。本書ではこれまでミューテックスを使ってきましたが、それがどのように実装されているかの詳細は見てきませんでした。ここではミューテックスを使わなければならない別のシナリオを選び、それからアトミック操作を使って、スピンロック（spin locking）と呼ばれる技法を用いてミューテックスを独自に実装してみましょう。

　航空会社向けのフライト予約ソフトウェアを開発していると想像してください。フライトを予約する際、顧客はすべての航路区間のチケットを購入したいと考えます。一部の区間が利用できない場合には、チケットはすべて購入しません。図 12.3 は、ここで解決しようとしている問題を示しています。ユーザーに全区間の座席が空いていることを表示している間に、他の誰かが一部の区間の最後の座席を予約した場合、購入はすべてキャンセルする必要があります。そうしないと、意図した目的地に到着できない無駄なチケットを顧客に購入させてしまうことになり、顧客を怒らせてしまうリスクがあります。さらに悪いことに、往路の予約は成功したものの、復路の予約が満席の事情によって失敗すると、乗客を目的地に取り残してしまう危険さえあります。フライト予約ソフトウェアには、このような競合状態を避けるための制御機能が必要です。

　このような予約システムを実装するために、各フライトを、出発地と目的地、フライトの残席数、出発時刻、飛行時間といった詳細情報を含む個別のエンティティとしてモデル化できます。この場合、フライトの残席数を更新するためにアトミック操作を使っても、図 12.3 で説明した競合状態は解決されません。なぜなら、顧客が複数のフライトを同時に予約した場合、同時に予約されたフライトの残席数のすべての変数を一括してアトミックに更新する必要があるからです。アトミック変数は、一度に１つの変数に対してのみアトミックな更新を保証します。

　この問題を解決するためには、台帳アプリケーションで採用したのと同じ方法、つまり各アカウントにロックを設定する方法を採用できます。この場合、各フライトを調整する前に、顧客の予約にある各フライトのロックを獲得します。リスト 12.6 は、構造体型を使って各フライトの詳細をモデル化する方法を示しています。この実装では、単純にフライトの出発地と目的地、およびフライトの空席数を保存するだけです。また、Locker インタフェースも使います。このインタフェースには、

12.2 スピンロックでミューテックスを実装する

図12.3 フライト予約システムにおいて、適切に書かれていない並行プログラムは競合状態を引き起こします

`Lock()` と `Unlock()` の 2 つのメソッドだけが含まれています。これは、ミューテックスが実装するのと同じインタフェースです。

◎リスト12.6　フライトを表す構造体型

```go
package listing12_6

import (
    "sync"
)

type Flight struct {
    Origin, Dest string
    SeatsLeft    int
    // ↓ ロックとアンロックのメソッドを含むインタフェースを提供
    Locker       sync.Locker
}
```

これで、フライトのリストを含む予約が与えられた際に、`SeatsLeft` 変数を調整する関数を開発できます。リスト12.7は、入力スライス上のすべてのフライトが予約リクエストに対して十分な座席数を含む場合にのみ `true` を返す関数を実装しています。実装は、出発地と目的地を使って、入力フライトリストをアルファベット順にソートすることから始めます。この順序付けは、デッドロックを回避するために行われます（第11章「デッドロックを回避」参照）。関数は、リクエストされたすべてのフライトをロックし、それらを更新している間、各フライトの残席数が変化しないようにします。次に、各フライトにリクエストされた予約を満たすのに十分な座席があるかを確認します。もし十分な座席がある場合、各フライトの座席数を、顧客が購入を希望する座席数分だけ減らします。

第12章 アトミック、スピンロック、フューテックス

◎リスト 12.7　フライト予約関数

```go
package listing12_7

import (
    "github.com/cutajarj/ConcurrentProgrammingWithGo/chapter12/listing12.6"
    "sort"
)

func Book(flights []*listing12_6.Flight, seatsToBook int) bool {
    bookable := true
    sort.Slice(flights, func(a, b int) bool {         // ← 出発地と目的地に
        flightA := flights[a].Origin + flights[a].Dest //   基づいてアルファ
        flightB := flights[b].Origin + flights[b].Dest //   ベット順にフライ
        return flightA < flightB                        //   トをソート
    })
    for _, f := range flights {      // ← リクエストされた
        f.Locker.Lock()              //   フライトをロック
    }
    for i := 0; i < len(flights) && bookable; i++ {   // ← リクエストされた
        if flights[i].SeatsLeft < seatsToBook {       //   すべてのフライト
            bookable = false                           //   に十分な座席があ
        }                                              //   るかを確認
    }
    for i := 0; i < len(flights) && bookable; i++ {   // ← 予約全体に対する十分な
        flights[i].SeatsLeft -= seatsToBook           //   席数がある場合にのみ各
    }                                                  //   フライトから席数を減算
    for _, f := range flights {      // ← ロックされたフライト
        f.Locker.Unlock()            //   をすべてアンロック
    }
    return bookable // ← 予約の結果を返す
}
```

なお、Go の sync.Mutex を使うこともできます。それは Lock() メソッドと Unlock() メソッドの両方を提供しますが、代わりに、この機会を利用して独自の sync.Locker インタフェースを実装してみましょう。そうすることで、ミューテックスがどのように実装できるのかを学べます。

12.2.1　比較とスワップ

アトミック変数に対する操作のうち、ミューテックスの実装に役立つものはあるでしょうか。CompareAndSwap() 関数[*1]は、資源がロックされていることを示すフラグの確認と設定に使えます。この関数は、値ポインタと、古い値および新たな値のパラメータを受け取って動作します。古いパラメータの値がポインタに格納されている値と等しい場合、新たなパラメータの値に一致するように更新されます。この操作は（atomic パッケージ内のすべての操作と同様に）アトミックであり、他の実行によって中断されることはありません。

[*1] 訳注：Go の sync/atomic パッケージには、CompareAndSwap() 関数はなく、特定の整数型に対応した関数があります。これ以降、説明では特定の関数ではなく、CompareAndSwap() が使われており、そのシグニチャは CompareAndSwap(oldValue, newValue) bool であるとして読んでください。

12.2 スピンロックでミューテックスを実装する

図12.4は、2つのシナリオで使われる`CompareAndSwap()`関数を示しています。図の左側では、変数の値は期待どおりに、古いパラメータの値と同じ値になっています。このような場合、値は新たなパラメータの値に更新され、関数は`true`を返します。一方、図の右側では、古いパラメータの値と等しくない値に対して関数を呼び出した場合を示しています。この場合、更新は適用されず、関数は`false`を返します。

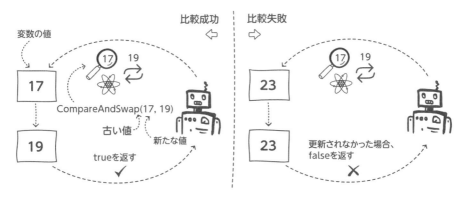

図12.4　2つのシナリオにおける`CompareAndSwap()`関数の動作

この2つのシナリオは、リスト12.8で実際に確認できます。同じ関数を同じパラメータで2回呼び出します。最初の呼び出しでは、変数に古いパラメータと同じ値を設定し、2回目の呼び出しでは、変数の値を異なる値に変更しています。

◎リスト12.8　`CompareAndSwap()`関数の適用

```go
package main

import (
    "fmt"
    "sync/atomic"
)

func main() {
    // ↓ CompareAndSwap() を行う変数を古いパラメータと同じ値に設定
    number := int32(17)
    // ↓ 変数の値を変更して、true が返される
    result := atomic.CompareAndSwapInt32(&number, 17, 19)
    fmt.Printf("17 <- swap(17,19): result %t, value: %d\n", result, number)
    // ↓ CompareAndSwap() を行う変数を古いパラメータとは異なる値に設定
    number = int32(23)
    // ↓ 比較して失敗し、変数の値は変更されず、false が返される
    result = atomic.CompareAndSwapInt32(&number, 17, 19)
    fmt.Printf("23 <- swap(17,19): result %t, value: %d\n", result, number)
}
```

リスト12.8を実行すると、最初の呼び出しは成功し、変数が更新されて`true`が返されます。変

数の値を変更した後、2回目の呼び出しは失敗し、`CompareAndSwap()` 関数は `false` を返し、変数は変更されません。次がその出力です。

```
$ go run atomiccompareandswap.go
17 <- swap(17,19): result true, value: 19
23 <- swap(17,19): result false, value: 23
```

`CompareAndSwap()` 関数の動作がわかったので、この関数が `Locker` インタフェースの実装にどのように役立つかを見てみましょう。

12.2.2　ミューテックスを構築

`CompareAndSwap()` 関数を使って、オペレーティングシステムに頼ることなく、完全にユーザー空間でミューテックスを実装できます。まず、ミューテックスがロックされているかを示すインジケータとしてアトミック変数を使います。次に、ミューテックスをロックする必要がある場合、`CompareAndSwap()` 関数を使ってインジケータの値を確認し、更新します。ミューテックスのロックを解除するために、アトミック変数に対して `StoreInt32()` 関数を呼び出せます。この概念を図 12.5 に示します。

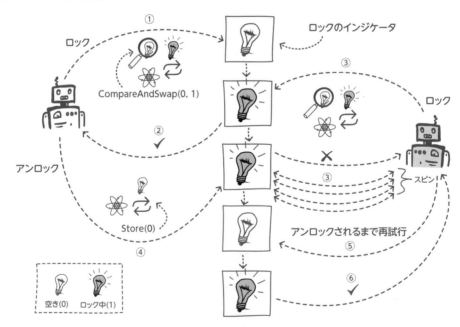

図 12.5　スピンロックを実装

インジケータが「空き」を示している場合、`CompareAndSwap(unlocked, locked)` は成功し、インジケータは「ロック中」に更新されます。インジケータが「ロック中」を示している場合、

12.2 スピンロックでミューテックスを実装する

CompareAndSwap(unlocked, locked) 操作は失敗し、false を返します。この時点で、インジケータの値が「空き」に変わるまで再試行を続けます。この種のミューテックスはスピンロックと呼ばれます。

> **定義** スピンロック（*spin lock*）は、繰り返しロックを獲得しようとするループに入る種類のロックです。

スピンロックのインジケータを実装するために、整数変数を利用できます。ロックが空いている場合の整数は 0、ロックされている場合は 1 となります。リスト 12.9 では、32 ビット整数をインジケータとして使っています。

リスト 12.9 では、Locker インタフェースを完全に実装するために、Lock() メソッドと Unlock() メソッドをどのように実装するかも示されています。Lock() メソッドでは、CompareAndSwap() 操作がループ内で呼び出され、成功してアトミック変数が 1 に更新されるまで繰り返します。これが、ロックのスピン部分です。スピンロックをロックするゴルーチンは、ロックが解放されるまでループを続けます。Unlock() メソッドでは、単純にアトミック StoreInt32() 関数を呼び出してインジケータの値を 0 に設定し、ロックが解放されたことを示します。

◎リスト 12.9　スピンロック実装

```go
package listing12_9

import (
    "runtime"
    "sync"
    "sync/atomic"
)

type SpinLock int32 // ← 値 0 はロックの空きを、1 はロックがロック中を示す

func (s *SpinLock) Lock() {
    // ↓ CompareAndSwap が成功して、1 に値が設定されるまでループ
    for !atomic.CompareAndSwapInt32((*int32)(s), 0, 1) {
        // ↓ Go スケジューラを呼び出して、他のゴルーチンに実行時間を譲渡
        runtime.Gosched()
    }
}

func (s *SpinLock) Unlock() {
    atomic.StoreInt32((*int32)(s), 0) // ← 整数値を 0 に更新して、ロックを空きにする
}

func NewSpinLock() sync.Locker {
    var lock SpinLock
    return &lock
}
```

今回のスピンロックの実装では、他のゴルーチンによってロックが使われていることをゴルーチン

が確認するたびに、Goスケジューラを呼び出しています。この呼び出しは厳密には必要ではありませんが、他のゴルーチンに実行の機会を与え、スピンロックを解放する可能性を高めます。専門用語では、ゴルーチンが実行を譲渡している（*yielding*）と言います。

リスト12.9には、スピンロックを作成する関数が含まれており、`Locker`インタフェースを返します。この実装をフライト予約プログラムで使えます。リスト12.10は、スピンロックを使って新たな空のフライトを作成する実装を示しています。

◎リスト12.10　スピンロックを使って新たなフライトを作成

```
package listing12_10

import (
    "github.com/cutajarj/ConcurrentProgrammingWithGo/chapter12/listing12.6"
    "github.com/cutajarj/ConcurrentProgrammingWithGo/chapter12/listing12.9"
)

func NewFlight(origin, dest string) *listing12_6.Flight {
    return &listing12_6.Flight{
        Origin:    origin,
        Dest:      dest,
        SeatsLeft: 200,
        Locker:    listing12_9.NewSpinLock(), // ← 新たなスピンロックを作成
    }
}
```

> **定義**　**資源競合**（*resource contention*）とは、（スレッド、プロセス、ゴルーチンといった）実行が、他の実行を待たせたり遅くしたりするような方法で資源を使うことを指します。

スピンロックを使ってミューテックスを実装する際の問題は、ゴルーチンがロックを長時間占有するといった資源競合が高い場合、他の実行はロックが解放されるまでスピンして待っている間、貴重なCPUサイクルを無駄にすることです。今回の実装では、別のゴルーチンが`Unlock()`を呼び出すまで、ゴルーチンはループから抜け出せなくなり、`CompareAndSwap()`を繰り返し実行します。このループでの待ちは、他のタスクを実行するために使える貴重なCPU時間を浪費します。

12.3　スピンロックの改良

ロックが利用できない場合、継続的にループする必要がないように、`Locker`実装をどのように改善すればよいでしょうか。今回の実装では、代わりに他のゴルーチンに実行する機会を提供するために、`runtime.Gosched()`を呼び出しました。これは実行の譲渡（*yielding*）として知られており、（Javaといった）他の言語では、この操作は`yield()`と呼ばれています[*2]。

実行の譲渡での問題は、ランタイム（またはオペレーティングシステム）が、現在の実行がロック

[*2] 訳注：Javaでは`Thread`クラスの`yield()`メソッドです。

の解放を待っていることを認識していないことです。ロックを待っている実行は、ロックが解放されるまでに何度も再開される可能性があり、貴重な CPU 時間が無駄になります。この問題に対処するために、オペレーティングシステムはフューテックスとして知られる概念を提供しています。

12.3.1 フューテックスによるロック

フューテックス（*futex*）は、*fast userspace mutex* の略です。しかし、この定義は誤解を招くもので、フューテックスはミューテックスとは異なるものです。フューテックスは、ユーザー空間からアクセス可能な基本の待ちキュー操作のことです。特定のアドレスの実行を一時停止したり再開したりする機能を提供します。フューテックスは、ミューテックス、セマフォ、条件変数といった効率的な並行処理の基本操作を実装する必要がある場合に便利です。

フューテックスを利用する際には、複数のシステムコールを使うことがあります。名前やパラメータはオペレーティングシステムごとに異なりますが、ほとんどのオペレーティングシステムは同様の機能を提供しています。ここでは簡単な例を示すために、`futex_wait(address, value)` と `futex_wakeup(address, count)` という 2 つのシステムコールがあると仮定します。

> **異なるオペレーティングシステムにおけるフューテックスの実装**
>
> **Linux** では、`syscall(SYS_futex, ...)` システムコールを使って、`futex_wait()` と `futex_wakeup()` の両方を実装できます。待機／起動させる機能については、それぞれ `FUTEX_WAIT` と `FUTEX_WAKE` のパラメータを使えます。
>
> **Windows** では、`futex_wait()` として、`WaitOnAddress()` システムコールを使えます。`futex_wakeup()` としては、`WakeByAddressSingle()` または `WakeByAddressAll()` を使って実装できます。

`futex_wait(addr, value)` を呼び出す際には、メモリアドレスと値を指定します。メモリアドレスで示されるメモリ内の値が指定されたパラメータ値と等しい場合、呼び出し元の実行は中断され、キューの最後に置かれます。キューには、同じアドレス値に対して `futex_wait()` を呼び出したすべての実行が保留されます。オペレーティングシステムは、各メモリアドレス値に対してそれぞれ別のキューをモデル化します。

`futex_wait(addr, value)` を呼び出し、メモリアドレスで示されるメモリ内の値がパラメータ値とは異なる場合、関数は即座に返り、実行が継続されます。これらの 2 つの結果は、図 12.6 に示されています。

`futex_wakeup(addr, count)` は、指定されたアドレスで待っている一時停止された実行（スレッドおよびプロセス）を再開します。オペレーティングシステムは、`count` の合計数分の実行を再開しますが、キューの先頭から再開する実行を選択します。`count` パラメータが 0 の場合、一時停止中のすべての実行が再開されます。

この 2 つの関数を使って、実行を一時停止する必要がある場合にのみカーネルに切り替わるユーザー空間ミューテックスを実装できます。これは、今回の実装でのロックを表すアトミック変数が

第12章 アトミック、スピンロック、フューテックス

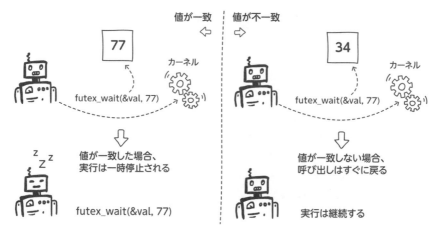

図 12.6　2つの異なる結果での `futex_wait()` 呼び出し

解放されていない場合です。ロックを表すアトミック変数が「ロック中」であると実行が確認したとき、現在の実行は `futex_wait()` を呼び出すことでスリープ状態になるという考え方です。カーネルが実行を引き継ぎ、実行をフューテックスの待ちキューの最後尾に配置します。ロックが再び利用可能になったら、`futex_wakeup()` を呼び出すことで、カーネルが待ちキューから1つの実行を再開し、実行はロックを獲得できるようになります。このシンプルなアルゴリズムは、リスト12.11に示されています。

> 注記　Goでは、フューテックスのシステムコールにアクセスできません。次のコードリストは、そのシステムコールにアクセスできたと想定したGoの疑似コードであり、ランタイムがフューテックスを使って効率的なロックライブラリを実装する方法を示しています。

◎リスト 12.11　フューテックスを使ったロックとアンロックの試み No.1（疑似 Go コード）

```go
package listing12_11

import "sync/atomic"

type FutexLock int32

func (f *FutexLock) Lock() {
    // ↓ アトミック変数が 0 であれば 1 に設定して、ロック中にするのを試みる
    for !atomic.CompareAndSwapInt32((*int32)(f), 0, 1) {
        // ↓ ロックが利用できなければ待つ。ただし、ロック変数の値が 1 の場合のみ
        futex_wait((*int32)(f), 1)
    }
}
```

12.3 スピンロックの改良

```
func (f *FutexLock) Unlock() {
    // ↓ アトミック変数を 0 に更新して、ロックを解放
    atomic.StoreInt32((*int32)(f), 0)
    futex_wakeup((*int32)(f), 1) // ← 実行を 1 つ起こす
}
```

`futex_wait()` に 1 を渡すことで、競合状態を避けられます。その競合状態とは、`CompareAndSwap()` を呼び出した直後にロックが解放され、`futex_wait()` を呼び出す前に状態が変わる場合です。このような場合、`futex_wait()` は 1 を期待していますが、0 であるため、すぐに戻り、ロックが解放されているかを再び確認します。

リスト 12.11 のミューテックスの実装は、スピンロックの実装を改良したものです。資源競合がある場合、CPU サイクルを無駄に浪費する不必要なループは行われません。その代わり、実行はフューテックスで待たされます。ロックが再び利用可能になるまで、キューに入れられます。

今回の資源競合が発生するシナリオでは効率的に動作するように実装しましたが、その逆のケースでは速度が低下しています。単一の実行時など資源競合が発生しない場合、`Unlock()` メソッドはスピンロック版よりも低速です。これは、他の実行がフューテックスで待っていない場合でも、常に `futex_wakeup()` で高コストなシステムコールを実行しているためです。

％システムコールは、現在の実行を中断し、コンテキストをオペレーティングシステムに切り替え、システムコールが完了すると再びユーザー空間に切り替えるため、コストが高くなります。理想的には、フューテックスで待機しているものが他にない場合、`futex_wakeup()` を呼び出さない方法を見つけたいところです。

12.3.2 システムコールの削減

ロックを表すアトミック変数の値についての意味を変更し、ロックを待っている実行があるかを示すようにすれば、ミューテックスの実装の性能をさらに向上できます。そこで、値 0 はロックされていない、値 1 はロックされている、値 2 はロックされていて実行が待っていることを意味するようにします。このようにすれば、値 2 の場合のみ `futex_wakeup()` を呼び出すことによって、競合がないときは時間を節約できます。

リスト 12.12 は、この新たな値の意味を使ったアンロックメソッドを示しています。リスト 12.12 では、ミューテックスをアンロックする際に、まずアトミック変数を 0 に更新し、その前の値が 2 であった場合、`futex_wakeup()` を呼び出して待機中の任意の実行を起こします。このようにして、必要なときだけシステムコールを実行します。

◎リスト 12.12　必要なときだけフューテックスで起こす

```
package listing12_12

import "sync/atomic"

type FutexLock int32
```

第12章 アトミック、スピンロック、フューテックス

```
func (f *FutexLock) Unlock() {
    // ↓ ロックを解放状態にして、古い値を得る
    oldValue := atomic.SwapInt32((*int32)(f), 0)
    if oldValue == 2 { // ← 古い値が 2 なら、実行が待っていることを意味する
        futex_wakeup((*int32)(f), 1) // ← 実行を 1 つ起こす
    }
}
```

Lock() メソッドを実装するためには、CompareAndSwap() 関数と Swap() 関数を組み合わせて使えます。図 12.7 にその考え方を示します。この例では、左側の実行ではまず通常の CompareAndSwap() 関数を実行し、アトミック変数をロック中とします。ロックを必要としなくなると、値 0 で Swap() 関数を呼び出してロックを解除します。Swap() 関数は 2 を返すため、futex_wakeup() を呼び出します。右側では、別の実行によりアトミック変数がすでにロックされていることが確認された後、2 の値へ入れ替えられます。そして Swap() 関数が 0 以外の値を返したため、futex_wait() が呼び出されます。このように、変数を「実行が待機中となっているロック状態（値 2）」とする一方で、その間にロックが解除されていないかを再確認します。この Swap() のステップは、ロックを獲得したことを示す 0 が返されるまで繰り返されます。

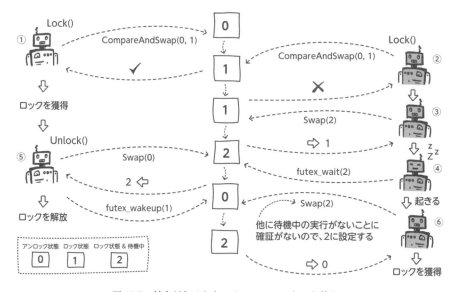

図 12.7 競合があるときのみフューテックスを使う

リスト 12.13 は、Lock() メソッドを示しています。このメソッドはまず、通常の CompareAndSwap() 関数を実行してロックの獲得を試みます。ロックが利用できない場合、このメソッドはロックの獲得を試みるループに入り、同時に、「実行が待機中となっているロック状態」とします。これは、Swap() 関数を使って行います。Swap() 関数が 0 以外の値を返した場合、Lock() メソッドは実行を一時停止するために futex_wait() を呼び出します。

◎リスト 12.13　ロック変数を実行が待機中のロック状態にする

```go
func (f *FutexLock) Lock() {
    // ↓ ロックの値が 0 なら 1 にスワップ。スワップが成功したら、後は何もしない
    if !atomic.CompareAndSwapInt32((*int32)(f), 0, 1) {
        // ↓ そうでなければロックの値を 2 にして、ロックの獲得を再び試みる
        for atomic.SwapInt32((*int32)(f), 2) != 0 {
            // ↓ ロックが獲得できなければ、ロックの値が 2 のときだけフューテックスで待つ
            futex_wait((*int32)(f), 2)
        }
    }
}
```

注記　実行が futex_wait() から復帰した後、変数は常に 2 に設定されます。これは、他の実行が待機しているかを知る方法がないためです。このため、安全策として 2 に設定しますが、ときどき不要な futex_wakeup() システムコールを行うコストが発生します。

12.3.3　Go のミューテックス実装

　効率的なミューテックスの実装方法がわかったので、Go のミューテックスの実装を調査し、その仕組みを理解することに価値があります。フューテックスに対して待ちを呼び出すと、オペレーティングシステムがカーネルレベルスレッドを一時停止します。Go はユーザーレベルスレッドモデルを使っているため、Go のミューテックスはフューテックスを直接使いません。これは、結果として、カーネルレベルのスレッドが一時停止される可能性があるためです。

　Go 言語でユーザーレベルスレッドを使うと、フューテックスを使う実装と同様のキューイングシステムをユーザー空間で完全に実装できます。オペレーティングシステムがカーネルレベルスレッドに対して行うのと同様に、Go のランタイムは、ゴルーチンをキューに入れます。つまり、ロックされたミューテックスを待つ必要があるたびにカーネルモードに切り替える必要がなくなるため、時間を節約できます。すでにロックされているミューテックスをゴルーチンが要求した場合、Go のランタイムは、そのゴルーチンを待ちキューに入れて、ミューテックスが利用可能になるまで待たせることができます。その後、ランタイムは別のゴルーチンを実行します。ミューテックスのロックが解除されると、ランタイムは待ちキューの先頭のゴルーチンを再開し、再びミューテックスを獲得するよう試させます。

　これらのすべてを行うために、Go 言語での sync.Mutex の実装はセマフォを使っています。このセマフォの実装は、ロックが利用できない場合にゴルーチンをキューに入れる役割を果たします。このセマフォは Go の内部実装の一部であり、直接アクセスできませんが、その仕組みを理解するために調べてみましょう。https://github.com/golang/go/blob/master/src/runtime/sema.go に、ソースコードはあります。

　今回実装したミューテックスと同様に、このセマフォの実装でも、利用可能な許可を格納するためにアトミック変数を使っています。まず、利用可能な許可を表すアトミック変数に対して、

CompareAndSwap() を実行して許可を 1 つ減らします。もし十分な許可がない場合（ロックされたミューテックスのような動作で）、ゴルーチンを内部キューに追加し、ゴルーチンの実行を一時停止させてキューに留めます。この時点で、Go のランタイムは実行キューから別のゴルーチンを選択し、カーネルモードに切り替えることなく実行できます。

　Go のセマフォ実装のコードは、Go のランタイムと連携させたり、多くのエッジケースに対処したりするための追加の機能があるため、理解するのが難しくなっています。セマフォの動作を理解するために、リスト 12.14 は、アトミック変数を使ってセマフォの獲得関数を実装している疑似コードとなっています。このリスト 12.14 は、Go のソースコードにおける semacquire1() 関数の中核の機能を示しています。

◎リスト 12.14　アトミック変数を使ったセマフォの獲得（疑似コード）

```
func semaphoreAcquire(permits *int32, queueAtTheBack bool) {
    for {
        v := atomic.LoadInt32(permits)   // ← アトミック変数の値を読み込む
        // ↓ アトミック変数の値が 0 でなければ、値をアトミックに 1 つ減らすのを試みる
        if v != 0 && atomic.CompareAndSwapInt32(permits, v, v-1) {
            break  // ← セマフォを獲得していたら抜ける
        }
        // 許可数を表すアトミック変数が 0 の場合にだけ、
        // キュー関数はゴルーチンをキューに入れて留める
        if v == 0 {
            if queueAtTheBack {                                  // ← ゴルーチンを
                queueAndSuspendGoroutineAtTheEnd(permits)  //    一時停止して、
            } else {                                             //    キューの最後
                queueAndSuspendGoroutineInFront(permits)   //    か先頭に入れる
            }
        }
    }
}
```

　さらに、このセマフォ実装には、ゴルーチンをキューの後ろではなく先頭に配置することで優先順位を付ける機能があります。これは、許可を示す数になった際に最初に選ばれるように、ゴルーチンに高い優先順位を与えたい場合に利用できます。これが、完全な sync.Mutex の実装で役立つことを説明します。

　sync.Mutex はセマフォのラッパーとして機能し、さらに性能向上を目的として、その上に洗練されたもう 1 つのレベルを追加しています。通常のスピンロックと同様に、Go のミューテックスはまず、アトミック変数に対して単純な CompareAndSwap() を実行することでロックを獲得しようと試みます。失敗した場合、アンロックが呼び出されるまでセマフォに切り替えて、ゴルーチンをスリープ状態にします。このように、内部セマフォを使って、これまでの項で説明したフューテックスの機能を実装しています。この概念は、図 12.8 に示されています。

　これがすべてではありません。sync.Mutex にはさらに複雑な要素があり、通常モード（*normal mode*）とスターベーションモード（*starvation mode*）という 2 つの動作モードがあります。通常モードでは、ミューテックスがロックされると、ゴルーチンは通常どおりセマフォキューの最後尾に

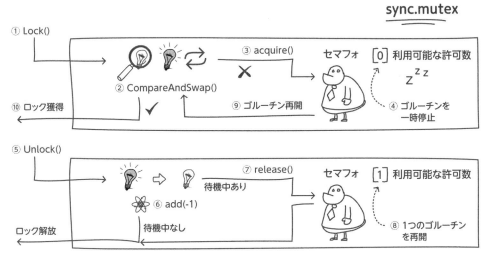

図 12.8 Go のミューテックスの内部

キューイングされます。Go のランタイムは、ロックが解放されると、このキューの先頭で待機中の
ゴルーチンを再開させます。

通常モードで実行されているミューテックスには問題があります。待機中のゴルーチンは、再開さ
れるとき、新たに到着したゴルーチンと競合しなければなりません。それらは、Lock() メソッドを
呼び出したばかりで、まだ待ちキューに入れられていないゴルーチンです。新たに到着したゴルーチ
ンは、再開されるゴルーチンよりも有利です。新たに到着したゴルーチンは、すでに実行中であるた
め、キューから取り出されて再開されるゴルーチンよりもロックを獲得できる可能性が高くなります。
このため、待ちキューの先頭のゴルーチンが再開される試みが無駄になる状況が生じることがあ
ります。これは、そのゴルーチンが CompareAndSwap() を実行する前に、新たに到着したゴルー
チンによってすでにミューテックスが獲得されていることが判明するからです。これは何度も発生す
る可能性があり、ミューテックスがスターベーション状態になりやすくなります。新たに到着したゴ
ルーチンがロックを獲得している間、ゴルーチンはキューに留まり続けます（図 12.9 参照）。

sync.Mutex の実装では、再開されるゴルーチンがミューテックスの獲得に失敗した場合、同じ
ゴルーチンが再び一時停止されます。しかし、今回はキューの先頭に置かれます。これにより、次に
ミューテックスがアンロックされた際に、そのゴルーチンが最初に選ばれることが保証されます。こ
れがしばらく繰り返され、一定期間（1 ミリ秒に設定）が経過してもゴルーチンがロックを獲得でき
ない場合、ミューテックスはスターベーションモードに切り替わります。

ミューテックスがスターベーションモードにある場合、ミューテックスはさらに公平に動作しま
す。ミューテックスがアンロックされるとすぐに、待ちキューの先頭のゴルーチンにミューテックス
が渡されます。新たに到着したゴルーチンはミューテックスの獲得を試みることなく、代わりに待ち
キューの末尾に直接移動し、順番が回ってくるまで一時停止になります。待ちキューが空になるか、
待ちキューのゴルーチンがロックの獲得に 1 ミリ秒未満しかかからなくなると、ミューテックスは通

第 12 章　アトミック、スピンロック、フューテックス

図 12.9　新たに到着したゴルーチンは、待機中のゴルーチンよりも有利です

常モードに戻ります。

　　注記　https://go.dev/src/sync/mutex.go が、Go のミューテックスのソースコードです。

　2 つのモードによる複雑な機能の目的は、ゴルーチンによるスターベーション状態を避けながら性能を向上させることです。通常モードでは、競合が少ない場合、ゴルーチンはキューで待つことなく素早くミューテックスを獲得できるため、ミューテックスは効率的です。競合が多く、スターベーションモードに切り替わると、ミューテックスはゴルーチンが待ちキューに留まり続けないことを保証します。

12.4　練習問題

　　注記　https://github.com/cutajarj/ConcurrentProgrammingWithGo に、すべての解答コードがあります。

1. リスト 12.9 では、整数値を使ってスピンロックを実装しました。この実装を変更して、Go の sync/atomic パッケージにあるアトミックな Bool 型を使うようにしてください。リスト 12.9 と同様に、その実装は、sync.Locker にある Lock() メソッドと Unlock() メソッドを提供する必要があります。
2. Go のミューテックス実装には、TryLock() メソッドも含まれています。この追加の TryLock() メソッドを含めるために、練習問題 1 のアトミックなブーリアンによるスピ

ンロックの実装を使ってください。TryLock() メソッドは、ミューテックスの獲得を試み、ミューテックスが獲得できた場合はすぐに true を返し、そうでなければ false を返します。次がメソッドの完全なシグニチャです。

```
func (s *SpinLock) TryLock() bool
```

3. アトミック変数はスピンセマフォを実装するためにも使えます。指定された許可数によって初期化できるセマフォの実装を作成してください。セマフォは、次のメソッドシグニチャを実装するためにアトミック変数を使えます。

```
func (s *SpinSemaphore) Acquire()
```

Acquire() メソッドは利用可能な許可の数を1つ減らします。利用可能な許可数がない場合、利用可能になるまでアトミック変数でスピンします。

```
func (s *SpinSemaphore) Release()
```

Release() メソッドは、利用可能な許可数を1つ増やします。

```
func NewSpinSemaphore(permits int32) *SpinSemaphore
```

NewSpinSemaphore() 関数は、指定された数の許可を持つ新たなセマフォを作成します。

まとめ

- アトミック変数は、整数のアトミックな加算など、さまざまなデータ型に対してアトミックな更新を行う機能を提供します。
- アトミックな操作は他の実行によって中断されません。
- 複数のゴルーチンが同時に変数の更新と読み込みを行うアプリケーションでは、競合状態を避けるために、ミューテックスの代わりにアトミック変数を使えます。
- アトミック変数の更新は、通常の変数の更新よりも遅いです。
- アトミック変数は一度に1つの変数に対してのみ動作します。複数の変数に対する更新をまとめて保護する必要がある場合、ミューテックスやその他の同期ツールを使う必要があります。
- CompareAndSwap() 関数は、アトミック変数の値が指定された値であるかの確認と、指定された値であれば、変数を別の値へ更新することをアトミックに行います。
- CompareAndSwap() 関数は、スワップが成功した場合にのみ true を返します。
- スピンロックは、ユーザー空間内のみで実装されたミューテックスです。
- スピンロックは、資源がロックされているかを示すフラグを使います。
- フラグがすでに他の実行によってロックされている場合、スピンロックは CompareAndSwap() を繰り返し使って、フラグがロックされていないかを確認しようとします。フラグがロック解放を示すと、その後、再びロック中を示す値に設定できます。
- 競合が激しく発生する場合、スピンロックはロックが利用可能になるまでループを繰り返すため、CPU サイクルを浪費します。
- スピンロックを実装するためにアトミック変数で無限にループする代わりに、フューテックスを使って、ロックが利用可能になるまで実行を一時停止しキューで待たせるようにでき

ます。
- アトミック変数とフューテックスを使ってミューテックスを実装するには、アトミック変数に、解放状態、ロック状態、「実行が待機中となっているロック状態」の 3 つの状態を保持させられます。
- Go のミューテックスは、ロックの獲得を待っているゴルーチンを一時停止させるために、ユーザー空間でキューイングシステムを実装しています。
- sync パッケージのミューテックスは、実行の許可を獲得できない場合にゴルーチンをキューに入れ、一時停止させるセマフォ実装を内包しています。
- Go でのミューテックスの実装では、新たに到着したゴルーチンがキューに入っているゴルーチンによるロックの獲得を妨げる状況が発生します。この場合、通常モードからスターベーションモードに切り替わります。

訳者あとがき

訳者の経験

　私が初めて「モニター」（本書 98 ページ参照）に触れたのは、1988 年に Mesa 言語を学んだときでした。しかし、その当時、モニターを意識することはほとんどありませんでした。これは、Xerox 社の Star ワークステーションのコードを移植するプロジェクトで Mesa 言語を 2 年間使っていたものの、自分で一から何かを書く機会がなかったためだと思います。その結果、モニターについての記憶はあまり残っていません。なお、Mesa 言語にはチャネルに相当する機能はなく、CSP の概念に触れたのは Go 言語を学び始めてからです。

　本書は、並行プログラミングに不可欠なさまざまな基本操作を解説しています。そのため、これらをすでに熟知している開発者にとっては、新鮮さを感じない部分もあるかもしれません。実際、私にとって新しかったのは、Go 言語の標準ライブラリで提供されていないバリアとフューテックスの 2 つだけでした。しかし、本書は基本的な操作を丁寧に説明し、その実装例まで示しているため、理解を深めるのに大いに役立ちます。

　私がミューテックスと条件変数を初めて使ってプログラミングを行ったのは、1993 年 5 月に米国駐在を終えて日本に帰国してからです。当時、CPU に SPARC、オペレーティングシステムに Solaris 2.3 を採用した *Fuji Xerox DocuStation 200* の開発が始まりました。その 2 年半にわたる開発期間中、Sun Microsystems 社[3]が提供する独自のスレッドライブラリ[4]を用いて、ミューテックスと条件変数を活用したプログラミングを行っていました。

　しかし、Sun Microsystems 社のライブラリで提供されるミューテックスは再入可能（*re-entrant*）ではありませんでした。そのため、同じスレッドが再び同じミューテックスを獲得しようとしてデッドロックに陥ることが多く、デバッグに相当な苦労を強いられました。その後、1996 年からは個人的に Java の学習を始め、モニターと条件変数をカプセル化した再入可能な同期機構に強く惹かれるようになりました。

　2000 年、富士ゼロックス社[5]のデジタル複合機向けコントローラソフトウェアのために、Java の影響を強く受けた C++ 用のスレッドライブラリを設計しました[6]。このライブラリでは、再入可能

---

[3] 2009 年に Oracle 社に買収されています。
[4] 当時は、POSIX スレッド（本書 27 ページ参照）はまだ存在していませんでした。
[5] 現在は、富士フイルムビジネスイノベーション社です。
[6] このライブラリには、独自のメモリ管理、スレッド生成機構、Java と同様のスレッド間同期機構、スレッドセーフな各種コレクションライブラリが含まれていました。

訳者あとがき

な同期機構を開発し、さらに書き込み優先リーダーライター（本書 106 ページ参照）も設計して組み込みました。

2003 年から、この C++ ライブラリを用いた新たなコントローラソフトウェアの開発に従事しました。しかし、この開発では、再入可能な同期機構が原因で予期せぬ多くの問題に直面しました。これらの問題は、再入可能ではないライブラリを使っていたときには想像もできなかったものです。再入可能性の有無による違いについては、『Effective Java 第 3 版』[7] で次のように述べられています。

> プログラミング言語 Java のロックは再入可能（reentrant）なので、そのような呼び出しはデッドロックしません。（途中省略...）再入可能ロックは、マルチスレッドのオブジェクト指向プログラムの作成を単純化しますが、活性エラーを安全性エラーに変える可能性があります。
>
> Joshua Bloch 著、『Effective Java 第 3 版』(p.319)

2010 年の夏に Go 言語を学び始め、CSP（Communicating Sequential Processes）という言葉とその概念を知りました。その後、2013 年 5 月から約 2 年間、Go 言語を用いてデジタル複合機のコントローラソフトウェアの開発を主導しました。このプロジェクトでは、再び再入可能ではない Go の `sync.Mutex` を使うことになりました。

しかし、これまでの開発と大きく異なっていたのは、Go 言語がチャネルを提供している点です。つまり、「第 1 部 並行プログラミングの基礎」で述べられている機能に加え、「第 2 部 メッセージパッシング」で説明されている機能も利用できたことが、私の開発経験において大きな変化でした。

Go のミューテックスが再入可能ではないことについては、『プログラミング言語 Go』[8] に次のように説明されています。

> Go のミューテックスが再入可能ではないことには正当な理由があります。ミューテックスの目的は、共有された変数のある種の不変式がプログラム実行中の重要な時点で維持されているのを保証することです。不変式の一つは、「共有された変数へアクセスするゴルーチンが存在しない」ですが、ミューテックスが保護しているデータ構造に特有の追加の不変式が存在するかもしれません。一つのゴルーチンがミューテックスロックを獲得したときには、そのゴルーチンは不変式が維持されていると想定するでしょう。ロックを保持している間に共有された変数が更新され、一時的に不変式が破られるかもしれません。しかし、ロックを解放するときには、秩序が回復されて不変式が再び維持されていることを保証しなければなりません。再入可能なミューテックスは他のゴルーチンが共有された変数へアクセスしていないことを保証するでしょうが、それらの変数の追加の不変式を保護することはできません。
>
> Alan Donovan、Brian Kernighan 著、『プログラミング言語 Go』(p.306)

『Effective Java 第 3 版』と『プログラミング言語 Go』からの上記の引用部分は、再入可能な

---

[7] Joshua Bloch 著、柴田芳樹 訳、『Effective Java 第 3 版』（丸善出版、2018 年 10 月）

[8] Alan Donovan、Brian Kernighan 著、柴田芳樹 訳、『プログラミング言語 Go』（丸善出版、2016 年 6 月）

ミューテックスと再入可能ではないミューテックスに関する同じ課題を解説しています。しかし、その内容を正しく理解するのはとても困難です。おそらく Go 言語で長年開発をしてきたソフトウェアエンジニアでも、上記の『プログラミング言語 Go』の説明を理解できる人は少ないでしょう。なぜなら、両方の種類のミューテックスを実際に使った開発経験が必要となるからです。私がこれらの書籍を教材として技術教育を行った際、受講生からは必ずと言っていいほど、引用部分が理解できないという質問が寄せられました。そのため、問題点を視覚的に伝えるために、図を描いて説明することが多くありました。

本書について

「第 1 部 並行プログラミングの基礎」では、Go 言語に限定せず、並行プログラミングについての多くの基礎的な事柄が説明されています。したがって、他のプログラミング言語での開発においても役立つ知識となるでしょう。実際、私自身も Go 言語を学ぶまでは、この第 1 部で紹介される技法だけで長年プログラミングを行ってきました。

「第 2 部 メッセージパッシング」では、Go 言語が提供するチャネルを中心に解説しています。そのため、内容の多くは Go 言語に特化しており、Go でプログラミングを行う開発者にとって必須の知識となります。

「第 3 部 並行処理のさらなるトピック」は高度なトピックを扱っていますが、開発者として知っておくべき重要な領域です。

各章の末尾には、内容の理解をさらに深めるための練習問題があります。本書のコードリポジトリには解答例が含まれていますが、まずはご自身で問題を解き、その後に解答例と比較されることをお勧めします。

本書が他の書籍と異なる点は、並行プログラミングの基礎的な事柄を網羅的に解説していることです。さらに内容を補完し、理解を深めるために、以下の書籍をお読みいただくことをお勧めします。

- 『プログラミング言語 Go』の「第 8 章 ゴルーチンとチャネル」と「第 9 章 共有された変数による並行性」
- 『Go 言語 100Tips』[*9]の「第 8 章 並行処理：基本編」と「第 9 章 並行処理：実践編」

残念ながら、本書ではメモリモデルについての説明がありません。並行プログラミングにおいては、本書で解説されている基本操作に加え、使っている言語のメモリモデルを理解することも重要です。しかし、Go 言語も Java 言語も、そのメモリモデルの仕様[*10]はわかりやすく記述されているわけではありません。通常、本書の説明に従っていればメモリモデルの詳細を読む必要はほとんどありませんが、機会があればぜひ読んでみてください。

私は並行プログラミングを 30 年以上行ってきました。そして、2017 年 9 月からは Go 言語を用い

[*9] Teiva Harsanyi 著、柴田芳樹 訳、『Go 言語 100Tips』（インプレス、2023 年 8 月）

[*10] Go 言語は、「The Go Memory Model」(https://go.dev/ref/mem) です。Java 言語であれば、『プログラミング言語 Java 第 4 版』（Ken Arnold、James Gosling、David Holmes 著、柴田芳樹 訳、東京電機大学出版局、2014 年 5 月）の 14.10 節「メモリモデル：同期と volatile」を読んでみてください。

訳者あとがき

たウェブサービスのバックエンド開発に従事しており、これまでの経験と知識が大いに役立っています。この翻訳本が、多くのソフトウェアエンジニアのみなさんにとって、日々のGo言語によるソフトウェア開発を支える並行プログラミングの知識を身に付けるのに役立てば幸いです。

謝辞

　翻訳原稿全文をレビューし、誤植の指摘や、日本語および技術的な内容に関して多くの助言をくださった、加藤洋平、清水陽一郎、妹尾一弘、堂阪真司、松村亮治、大月宇美、石橋克隆の各氏に深く感謝します。これらの人々の協力・助言にもかかわらず、翻訳のすべての誤りや足りない点は、私が責任を負うものです。

　（株）インプレスの石橋克隆氏には、翻訳の機会を与えてくださったことに感謝します。

　最後に、翻訳作業を支えてくれて、根気よく校正を手伝ってくれた私の妻、恵美子に感謝します。

柴田 芳樹
2024年11月

索引

■ A
Actor モデル, 196
Add(), 126, 140
Akka, 195–196
API, 27, 79

■ B
Broadcast(), 95, 98, 101–104,
　　113, 116, 128, 132, 213, 273

■ C
case 文, 169, 181
Channel 構造体, 158
clone(), 27
close(), 164, 173, 197, 214
communicating sequential
　　processes（CSP）, 9–10,
　　143, 170, 193–196, 217, 218,
　　221
CompareAndSwap(), 294–298,
　　301–305, 307
core.async, 195
CPU, 5–7, 15–19, 21, 37–40, 44, 61,
　　70, 94, 137, 285, 298, 301,
　　307
CreateProcess(), 21–22
CreateThread(), 27
CSP プロセス, 14
curl, 23, 241, 243

■ D
Dijkstra、Edsger, 113, 269

■ E
Erlang, 9, 195–196
Exec(), 22

■ F
fork(), 21–22
ForkExec(), 22
futex_wait(), 299–303
futex_wakeup(), 299–301, 303

■ G
globalLock, 86–88

Go, 4, 10, 14, 34, 61, 242
　　CSP, 9–10, 195–196, 221
　　GitHub, 163
　　Go と CSP, 217, 218
　　Go のスライス, 52, 157, 185
　　os.ReadDir(), 234
　　RWMutex, 106
　　select 文, 167, 170
　　sync.Mutex, 294, 304
　　WaitGroup, 118
　　アトミック操作, 286
　　一般的なパターン, 196
　　ウェイトグループ, 117, 121, 123,
　　　　126, 140
　　競合検出器, 64–66
　　構造体, 131
　　ゴルーチン, 9, 27, 29, 32–34
　　　　ハイブリッドスレッディング,
　　　　　　35
　　　　ロック, 37
　　ゴルーチンとバリア, 139
　　ゴルーチンの再開, 305
　　コンテキストスイッチ, 37
　　コンパイラ, 48
　　ジェネリクス, 158, 247
　　実行の終了, 27, 30
　　条件変数, 95–96
　　　　実装, 95
　　スケジューラ, 37–39, 61–62
　　スライス, 54, 79
　　スレッド, 44
　　スレッドとバリア, 139
　　セマフォ, 112
　　　　実装, 304
　　チャネル, 151, 162, 164, 168, 193,
　　　　239, 255
　　　　nil 値, 179
　　　　クローズする, 152, 155
　　　　実装, 163
　　チャネルをクローズ, 197
　　抽象化, 9
　　通信, 193
　　ツール, 10
　　デッドロック, 283
　　デッドロック検出, 179, 265–268,

　　　　283
　　デッドロックを防ぐ, 274
　　同期, 164
　　ドキュメント, 62, 106
　　ノンブロッキング操作, 170
　　ハイブリッドシステム, 34
　　バリア, 117, 130
　　　　実装, 130
　　ヒープとスタック, 49
　　標準ライブラリのミューテックス
　　　　の実装, 285
　　フューテックス, 300
　　プロセス, 22
　　プロセスを終了, 38, 54, 105
　　ブロッキング, 36
　　ベンチマークツール, 288
　　ミューテックス, 68, 71, 76, 78,
　　　　303–306
　　　　実装, 303, 306–308
　　メッセージパッシング, 144
　　モニターパターン, 98
　　ランタイム, 35, 41, 49, 61, 100,
　　　　137, 146, 267
　　ランタイムエラー, 147
　　ロック, 82
　　ワーカープール, 241, 253
go 予約語, 48, 50, 53
Gosched(), 37–38, 61–63, 100,
　　297–298
Go スケジューラ, 66, 298

■ H
HTTP, 144, 239–241, 243
　　HTTP ウェブサーバー, 238–240,
　　　　243
　　HTTP リクエスト, 239–241
HTTP ウェブサーバー, 239

■ I
I/O, 5, 6, 14, 17, 19, 26, 36, 40, 61,
　　170
IEEE, 27

■ J
Java, 27, 34, 98, 196, 298
JSON, 80

索引

L
`Lock()`, 68–70, 72–76, 82–84, 90, 92–97, 99, 101, 103, 106, 108–110, 113, 120, 127–129, 160–162, 256, 257, 262, 265, 272–276, 282, 293–294, 297, 300, 302, 306

M
`main()`, 35, 37–38, 47–49, 52–53, 58, 69–70, 72, 75, 80, 81, 83, 89, 93, 95, 98–102, 105, 106, 110, 114–115, 119–123, 125, 133, 136–138, 145–147, 150–151, 153–157, 164, 169, 171, 174, 176, 178–179, 182, 185–186, 188–190, 198–206, 208–210, 214, 216, 219, 221, 231–234, 236–237, 239, 242–243, 246, 247, 252, 256–257, 263, 265–267, 273, 279, 287–288, 291, 295
McIlroy、Douglas, 217
MySQL, 267

N
Newsqueak, 170

O
Occam, 9, 195

P
POSIX, 27
pthreads, 27
Python, 27

R
`readersLock`, 86–88
`ReadLock()`, 85, 105, 108
`ReadUnlock()`, 85, 88, 105
`regexp` パッケージ, 203–204, 240
`Release()`, 113–115, 121, 123, 159–162, 307
`return` 文, 173
RFC, 52
`runtime` パッケージ, 163
`runtime.LockOSThread()`, 37
`runtime.UnlockOSThread()`, 37
RWMutex, 82, 106

S
Scala, 195–196
`select` 文, 154, 167–171, 173, 175–183, 188, 191, 197–198, 201, 203, 242, 281–283
Semi-Automatic Ground Environment (SAGE), 18
`Signal()`, 95–99, 101, 113, 116
`Sleep()`, 118, 120, 267

SRC モデル, 194
`StartProcess()`, 22
Strassen、Volker, 134
`sync` パッケージ, 68, 85, 112, 118, 123, 308
`sync.Cond`, 95–97, 99, 101, 103, 108, 112, 127, 132, 272
`sync.Mutex`, 304–305
`sync.RWMutex`, 82–84
`syscall` パッケージ, 22

T
TCP, 243
`time.Sleep()`, 40, 98, 132, 149
`TryLock()`, 76–77, 82, 89, 90, 139, 306

U
UNIX, 16, 21–23, 27, 170
`Unlock()`, 68–70, 77, 79–80, 82–84, 87–88, 92–97, 99, 101, 103, 108–110, 113, 120, 127–129, 132, 160–162, 256, 262, 265, 272–276, 282, 293–294, 297, 301–302, 306

W
`Wait()`, 95, 97–104, 108, 109, 112–113, 116, 118–123, 126–127, 129–133, 136–138, 140, 150, 207, 232, 238, 266–267, 272, 287, 291
`WaitGrp`, 122, 127–129
`WaitOnAddress()`, 299
`WakeByAddressAll()`, 299
`WakeByAddressSingle()`, 299
Windows, 21–23, 27, 299
`writeEvery()`, 169
`WriteLock()`, 85, 87, 105–106, 108
`WriteUnlock()`, 85, 88, 110

あ
アトミック, 60, 71, 95, 129, 285–291, 294–297, 306–308
　　`atomic` パッケージ, 286, 294
　　アトミック操作, 60, 259, 286–292
　　アトミックな更新, 289, 292
　　定義, 60
アムダールの法則, 11–12, 14, 71, 75
アルゴリズム, 10, 134–135, 152, 187, 217, 225, 229, 238, 267–270, 300
　　行列乗算アルゴリズム, 117, 134
　　銀河系アルゴリズム, 134
　　銀行家のアルゴリズム, 269–271, 274
　　グラフ循環検出アルゴリズム, 283
　　検出アルゴリズム, 268
　　コンパイラのアルゴリズム, 49

スケジューリングアルゴリズム, 17
デッドロック回避アルゴリズム, 274
パイプラインアルゴリズム, 217, 248
イールド, 37, 61–63, 298
インライン展開, 50
ウェイトグループ, 10, 55, 58, 117–130, 149–150, 156, 207, 231, 236–238, 251, 265–267, 287–288, 291
ウェブサーバー, 26, 27, 78
エスケープ分析, 48–49
エラトステネスのふるい, 217
オーストリッチメソッド, 265
オペレーティングシステム, 4, 8, 15–27, 29, 32–40, 44, 61–63, 70–71, 100, 170, 194, 274, 285, 296, 298–301, 303

か
カーネル, 299
カーネルモード, 304
書き込み優先, 91, 106–107, 110, 116
仮想スレッド, 34
ガベージコレクション, 49
環境変数
　　GOMAXPROCS, 35
監視, 18, 77, 170
環状の資源, 259
疑似並列実行, 40
基本操作, 9–10, 157, 183, 193, 285, 299
キャッシュ, 18, 34, 44–46
　　CPU, 46
　　一貫性, 289
　　コヒーレンシー, 46
　　層, 45
　　プロセッサ, 45, 61, 289
　　ライトスルー, 45
　　ライトバック, 46
キャッシュ・コヒーレンシー・プロトコル, 46
キュー, 17, 35–37, 157–160, 165, 238–241, 243, 251, 299–300, 304–308
　　共有キュー, 157
　　待ちキュー, 17, 300, 303, 305, 306
　　レディキュー, 17
競合検出器, 65
競合状態, 4, 9, 43, 54–66, 70–71, 193–196, 255, 293
　　防ぐ, 66–67, 70, 73, 78, 81, 103, 144, 160–162, 193–195, 209, 261, 285, 288, 291, 301
共有状態, 81, 94, 95
共有データ構造, 43, 79, 83, 139, 157, 228

314

共有変数, 25, 46–48, 50, 60, 62, 70, 72, 89, 102, 156, 285–287
共有メモリ, 26, 43, 60, 185
行列の乗算, 39, 134–135, 228
許可, 111–116, 121, 126, 140, 159–163, 303–305
グスタフソンの法則, 12–14
クライアントハンドラ, 28, 80, 84
クラウドコンピューティング, 6
クリティカルセクション, 60, 62, 64, 65, 73, 76, 78, 81, 84, 86–90, 96, 104, 106, 183, 285
　ミューテックスによる保護, 67
グローバルインタプリタロック, 27
グローバル実行キュー（GRQ）, 36
コア, 26, 34–35, 84
　CPU コア, 5
　シングルコア, 18, 84
　デュアルコアプロセッサ, 18
　並列処理コア, 14
　マルチコア, 18, 84, 140, 156
　マルチコア技術, 6
　マルチコアシステム, 19
　マルチコアプロセッサ, 6
コピー・オン・ライト, 22
コヒーレンシーの壁, 46
コマンドライン, 23, 40
ゴルーチン, 40, 41, 67, 79, 81, 82, 84–86, 93, 104, 145, 148–149, 167, 172, 179–182, 185–186, 197–203, 206–211, 218–221, 231–233, 236–241, 243, 246–248, 250–253, 256–258, 278–281, 287, 289, 298, 303–308
　CSP, 195
　`downloadPages()`, 205–207
　`doWork()`, 114, 119
　`extractWords()`, 206
　`frequentWords()`, 211
　`generateUrls()`, 205–206
　`longestWords()`, 208–211, 213
　LRQ, 36
　`main()`, 76–78, 100, 105, 106, 115, 120, 121, 133, 136–140, 145–146, 150, 155, 164, 169, 178–179, 182, 198, 219, 234, 236, 239–242, 251, 256, 266–267, 279
　`mostFrequentWords()`, 213, 214
　`primeMultipleFilter()`, 219
　`receiver()`, 144
　Take(n), 214–216
　アトミック, 289–291
　一時停止した, 116, 121, 127–129, 131–132, 163, 305, 308
　一時停止する

セマフォで, 163
ウェイトグループ, 140, 287–288
売上と経費ゴルーチン, 180
カーネル空間, 34, 37, 41
開始する, 81
解放, 109
基礎, 9
キュー, 36
競合状態, 62–64, 67
　防ぐ, 285
共有資源, 85
クライアントハンドラ, 80–84
クリティカルセクション, 67, 81
子, 31, 40, 100, 164
試合記録, 79–81
シグナル, 96–100
資源共有, 63–66, 70
受信側, 146–150, 153, 157, 159–163, 181
ジョインゴルーチン, 236, 238
条件変数, 91
スケジューリング, 37–39
スターベーション, 306
スリープ, 93–94, 304
生成, 29, 31, 76
説明, 29
セマフォ, 110–115
送信側, 146–149, 159–160, 163
双方向, 151
素数フィルタリング, 218
タイムアウト, 175
ダウンロードゴルーチン, 206
単一のプロセッサ, 61
チャネル, 193
チャネルを使う, 9
通知
　失う, 98
停止させる, 172–173
デッドロック, 255–268, 272–274, 277, 279–282
　再開, 272–273
　循環した待ち, 279, 283
　防ぐ, 271, 274–277
と逐次プログラミング, 55
入力チャネルと出力チャネル, 206
パイプライン, 199–204, 208, 218, 220
パスワード発見, 173–175
パターンを再利用, 196
バリア, 129–133, 136–140
ファイルハッシュ, 234
ファイルハンドラ, 278–279
ファンインパターン, 206
フォークされたゴルーチン, 236–238
複数, 50, 53–54, 57–58, 61, 66, 205, 206, 211
ブロードキャスト, 211, 213
待っている, 101

ミューテックス, 71
問題, 61
複数チャネル, 167
　読み込み, 167
プレーヤーのハンドラ, 102
ブロッキング, 76
並行, 84, 157, 165
並行処理, 9, 14, 22, 30, 43
待たされた ゴルーチン, 159
待たせる, 82, 158, 161
待っている, 100–104, 117
ミューテックス, 67–70, 303
　クリティカルセクション, 78
　ロックする, 68–69
ミューテックスロック
　獲得, 128
無限ループ, 105
無名, 157, 168, 178
メッセージパッシング, 143–144, 185, 187–190
メモリ共有, 47–48
メモリ空間, 48
モニター, 76
ユーザー空間, 33
譲る, 61
ライター, 87–90, 104–106, 108
リーダー, 85–90, 104
ロック, 76, 84, 87–89
ロックフリーの同期, 285
ワーカーゴルーチン, 239
ワーカープール, 240–243
ワークスティーリング, 37, 41
コンテキストスイッチ, 18, 33–34, 60–61
コンパイラ, 49–50, 61, 63–64, 70, 289
コンピュータグラフィックス, 134

■ さ
先入れ先出し, 157
シグナル, 91, 94, 96–101, 113–116
資源競合, 298
資源割り当てグラフ, 257–258, 260, 264, 267–268, 283
システムコール, 21–22, 27, 37, 170, 285, 299, 301–303
システムのレイテンシ, 250
実行, 68, 70–72, 75, 76, 110, 152, 214, 229, 260, 262, 299–301
　CSP, 195
　イールド, 61, 298
　一時停止, 7, 17
　一時停止した実行, 131, 140, 299
　一時停止したり再開したり, 299
　一時停止する, 69, 85, 94–96, 101, 106, 121, 131, 133, 140, 207, 270–273, 299, 302–304
　エラー, 268
　起こす, 301–303
　遅くなる, 59
　キューイング, 308

索引

境界, 184–185
切り替え, 34
コピー, 21
再開, 62, 103, 116, 130–131
資源, 269–270, 274, 277, 283
終了, 197–198
順番, 32
状態, 16, 191
スターベーション, 106, 116
スリープ, 30
スレッド, 24, 26, 27, 32–34, 43, 67, 194–195, 242
多重化する, 170
単位, 18–19
　アクター, 196
逐次, 71, 90, 204
中断, 60–63, 294, 301
停止させる, 173, 221, 255
パイプライン, 199, 204
ブロッキング, 73, 85
並行, 3, 5, 9, 14, 30, 56, 64, 66, 90, 110, 116, 157, 161, 164, 183, 184, 187–188, 194, 209, 228–229, 255, 257, 264, 274
並列, 39, 227, 229, 235, 289
待たせる, 55, 157, 179, 191
待ちの解除, 91
待っている, 98, 301
ミューテックスを保持する, 112
メインスレッド, 19, 30
メッセージパッシング, 185
メモリ, 24
ロックする, 307
受信側, 157–164, 181
出力チャネル, 236
条件変数, 9, 10, 55, 89, 91, 94–98, 100–104, 106–110, 112–117, 126–132, 140, 164, 193, 195, 271–273, 299
状態, 16–17, 26, 129, 270, 308
人工知能, 134
垂直スケーリング, 6
水平スケーリング, 6
スケーラビリティ, 10–14, 71, 78, 229, 252
スケーラビリティの限界, 11–12
スケジューリング, 33, 39, 41, 61, 73, 268–270, 283
　プリエンプティブ, 37
　ユーザーレベル, 61
スターベーションモード, 304–308
スタック, 21, 25–27, 33, 48–50, 198
ストリームリーダー, 28
スピンロック, 5, 292
スループット, 6, 14, 64, 84, 249–250, 253
　スループット率, 249
スレッド, 15, 19–21, 24–29, 32–39, 43–44, 48, 55–56, 64, 66, 70, 98, 194, 285, 299

カーネルレベル, 9, 33–37, 41, 44, 50, 63, 68, 76, 139, 170
グリーンスレッド, 34
定義, 19
ユーザーレベル, 9, 33–35, 41, 61
スレッド間通信, 25, 43, 143, 184
スレッド間通信（ITC）, 43, 143
性能のスケーラビリティ, 10
接続, 28, 53–55, 135, 205, 239–243
　クライアント接続, 240–242
　データベース接続, 270
セマフォ, 10, 55, 91, 110–123, 157, 159, 163–165, 183, 193, 195, 285, 299, 307
　重み付きセマフォ, 115
　バイナリーセマフォ, 111
　容量セマフォ, 158–163
センチネル値, 152
送信側, 146–151, 155, 157–164, 196
疎結合, 184–185, 191
疎結合と密結合, 184
素数, 177–179, 217–220
ソフトウェアの性能, 13

■た
タイムアウト, 167
タイムシェアリング, 18–19
タスク
　細粒度, 229
　粗粒度, 229
タスク依存グラフ, 226
タスクの粒度, 229–230
逐次, 12, 14, 231
逐次実行, 195
逐次プログラミング, 5, 155, 230
　逐次プログラミングとゴルーチン, 55
逐次プログラム, 29, 31, 50, 65, 172, 232, 236, 246
チャネル, 144, 146–147, 185–189, 191, 193, 195–211, 217–221, 234, 236–242, 246, 251, 255, 277–283, 285
　dirsChannel, 279
　filesChannel, 279–280
　Goのチャネル, 4, 143, 147
　messagesチャネル, 176
　nilチャネル, 179, 181, 191
　quitチャネル, 197–201, 203, 204, 214–216, 219, 247–248
　resultチャネル, 174
　Timerチャネル, 191
　クローズされたチャネル, 154
　作業キューチャネル, 242
　出力チャネル, 180, 181, 186, 189–190, 199–200, 202–208, 210, 212, 213, 220, 236–237, 246–247, 279, 281
　説明, 9
　使う, 144–147

生成, 145
読み込み, 145
同期チャネル, 9
入力チャネル, 199, 201–206, 211, 213–214, 218–220, 247, 278, 281
入力チャネルおよび出力チャネル, 183
ノンブロッキング, 170
パターン, 193
バッファありチャネル, 148, 150, 157, 164
バッファサイズがゼロのチャネル, 161
バッファなしチャネル, 195, 278
並行処理ツールとして, 10
メッセージパッシング, 144
容量ゼロのチャネル, 163
読み込み, 147
抽象化, 14, 15, 19, 41, 43, 91
通知, 23, 127, 172–173, 197, 234
データベース, 52, 111, 267–268
データベースセッション資源, 270
テスト・アンド・セット, 71
デッドロック, 146–147, 179, 255, 257–260, 263–268, 270, 274–275, 279, 281–283, 293
　アクセスを待たせる, 264
　エラー, 267
　回避する, 268–270, 272, 274
　環状の依存関係, 259
　検出, 179, 265–268, 283
　資源割り当てグラフ, 257–258, 260, 264
　対処する, 264
　チャネル, 277, 279–282
　特定する, 255, 260
　防ぐ, 274–277, 280–282
　例, 260
デバイスドライバ, 17
同期, 10, 31, 39, 70–71, 88, 91, 98, 101, 117, 143, 146, 147, 160, 163, 193, 195, 229, 233, 252, 288
　基本操作, 194
　競合状態, 63–64, 66, 81
　実行, 9, 56
　スレッド, 25, 39
　ツール, 188, 285, 307
　バリア, 137
　ロジック, 195
　ロックフリー, 285
独立した計算処理, 225

■な
ネットワーク接続, 23, 27
ノンブロッキング, 76, 139, 170, 177, 242

316

■ は
ハイゼンバグ, 59
パイプ, 23
パイプラインパターン, 199, 201–204,
　　208–211, 214–221, 244–250,
　　253
ハイブリッドスレッディング, 35, 41
バス, 44, 71
　　アーキテクチャ, 44
　　インタフェース, 18
　　システム, 44
ハッシュ関数, 230
ハッシュコード, 230–234
　　計算, 231
バッチ処理システム, 18
バッファ, 23, 148–150, 157–164, 251,
　　280
　　いっぱいのバッファ, 149
　　空のバッファ, 148
　　キューバッファ, 161
　　チャネルのバッファ, 150
　　バッファありチャネル, 148
　　バッファデータ構造, 159
　　バッファ容量, 148, 150
　　メッセージバッファ, 148
　　メモリバッファ, 235
　　容量を持つバッファ, 251
バリア, 117, 129–133, 136–140
　　共有する, 133
　　実装, 130
　　循環式バリア, 130
　　紹介, 117
　　説明, 129
　　バリア型, 117
　　バリアグループ, 129
　　バリアサイズ, 131–132, 138
　　バリアとウェイトグループ, 129
　　バリアを使うかどうか, 139
ヒープ, 25, 48–50, 55
非決定的な環境, 194
非同期, 31
ファーストクラス・オブジェクト,
　　168–169, 193, 195, 217, 218,
　　221
ファンアウトパターン, 205–206, 211,
　　221
ファンインパターン, 183, 206–208,
　　221
負荷分散, 205, 239
複数のプロセッサ, 4, 5, 26, 41, 61, 70,
　　135
不変性, 194–195
フューテックス, 285, 299–304, 307
フラグ
　　-bench, 289
　　-race, 64, 70
　　moreData, 203
　　writeActive, 108
並行処理
　　オープンされているチャネル,
　　　154, 164, 181–183

　　クローズされたチャネル, 181
　　状態, 154
　　データ, 201
　　ライター・アクティブ・インジ
　　　ケータ, 106
　　ロックされた, 71, 307
　　ロックされた資源, 294
ブロードキャスト, 129, 213
　　ゴルーチンの待ちの解除, 103
　　再開, 273
　　シグナルではなく, 128
　　条件変数, 131–132
　　待機中のゴルーチンへ, 97
　　パターン, 213
　　複数のチャネルへ, 211–214
プログラムカウンタ, 18, 21, 25–27
プロセス, 5, 9, 15, 19–27, 29–34, 38,
　　41, 49, 54, 70, 152, 195–196,
　　243, 265, 267, 274, 298, 299
CSP, 195
CSP プロセス, 14, 195–196
curl, 23
親, 21–23
子, 21
終了, 22, 27, 30, 54, 110, 145
生成, 21
生成とフォーク, 22
定義, 19
並行処理, 15, 19
並行プロセス, 23
マルチスレッド, 25
メモリ, 43, 48
ワードカウント, 23
プロセス間通信（IPC）, 43
プロセス・コンテキスト・ブロック
　　（PCB）, 18
プロセッサ, 3, 14, 17–18, 26, 34–37,
　　39–41, 44, 46, 55, 60, 62, 63,
　　70–71, 232
　　単一の, 61
　　マルチコア, 85
ブロッキング
　　I/O 呼び出し, 34
　　ノンブロッキング呼び出し, 34,
　　　76
　　ブロッキング I/O 操作, 40
　　ブロッキング操作, 36, 170
　　ブロッキングメソッド, 76
　　ブロッキング呼び出し, 36
　　読み込み呼び出し, 34
分解, 225, 227–230, 252
　　出力データ分解, 228
　　タスク分解, 227
　　データ分解, 227, 252
　　入力データ分解, 228
並行処理
　　並行アプリケーション, 4, 10, 91,
　　　183, 229

並行実行の干渉, 161
並行処理ツール, 10, 111, 116, 164
並行処理パターン, 5, 196, 225
並行プログラミング, 3–5, 9, 14,
　　22, 39, 53, 183, 184, 187,
　　225, 251
CSP, 195
CSP スタイル, 9
アムダールの法則, 12
応答性, 7
競合状態を避ける, 63–65
共有メモリ, 195
ゴルーチン, 9
資源割り当て, 15
チャネルを使う, 155
デッドロック, 255, 257, 264
並行コード, 4, 6, 12, 18, 26, 56,
　　90, 194, 285
並行プログラム, 4, 6, 15, 27,
　　39–40, 55
ボトルネック, 285
メッセージパッシング, 183
メモリ共有, 43
ロック, 67
ワーカープール, 238
並行プログラミンと逐次プログラ
　　ミング, 5
並行プログラム, 48, 57, 61, 74,
　　221, 229, 233, 255
並行読み込み, 67, 81, 82, 110
並列, 6, 11–15, 20, 26, 27, 29, 31,
　　34–35, 39, 41, 44, 47, 50, 55,
　　60–63, 70–71, 75, 84, 135,
　　156, 216, 226–227, 230, 233,
　　235, 243, 250, 252
　　と逐次実行, 246
並列コンピューティング, 12, 134
並列処理, 9, 14, 18–19, 39–40, 137,
　　230–232, 252
　　並行処理と並列処理, 39–40
　　ループレベル並列処理, 252
変数
　　アトミック変数, 285–289, 292,
　　　294, 296–297, 299–302, 304,
　　　307–308
ポイズンピルメッセージ, 152
ポインタ, 26, 196
本番環境, 65

■ ま
待たせる, 76, 82, 86–87, 89, 106, 115,
　　160, 162–165, 167–171,
　　175–177, 179–181, 191, 264,
　　279, 290, 291
待ち行列, 205
マルチコアシステム, 34, 39, 44, 62
マルチスレッド, 26–27, 44
マルチプログラミング, 15
マルチプロセッサ, 34, 46
マルチプロセッシング, 15, 18, 41

索引

密結合, 184, 191
ミューテックス, 10, 67–70, 72–77,
　　　79–82, 84–91, 93–98,
　　　100–110, 112, 113, 116,
　　　126–129, 132, 157, 159, 161,
　　　165, 183, 193, 195, 261–262,
　　　265, 272, 277, 285–286, 289,
　　　292–293, 296, 299
　　`sync.Mutex`, 305
　　アンロックする, 73, 79–80, 92,
　　　　93, 95, 101, 103, 272–273,
　　　　296, 301
　　置き換える, 286
　　解放する, 77, 100, 116
　　書き込み, 83
　　獲得する, 76–78
　　競合状態, 160–162
　　共有された, 69
　　組み合わせる, 91
　　構築する, 296
　　実装, 70–71
　　実装する, 294
　　　Go, 303
　　　アトミック変数, 307
　　　スピンロック, 292, 298, 307
　　紹介, 67
　　条件変数, 106, 126, 272
　　初期状態, 70
　　スターベーション, 305
　　スピンロック, 285, 297
　　生成, 72
　　性能コスト, 73
　　性能の向上, 301
　　通常モード, 305
　　使う, 68
　　使わない, 187
　　定義, 68
　　デッドロック, 259, 261, 274
　　同期, 70
　　ドキュメント, 76
　　とバイナリーセマフォ, 111–112
　　ノンブロッキング, 76
　　標準ライブラリのミューテックス, 285
　　ユーザー空間, 299
　　呼び出し, 75
　　読み込み, 84

読み込みと書き込みロック, 82
リーダー, 82
リーダーライター, 67, 78, 82–90,
　　　106–108, 110, 116
ロック
　　ノンブロッキング, 76
ロックする, 69, 72, 90, 93, 94,
　　　101, 103, 262, 272–273
ロックとアンロック, 71–73, 265
命令ポインタ, 26
メッセージパッシング, 4, 43,
　　　143–144, 167, 183–188, 191,
　　　193, 195–196, 199, 202, 221
メモリ, 3, 6–7, 15, 18–29, 33, 41,
　　　43–49, 55, 60–61, 64–66, 71,
　　　90, 134, 143–144, 183–188,
　　　191, 194–195, 198, 209, 221,
　　　291, 299
　　共有メモリ, 47, 187, 193–194,
　　　　261
　　メインメモリ, 289
メモリ共有, 4, 9, 43–44, 55, 63, 167,
　　　183–185, 187–188, 191, 193,
　　　199, 202, 290
モニター, 98

■ や
ユーザー空間, 33, 37, 296, 299, 301,
　　　307
要求, 17, 111, 268, 270–271
　　ユーザーのリクエスト, 28
読み込み操作, 78, 167
読み込み優先, 88, 104

■ ら
ライター・アクティブ・インジケータ,
　　　106
ライタースターベーション, 105
ライフサイクル, 16
ランタイム
　　Go の, 9
リアルタイム処理, 18
リクエスト, 79–81, 84, 205, 238, 243,
　　　251
　　ユーザーのリクエスト, 79
リンクリスト, 157–159, 161
ループ, 30, 48, 63, 70, 74, 80, 97, 103,
　　　134, 137–138, 153, 171–172,
　　　180, 183, 231–233, 247,
　　　297–298, 301–304
　　`for range` ループ, 165
　　`for` ループ, 52, 97, 145, 154
　　`select` ループ, 183
　　無限ループ, 105, 241, 247, 256
ループキャリー依存性, 232–233
ループレベル並列処理, 231
ループレベル並列処理パターン,
　　　230–232
レイテンシ, 249–250, 253
レジスタ, 18, 60
ローカル実行キュー（LRQ）, 36–37
ロック, 67–70, 73–78, 82, 86–89, 95,
　　　104–109, 170, 255, 258, 264,
　　　267, 273, 275–277, 285,
　　　291–293, 297–305, 307
　　`readersLock`, 86, 87
　　書き込み優先, 106
　　書き込みロック, 82, 84
　　獲得する, 305, 308
　　グローバル, 85–88
　　再帰的な読み込み, 106
　　スピンロック, 285, 292, 297–298,
　　　　301, 304, 306–307
　　正しくない方法, 72
　　ノンブロッキング, 76
　　排他的, 82, 91, 257
　　ミューテックス, 67–68, 72, 76,
　　　　77, 81, 85, 101–103, 115,
　　　　128, 132, 139, 255, 261,
　　　　265–266, 272, 275, 285–287,
　　　　289, 296
　　読み込み, 82, 84
　　ライター, 86, 89, 104–108
　　リーダー, 84, 89, 104–106, 108
　　リーダーライター, 67, 81–83, 86,
　　　　104–106, 116, 188

■ わ
ワーカー・プール・パターン,
　　　238–243, 251, 252
ワークスティーリング, 37
割り込み, 17–18, 37, 70
　　クロック割り込み, 37
　　割り込みコントローラ, 17

■　訳者紹介

柴田 芳樹（しばた よしき）：
1959年11月生まれ。九州工業大学情報工学科で情報工学を学び、1984年同大学大学院で情報工学修士課程を修了。パロアルト研究所を含む米国ゼロックス社での5年間のソフトウェア開発も含め、UNIX（Solaris/Linux）、C、Mesa、C++、Java、Goなどを用いたさまざまなソフトウェア開発に従事してきた。2017年9月以降、Go言語によるウェブサービスのバックエンドソフトウェア開発に携わっている。個人的な活動として技術教育も行っている。2000年以降、私的な時間に技術書の翻訳や講演なども多く行っている。

■　レビュアー

加藤 洋平
清水 陽一郎
妹尾 一弘
堂阪 真司
松村 亮治

◎ STAFF LIST
カバーデザイン　　岡田 章志
制作協力（図）　　株式会社ウイリング
編集　　　　　　　大月 宇美、石橋 克隆

■商品に関する問い合わせ先

このたびは弊社商品をご購入いただきありがとうございます。本書の内容などに関するお問い合わせは、下記のURLまたは二次元バーコードにある問い合わせフォームからお送りください。
https://book.impress.co.jp/info/

上記フォームがご利用頂けない場合のメールでの問い合わせ先
info@impress.co.jp

※お問い合わせの際は、書名、ISBN、お名前、お電話番号、メールアドレス に加えて、「該当するページ」「具体的なご質問内容」「お使いの動作環境」を必ずご明記ください。なお、本書の範囲を超えるご質問にはお答えできないのでご了承ください。

●電話やFAXでのご質問には対応しておりません。また、封書でのお問い合わせは回答までに日数をいただく場合があります。あらかじめご了承ください。
●インプレスブックスの本書情報ページ　https://book.impress.co.jp/books/1123101144　では、本書のサポート情報や正誤表・訂正情報などを提供しています。あわせてご確認ください。
●本書の奥付に記載されている初版発行日から3年が経過した場合、もしくは本書で紹介している製品やサービスについて提供会社によるサポートが終了した場合はご質問にお答えできない場合があります。

■落丁・乱丁本などの問い合わせ先
　FAX　03-6837-5023
　service@impress.co.jp
※古書店で購入されたものについてはお取り替えできません。

著者、訳者、株式会社インプレスは、本書の記述が正確なものとなるように最大限努めましたが、本書に含まれるすべての情報が完全に正確であることを保証することはできません。また、本書の内容に起因する直接的および間接的な損害に対して一切の責任を負いません。

Go言語で学ぶ並行プログラミング
他言語にも適用できる原則とベストプラクティス

2024年12月11日　初版第1刷発行

著　者	James Cutajar（ジェームズ クタヤル）
訳　者	柴田芳樹（しば たよしき）
発行人	高橋隆志
編集人	藤井貴志
発行所	株式会社インプレス
	〒101-0051　東京都千代田区神田神保町一丁目105番地
	ホームページ　https://book.impress.co.jp/

本書は著作権法上の保護を受けています。本書の一部あるいは全部について（ソフトウェア及びプログラムを含む）、株式会社インプレスから文書による許諾を得ずに、いかなる方法においても無断で複写、複製することは禁じられています。本書に登場する会社名、製品名は、各社の登録商標または商標です。本文では、®や™マークは明記しておりません。

Japanese translation copyright © 2024 Yoshiki Shibata, All rights reserved.

印刷所　シナノ書籍印刷株式会社

ISBN978-4-295-02066-0　　C3055

Printed in Japan